新一代信息技术（网络空间安全）高等教育丛书

丛书主编：方滨兴　郑建华

密码数学基础

祝跃飞　郑永辉　魏福山◎编著

科学出版社

北京

内 容 简 介

本书系统介绍了初等数论、抽象代数、椭圆曲线等密码学中必备的数学基础理论与实用算法. 本书共 11 章, 主要内容包括整除理论、同余理论、同余方程、指数与原根、群、环与域、有限域、椭圆曲线、格、密码学中的数学问题、数论算法实践等, 核心章节配备了算法实践和同步实验.

本书结构合理, 内容系统全面, 在内容编排上, 注重知识点的逻辑顺序和内容呼应; 始终坚持贯彻计算思维导向, 每章均设计了相关知识的算法和复杂性分析, 涵盖了密码学中经典算法所涉及的知识模块; 在内容选择方面, 增强有限域和椭圆曲线等部分教学内容的难度, 并将密码学中所涉及的部分知识以习题的形式呈现, 加强了本书的理论深度.

本书可作为网络空间安全等专业本科生、研究生的教材, 也可以作为密码学、信息安全等相关领域的科研与工程技术人员的参考书.

图书在版编目(CIP)数据

密码数学基础 / 祝跃飞, 郑永辉, 魏福山编著. -- 北京 : 科学出版社, 2025. 5. -- (新一代信息技术(网络空间安全)高等教育丛书 / 方滨兴, 郑建华主编) . -- ISBN 978-7-03-080512-6

Ⅰ. TN918.1; O1

中国国家版本馆 CIP 数据核字第 20245ZF914 号

责任编辑: 于海云　孙翠勤 / 责任校对: 王　瑞
责任印制: 赵　博 / 封面设计: 马晓敏

科学出版社 出版
北京东黄城根北街 16 号
邮政编码: 100717
http://www.sciencep.com

三河市骏杰印刷有限公司印刷
科学出版社发行　各地新华书店经销
*
2025 年 5 月第　一　版　开本: 787 × 1092　1/16
2025 年11月第三次印刷　印张: 14 1/4
字数: 350 000

定价: 65.00 元

(如有印装质量问题, 我社负责调换)

丛书编写委员会

丛 书 序

网络空间安全已成为国家安全的重要组成部分, 也是现代数字经济发展的安全基石. 随着新一代信息技术发展, 网络空间安全领域的外延、内涵不断拓展, 知识体系不断丰富. 加快建设网络空间安全领域高等教育专业教材体系, 培养具备网络空间安全知识和技能的高层次人才, 对于维护国家安全、推动社会进步具有重要意义.

2023 年, 为深入贯彻党的二十大精神, 加强高等学校新兴领域卓越工程师培养, 信息工程大学牵头组织编写 "新一代信息技术 (网络空间安全) 高等教育丛书". 本丛书以新一代信息技术与网络空间安全学科发展为背景, 涵盖网络安全、系统安全、软件安全、数据安全、信息内容安全、密码学及应用等网络空间安全学科专业方向, 构建 "纸质教材 + 数字资源" 的立体交互式新型教材体系.

这套丛书具有以下特点: 一是系统性, 突出网络空间安全学科专业的融合性、动态性、实践性等特点, 从基础到理论、从技术到实践, 体系化覆盖学科专业各个方向, 使读者能够逐步建立起完整的网络安全知识体系; 二是前沿性, 聚焦新一代信息技术发展对网络空间安全的驱动作用, 以及衍生的新兴网络安全问题, 反映网络空间安全国际科研前沿和国内最新进展, 适时拓展添加新理论、新方法和新技术到丛书中; 三是实用性, 聚焦实战型网络安全人才培养的需求, 注重理论与实践融通融汇, 开阔网络博弈视野、拓展逆向思维能力, 突出工程实践能力提升. 这套 "新一代信息技术 (网络空间安全) 高等教育丛书" 是网络空间安全学科各专业学生的学习用书, 也将成为从事网络空间安全工作的专业人员和广大读者学习的重要参考和工具书.

最后, 这套丛书的出版得到网络空间安全领域专家们的大力支持, 衷心感谢所有参与丛书出版的编委和作者们的辛勤工作和无私奉献. 同时, 诚挚希望广大读者关心支持丛书发展质量, 多提宝贵意见, 不断完善提高本丛书的质量.

方滨兴

2024 年 8 月

前　言

党的二十大报告将推进国家安全体系和能力现代化作为重点任务, 提出要强化网络、数据等安全保障体系建设. 密码是国之重器, 是解决网络与数据安全最有效、最可靠、最经济的手段. 密码不仅服务于党政、军事和外交等部门, 还广泛应用于关乎国计民生的金融交易、防伪税控, 涉及公民权益的电子支付、网上办事等方方面面. 随着云计算、大数据、物联网、人工智能、5G、区块链等新兴技术的加速应用, 密码在网络空间安全领域的核心支撑和保护作用将更加凸显.

密码是一门与数学、计算机科学与技术、信息与通信工程等多学科交叉融合的学科, 其中数学是密码的理论基石, 在密码学中发挥着核心作用. 数学学科为密码学提供了理论基础、构造工具和安全性证明方法. 数学学科中的代数、数论、有限域、组合数学等是密码算法和密码协议设计与分析的基础工具. 密码学拓宽了一些基础数学分支如代数、数论、组合数学的应用范围; 现代密码算法设计特别是后量子密码算法的设计会用到椭圆曲线、格、代数数论等方面诸多深刻的知识.

本书从以下几个方面甄选编排内容: 一是围绕两条主线进行内容的选择和章节的编排, 一方面围绕有限代数系统的构造展开, 另一方面围绕有限代数系统中密码相关的计算问题和算法展开, 以选定的算法倒推所需的数学知识, 注意内容的连贯性、系统性和自我完备性; 二是对一些深奥的内容和结论, 采用案例式启发引入, 方便读者快速理解; 三是注重提高习题的质量, 将部分结论以习题的方式呈现.

本书旨在为密码科学与技术、网络空间安全、信息安全等专业提供一本数学基础教材. 全书共有 11 章, 大体上可以分为三部分: 第一部分 (第 1~4 章) 介绍初等数论的内容, 包括整除、同余、不定方程求解、二次剩余、原根等内容; 第二部分 (第 5~9 章) 介绍群、环、域、有限域、格和椭圆曲线等内容; 第三部分 (第 10、11 章) 主要介绍密码学中的数学问题求解和数论算法实践等内容. 本书构建了以初等数论和抽象代数为主体内容的知识体系, 并且重点突出与密码学相关的实用算法.

在本书的编写过程中, 王永娟、栾鸾、陈天华、段乾恒、葛爱军、于刚、王洋、吴显华以及和文琦等老师也协助作者进行了大量工作, 在此表示感谢. 感谢科学出版社编辑为本书的出版付出的辛勤劳动.

由于作者水平有限, 书中难免存在疏漏之处, 敬请广大读者批评指正.

作　者

2024 年 8 月

目　录

第 1 章

整除理论

本章主要介绍与整除相关的一些基本概念及性质，包括整除、带余除法、素数、最大公因子、辗转相除法和算术基本定理等内容. 在本书中，约定用 $\mathbb{Z}$ 表示全体整数构成的集合，$\mathbb{N}$ 表示全体自然数构成的集合[①]，$\mathbb{Z}^+$ 表示全体正整数构成的集合.

1.1 整除与带余除法

众所周知，两个整数的和、差以及积都是整数，但两个整数的商 (除数不为 0) 却未必是整数.

定义 1.1 设 a 和 b 是整数，且 $b \neq 0$. 若存在 $q \in \mathbb{Z}$ 使得

$$a = b \cdot q \tag{1.1}$$

成立，则称 b 整除 a 或 a 被 b 整除，记作 $b \mid a$. 同时，称 b 是 a 的因子或因数，a 是 b 的倍数. 反之，若满足式 (1.1) 的整数 q 不存在，则称 b 不能整除 a 或 a 不被 b 整除，记作 $b \nmid a$.

显然，整除是 $\mathbb{Z}$ 上的一个二元关系. 由定义可知

(1) 任意 $a \in \mathbb{Z}$，有 $a = 1 \cdot a$，即 $1 \mid a$，1 是任意整数的因数；

(2) 任意 $a \in \mathbb{Z}/\{0\}$，有 $0 = a \cdot 0$，即 $a \mid 0$，0 是任意非零整数的倍数；

(3) 任意 $a \in \mathbb{Z}/\{0\}$，有 $a \mid a$，即任意非零整数既是自身的因子，也是自身的倍数；

(4) 若 $b \mid a$，有 $b \mid (-a)$，$(-b) \mid a$ 和 $(-b) \mid (-a)$ 同时成立，即改变因子和倍数的正负号不改变原来的整除关系.

对 $a \in \mathbb{Z}/\{0\}$，± 1 和 $\pm a$ 都是 a 的因子，称为 a 的平凡因子，除此之外的因子称为 a 的非平凡因子. 对自然数 $n \geqslant 2$，若 n 没有非平凡因子，称 n 为素数，否则称 n 为合数. 为简洁起见，后续常将 $b \cdot q$ 简记为 bq.

性质 1.1 设 a 和 b 是非零整数. 若 $b \mid a$，则 $|b| \leqslant |a|$.

证明 因为 $b \mid a$，所以 $\exists\, q \in \mathbb{Z}$ 满足

$$a = bq.$$

等式两边取绝对值可得

$$|a| = |b||q|.$$

---

① 参考国家标准《物理科学和技术中使用的数学符号》(GB/T 3102.11—1993)，本书约定 0 也是自然数.

又因为 $a \neq 0$, 所以必有 $q \neq 0$, 即 $|q| \geqslant 1$. 因此

$$|b| \leqslant |a|. \qquad \square$$

性质 1.2 设 a 和 b 是非零整数. 若 $b \mid a$ 且 $a \mid b$, 则 $a = b$ 或 $a = -b$.

证明 因为 $b \mid a$ 且 $a \mid b$, 由性质 1.1 可知

$$|b| \leqslant |a| \text{ 且 } |a| \leqslant |b|.$$

因此, $|b| = |a|$. 所以有

$$a = b \text{ 或 } a = -b. \qquad \square$$

性质 1.2 表明, 整除关系不具有反对称性.

性质 1.3 设 a, b 和 c 是整数. 若 $c \mid b$ 且 $b \mid a$, 则 $c \mid a$.

证明 因为 $c \mid b$ 且 $b \mid a$, 所以 $\exists\, q_1, q_2 \in \mathbb{Z}$ 满足

$$b = cq_1, \quad a = bq_2.$$

因此取 $q_3 = q_1 q_2$, 有

$$a = cq_1q_2 = cq_3.$$

因为 q_1 和 q_2 都是整数, 所以 q_3 也是整数. 故由定义 1.1 可知

$$c \mid a. \qquad \square$$

性质 1.3 表明, 整除关系具有传递性.

性质 1.4 设 a, b 和 c 是整数. 若 $c \mid a$ 且 $c \mid b$, 则对任意 $s, t \in \mathbb{Z}$, 有

$$c \mid (sa \pm tb).$$

证明 因为 $c \mid a$, $c \mid b$, 故 $\exists\, q_1, q_2 \in \mathbb{Z}$ 满足

$$a = cq_1, \quad b = cq_2.$$

因而

$$sa \pm tb = s(cq_1) \pm t(cq_2) = (sq_1 \pm tq_2)c = cq.$$

其中, $q = sq_1 \pm tq_2$. 所以由定义 1.1 可知

$$c \mid (sa \pm tb). \qquad \square$$

性质 1.4 表明, 若 a 和 b 都是 c 的倍数, a 和 b 的线性组合 $sa + tb$ ($\forall\, s, t \in \mathbb{Z}$) 仍是 c 的倍数. 此外, 上述结论可推广到多个倍数的情形. 设 $a_1, a_2, \cdots, a_n$ 及 b 为整数, $n \in \mathbb{Z}^+$, $\forall\, 1 \leqslant i \leqslant n$, 满足 $b \mid a_i$. 则 $\forall\, s_1, s_2, \cdots, s_n \in \mathbb{Z}$, 有

$$c \mid (s_1a_1 \pm s_2a_2 \pm \cdots \pm s_na_n).$$

例 1.1 设 a,b 是非零整数, 且存在 $s,t\in\mathbb{Z}$ 满足 $sa+tb=1$. 证明:

(1) 若 $a\mid n$ 且 $b\mid n$, 则 $ab\mid n$;

(2) 若 $a\mid bn$, 则 $a\mid n$.

证明 (1) 由 $sa+tb=1$, 可得

$$n=(sa+tb)n=s(na)+t(nb).$$

又因为 $a\mid n$ 且 $b\mid n$, 故显然有

$$ab\mid nb,\quad ab\mid na.$$

所以由性质 1.4 可知

$$ab\mid (s(na)+t(nb)),$$

即

$$ab\mid n.$$

(2) 因为 $sa+tb=1$, 所以

$$n=(sa+tb)n=s(na)+t(nb).$$

又因为 $a\mid nb$, 而 $a\mid na$ 是显然的, 所以由性质 1.4 可知

$$a\mid (s(na)+t(nb)),$$

即 $a\mid n$. □

例 1.2 设 a,b 和 c 是整数, $c\neq 0$, 且 $c\mid a$, $c\mid b$. 若存在 $s,t\in\mathbb{Z}$, 使得 $sa+tb=1$, 则 $c=1$ 或 $c=-1$.

证明 因为 $c\mid a$, $c\mid b$, 且 $\exists\, s,t\in\mathbb{Z}$, 使得 $sa+tb=1$, 根据性质 1.4 有

$$c\mid (sa+tb),$$

即 $c\mid 1$. 因此 $c=1$ 或 $c=-1$. □

显然, 两个整数之间未必会有整除关系, 但如下的带余除法总是成立的.

定理 1.1 (带余除法) 设 a,b 是整数, 且 $b>0$. 则存在唯一的整数 q 和 r, 使得

$$a=bq+r,\quad 0\leqslant r<b. \tag{1.2}$$

称 r 为 a 被 b 除的余数, q 为 a 被 b 除的不完全商. 特别, $r=0$ 即为 $b\mid a$.

证明 (1) 存在性. 若 $b\mid a$, 则由定义 1.1 可知, 存在 $q\in\mathbb{Z}$, $r=0$ 满足

$$a=bq+r,\quad 0\leqslant r<b.$$

若 $b\nmid a$, 令

$$q=\left\lfloor\frac{a}{b}\right\rfloor,\quad r=a-bq.$$

只需证 $0 \leqslant r < b$. 因为 $\frac{a}{b} - 1 < q < \frac{a}{b}$, 从而 $a - b < bq < a$, 所以 $0 < a - bq < b$. 即存在整数 q 和 r, 满足 $a = bq + r, \quad 0 < r < b$.

(2) 唯一性. 若存在整数 q, r 和 q', r' 满足式 (1.2), 即

$$a = bq + r, \quad 0 \leqslant r < b;$$

$$a = bq' + r', \quad 0 \leqslant r' < b.$$

两式相减, 整理可得

$$b(q - q') = r' - r.$$

因此有

$$b \mid |r - r'|,$$

若 $|r - r'| \neq 0$, 由性质 1.1 可知, $b \leqslant |r - r'|$. 又因为 $0 \leqslant r < b$, $0 \leqslant r' < b$, 所以 $|r - r'| < b$, 这与 $b \leqslant |r - r'|$ 矛盾, 因此 $|r - r'| = 0$, 即 $r = r'$.

进而, $b(q - q') = 0$, 即 $q = q'$. 唯一性得证. □

定理 1.1 的条件 $b > 0$ 可被放宽到 $b \neq 0$, 得例 1.3.

例 1.3 设 a, b 是整数, 且 $b \neq 0$. 则存在唯一的整数 q 和 r, 使得

$$a = bq + r, \quad 0 \leqslant r < |b|. \tag{1.3}$$

证明 定理 1.1 已证 $b > 0$ 的结论, 若 $b < 0$, 考虑 a 被 $-b$ 除, 由定理 1.1 可知存在唯一的整数 q', r' 使得

$$a = (-b)q' + r', \quad 0 \leqslant r' < (-b).$$

令 $q = -q', r = rq'$ 即得证. □

带余除法可以推广到更一般的情形.

定理 1.2 设 a, b 和 c 是整数, 且 $b > 0$. 则存在唯一的整数 q 和 r, 使得

$$a = bq + r, \quad c \leqslant r < b + c.$$

证明留作习题 1.5.

通常 c 的取值有如下几种情形.

(1) 取 $c = 0$, 此时 $0 \leqslant r < b$. 称这类余数为 a 被 b 除的最小非负余数.

(2) 取 $c = 1$, 此时 $1 \leqslant r \leqslant b$. 称这类余数为 a 被 b 除的最小正余数.

(3) 当 b 为偶数时, 取 $c = -\frac{b}{2}$ 或 $c = -\left(\frac{b}{2} - 1\right)$, 此时 $-\frac{b}{2} \leqslant r \leqslant \frac{b}{2} - 1$ 或 $-\left(\frac{b}{2} - 1\right) \leqslant r \leqslant \frac{b}{2}$; 当 b 为奇数时, 取 $c = -\frac{b-1}{2}$, 此时 $-\frac{b-1}{2} \leqslant r \leqslant \frac{b-1}{2}$. 可以看出, 此时 r 满足 $|r| \leqslant \frac{b}{2}$, 称这类余数为 a 被 b 除的绝对值最小余数.

带余除法的循环迭代可以给出 a 的 b 进制表示. 中国是世界上最早采用十进制的国家, 春秋战国时期所使用的算筹就以十进制表示整数. 而在现代计算机中, 整数却多以二进制、八进制或十六进制①表示. 下面讨论整数的进制表示, 以及不同进制表示的转换关系.

定理 1.3 设 $b \geqslant 2$ 是正整数. 则正整数 a 可唯一地表示为

$$a = r_k b^k + r_{k-1} b^{k-1} + \cdots + r_1 b + r_0, \tag{1.4}$$

其中, $k = \lfloor \log_b a \rfloor$, $r_k \neq 0$, 且 $0 \leqslant r_i \leqslant b-1$, $0 \leqslant i \leqslant k$.

证明 (1) 存在性. 对正整数 a, 必有唯一的 $k = \lfloor \log_b a \rfloor \geqslant 0$, 满足

$$b^k \leqslant a < b^{k+1}.$$

利用数学归纳法, 当 $k = 0$ 时, 由定理 1.1 可知, $\exists\, q_0, r_0 \in \mathbb{Z}$ 满足

$$a = bq_0 + r_0, \quad 0 \leqslant r_0 < b, \tag{1.5}$$

则有 $q_0 = 0$, $1 \leqslant r_0 < b$. 结论成立.

不妨设结论对 $k \leqslant m$ 成立, 其中 $m \geqslant 0$. 那么当 $k = m+1$ 时, 必存在 q_0 满足

$$b^m \leqslant q_0 < b^{m+1}.$$

由假设知

$$q_0 = s_m b^m + \cdots + s_1 b + s_0,$$

其中, $1 \leqslant s_m < b$, 且 $0 \leqslant s_j \leqslant b-1$, $0 \leqslant j \leqslant m-1$. 因而有

$$a = bq_0 + r_0 = s_m b^{m+1} + \cdots + s_0 b + r_0.$$

即结论对 $m+1$ 也成立.

(2) 唯一性. 假设对正整数 a, 有以下两种不同的表示式:

$$a = r_k b^k + r_{k-1} b^{k-1} + \cdots + r_1 b + r_0, \quad 0 \leqslant r_i \leqslant b-1,\ 0 \leqslant i \leqslant k;$$

$$a = r'_k b^k + r'_{k-1} b^{k-1} + \cdots + r'_1 b + r'_0, \quad 0 \leqslant r'_i \leqslant b-1,\ 0 \leqslant i \leqslant k.$$

两式相减可得

$$(r_k - r'_k) b^k + (r_{k-1} - r'_{k-1}) b^{k-1} + \cdots + (r_1 - r'_1) b + (r_0 - r'_0) = 0.$$

假设 j $(0 \leqslant j \leqslant k)$ 是使得 $r_j \neq r'_j$ 成立的最小的正整数, 则

$$\left[(r_k - r'_k) b^{k-j} + (r_{k-1} - r'_{k-1}) b^{k-1-j} + \cdots + (r_{j+1} - r'_{j+1}) b^{j+1} + (r_j - r'_j)\right] b^j = 0.$$

已知 $b \geqslant 2$, 所以

$$(r_k - r'_k) b^{k-j} + (r_{k-1} - r'_{k-1}) b^{k-1-j} + \cdots + (r_{j+1} - r'_{j+1}) b + (r_j - r'_j) = 0.$$

---

① 十六进制 (简写为 hex 或下标 16) 是一种逢 16 进 1 的进位制. 通常用数字 0、1、2、3、4、5、6、7、8、9 和字母 A、B、C、D、E、F 表示, 其中 A~F 表示 10~15.

即

$$r_j - r'_j = -\left[(r_k - r'_k)b^{k-1-j} + (r_{k-1} - r'_{k-1})b^{k-2-j} + \cdots + (r_{j+1} - r'_{j+1})\right] b.$$

于是有

$$b \mid (r_j - r'_j), \quad |r_j - r'_j| \geqslant b.$$

但由于 $0 \leqslant r_j \leqslant b-1$, $0 \leqslant r'_j \leqslant b-1$, 又有

$$|r_j - r'_j| < b.$$

故假设不成立, 即正整数 a 可唯一表示为式 (1.4).

最后, 由 $b^k \leqslant a < b^{k+1}$ 容易得到

$$k \leqslant \log_b a < k+1,$$

故 $k = \lfloor \log_b a \rfloor$. □

定义 1.2 设 a, b 均为正整数, 且 $b \geqslant 2$. 沿用定理 1.3 中的符号, 记

$$a = (r_k r_{k-1} \cdots r_1 r_0)_b,$$

称为 a 的 b 进制表示.

计算 a 的 b 进制表示的算法如下.

算法 1.1 a 的 b 进制表示

输入: 正整数 a, 正整数 $b \geqslant 2$.

输出: a 的 b 进制表示 $a = (r_k r_{k-1} \cdots r_1 r_0)_b$, 其中 $k \geqslant 0$.

$i \leftarrow 0$, $x \leftarrow a$, $q \leftarrow \left\lfloor \dfrac{x}{b} \right\rfloor$, $r_i \leftarrow x - qb$;

while $q > 0$: **do**

  $i \leftarrow i+1$, $x \leftarrow q$, $q \leftarrow \left\lfloor \dfrac{x}{b} \right\rfloor$, $a_i \leftarrow x - qb$;

end

return $(r_k r_{k-1} \cdots r_1 r_0)_b$;

例 1.4 将 76 分别转换为二进制、八进制和十六进制表示.

解 逐次应用带余除法, 有

$$76 = 38 \cdot 2 + 0,$$

$$38 = 19 \cdot 2 + 0,$$

$$19 = 9 \cdot 2 + 1,$$

$$9 = 4 \cdot 2 + 1,$$

$$4 = 2 \cdot 2 + 0,$$

$$2 = 1 \cdot 2 + 0,$$

$$1 = 0 \cdot 2 + 1.$$

因此, 76 的二进制表示为

$$76 = 1 \cdot 2^6 + 1 \cdot 2^3 + 1 \cdot 2^2 = (1001100)_2.$$

同理, 76 的八进制可表示为

$$76 = 1 \cdot 8^2 + 1 \cdot 8 + 4 \cdot 8^0 = (114)_8.$$

十六进制可表示为

$$76 = 4 \cdot 16^1 + 12 \cdot 16^0 = (4\mathrm{C})_{16}.$$

1.2 最大公因子与辗转相除法

定义 1.3 设 a, b 和 d 是整数, a, b 不全为零. 若 $d \mid a$ 且 $d \mid b$, 称 d 为 a 和 b 的公因子. a 和 b 的所有公因子中最大的, 称为 a 和 b 的最大公因子, 记作 (a, b). 特别地, 当 $(a, b) = 1$ 时, 称 a 和 b 互素.

由定义 1.3 可推出:

性质 1.5 设 a, b 是不全为零的整数,

(1) 若 $a \neq 0$, 则 $(a, 0) = |a|$;

(2) $(a, b) = (b, a) = (-a, b) = (|a|, |b|)$;

(3) 若 $b \mid a$, 则 $(a, b) = |b|$;

(4) 设 p 为素数, 则

$$(a, p) = \begin{cases} p, & 若\ p \mid a, \\ 1, & 若\ p \nmid a. \end{cases}$$

证明 (1)、(2)、(3) 显然成立. 只要证 (4).

设 $(a, p) = d$, 则有 $d \mid p$, 又因为 p 是素数, 所以 $d = 1$ 或 $d = p$. 当 $d = p$ 时, 有 $p \mid a$; 否则, 当 $d = 1$ 时, 有 $p \nmid a$. □

对于任意的 $a, b \in \mathbb{Z}$, 可构造集合

$$M(a, b) = \{sa + tb \mid s, t \in \mathbb{Z}\},$$

$M(a, b)$ 是 a, b 的所有整数倍线性组合构成的集合, 常记 $M(a, b) = a\mathbb{Z} + b\mathbb{Z}$. 特别地, 当 $b = 0$ 时, $M(a, 0) = a\mathbb{Z} = \{ka \mid k \in \mathbb{Z}\}$. 显然, 对任意 $\alpha, \beta \in M(a, b)$ 和任意整数 k, 有

$$\alpha + \beta \in M(a, b),$$

$$k\alpha \in M(a, b),$$

即 $M(a, b)$ 对加法运算和数乘运算封闭, 进而 α, β 的任意整数倍线性组合均属于 $M(a, b)$.

引理 1.1 $M(a_1, b_1) = M(a_2, b_2)$ 当且仅当 $a_1, b_1 \in M(a_2, b_2)$ 且 $a_2, b_2 \in M(a_1, b_1)$.

引理 1.1 的证明留作习题 1.10.

视频

定理 1.4 (贝祖定理[①]) 设 a, b 是不全为零的整数, 集合 $M(a,b)$ 定义同上. 令 d 是 $M(a,b)$ 中的最小正整数, 则

(1) $M(a,b) = d\mathbb{Z}$;

(2) $d = (a,b)$;

(3) 存在 $s, t \in \mathbb{Z}$, 使得 $(a,b) = sa + tb$;

(4) 若 $e \mid a$ 且 $e \mid b$, 则 $e \mid d$.

证明 (1) 由于 $d \in M(a,b)$, 所以 $d\mathbb{Z} \subseteq M(a,b)$; 下面证明 $M(a,b) \subseteq d\mathbb{Z}$.

$\forall\, c \in M(a,b)$, 由带余除法可知, 存在唯一的 $q, r \in \mathbb{Z}$ 使得

$$c = dq + r, \quad 0 \leqslant r < d.$$

因为 $r = c - dq \in M(a,b)$, 且 d 是 $M(a,b)$ 中的最小正整数, 所以 $r = 0$, 即 $c = dq$.

故 $M(a,b) \subseteq d\mathbb{Z}$.

综上, $M(a,b) = d\mathbb{Z}$.

(2) 因为 $a, b \in M(a,b)$, 由 (1) 可知, $d \mid a$, $d \mid b$, 故 $d \leqslant (a,b)$. 又因为 $\exists s, t \in \mathbb{Z}$ 使得 $d = sa + tb$, 所以 $(a,b) \mid d$, 即 $(a,b) \leqslant d$.

综上, $d = (a,b)$.

(3) 由 (1)、(2) 显然成立.

(4) 由 (3) 显然成立. □

推论 1.1 整数 a, b 互素的充分必要条件是: 存在 $s, t \in \mathbb{Z}$ 使得

$$sa + tb = 1.$$

证明 必要性由贝祖定理显然得到, 下证充分性. 设 $d = (a,b)$, 因为 $d \mid a$, $d \mid b$, 所以 $d \mid sa + tb$, 即 $d \mid 1$. 又因为 d 是正整数, 所以 $d = 1$, 即 a, b 互素. □

推论 1.2 设 a, b 是整数, p 是素数. 若 $p \mid ab$, 则 $p \mid a$ 或 $p \mid b$.

证明 若 $p \mid a$, 结论显然成立. 反之, 若 $p \nmid a$, 即 $(a,p) = 1$. 再由推论 1.1 可知, $\exists\, s, t \in \mathbb{Z}$ 使得

$$sa + tp = 1.$$

上式左右两端同乘以 b, 得到

$$s(ab) + (tb)p = b.$$

因为 $p \mid ab$ 且 $p \mid p$, 显然

$$p \mid [s(ab) + (tb)p],$$

即 $p \mid b$. □

贝祖定理刻画了最大公因子的更深刻属性, “最大” 的含义实际上不仅仅是数的 “大小”, 还是指它一定为任一公因子的倍数, 是公因子在整除意义下的 “最大”.

---

① 艾蒂安 • 贝祖 (Étienne Bézout, 1730—1783), 法国数学家, 1758 年当选巴黎科学院院士. 主要研究高阶代数方程组的性质, 著作有《代数方程的一般理论》.

下面讨论对于给定的整数 a 和 b, 如何计算 (a,b), 以及求出 $s,t \in \mathbb{Z}$ 使得

$$(a,b) = sa + tb,$$

其中, 整数 s,t 称为贝祖系数. 需要注意, 贝祖系数并不是唯一的, 例如

$$(a,b) = sa + tb = (s-kb)a + (t+ka)b, \quad k \in \mathbb{Z}.$$

引理 1.2 设 a,b 和 c 是三个不全为零的整数, 若存在 $q \in \mathbb{Z}$ 使得

$$a = bq + c,$$

则 $(a,b) = (b,c)$.

证明 设 $d_1 = (a,b)$, $d_2 = (b,c)$. 由最大公因子的定义及性质 1.4 可得

$$d_1 \mid (a + b(-q)),$$

即 $d_1 \mid c$. 因此 d_1 也是 b 和 c 的一个公因子, 进而可得到

$$d_1 \mid d_2.$$

同理, 由 $d_2 \mid b$, $d_2 \mid c$, 有 $d_2 \mid (bq+c)$, 即 d_2 也是 a 和 b 的一个公因子. 于是

$$d_2 \mid d_1.$$

所以 $d_1 = d_2$, 即 $(a,b) = (b,c)$. □

不妨设 $a \geqslant b > 0$, 由引理 1.2 和带余除法可知, 计算 (a,b) 可以转化为求两个比 a, b 更小整数的最大公因子. 如此迭代计算, 直到求出 d. 这种方法一般称为辗转相除法 (或欧几里得 (Euclid) 算法). 具体地, 可按以下步骤进行.

首先, 由带余除法可知, 存在 $q_0, r_0 \in \mathbb{Z}$ 使得

$$a = bq_0 + r_0, \quad 0 \leqslant r_0 < b. \tag{1.6}$$

因为 $(a,b) = (b,r_0)$, 若 $r_0 = 0$, 则 $(a,b) = b$. 若 $r_0 \neq 0$, 考虑 b 和 r_0, 再用带余除法, 存在 $q_1, r_1 \in \mathbb{Z}$ 使得

$$b = r_0 q_1 + r_1, \quad 0 \leqslant r_1 < r_0. \tag{1.7}$$

因为 $(a,b) = (b,r_0) = (r_0,r_1)$, 若 $r_1 = 0$, 则 $(a,b) = r_0$. 若 $r_1 \neq 0$, 考虑 r_0 和 r_1, 重复带余除法的过程, 存在 $q_2, r_2 \in \mathbb{Z}$ 使得

$$r_0 = r_1 q_2 + r_2, \quad 0 \leqslant r_2 < r_1.$$

因为 $(a,b) = (b,r_0) = (r_0,r_1) = (r_1,r_2)$, 若 $r_2 = 0$, 则 $(a,b) = r_1$. 若 $r_2 \neq 0$, 重复上述过程, 可以得到如下递减的序列:

$$b > r_0 > r_1 > r_2 > \cdots \tag{1.8}$$

由于小于 b 的正整数只有有限个, 所以经过有限步后, 必存在某个 r_i 为零.

设 $r_{n+1}=0$, 则 $(a,b)=(b,r_0)=(r_0,r_1)=\cdots=(r_n,r_{n+1})=r_n$. 不妨记 $a=r_{-2}$, $b=r_{-1}$, 则有如下计算过程:

$$\begin{aligned}
r_{-2} &= r_{-1}q_0+r_0, & 0<r_0<r_{-1},\\
r_{-1} &= r_0q_1+r_1, & 0<r_1<r_0,\\
r_0 &= r_1q_2+r_2, & 0<r_2<r_1,\\
&\vdots & \vdots\\
r_{n-3} &= r_{n-2}q_{n-1}+r_{n-1}, & 0<r_{n-1}<r_{n-2},\\
r_{n-2} &= r_{n-1}q_n+r_n, & 0<r_n<r_{n-1},\\
r_{n-1} &= r_nq_{n+1}+r_{n+1}, & r_{n+1}=0.
\end{aligned} \tag{1.9}$$

将式 (1.9) 写成一般式有

$$r_{i-2}=r_{i-1}q_i+r_i,\quad 0\leqslant r_i<r_{i-1},\quad 0\leqslant i\leqslant n, \tag{1.10}$$

另外, 由式 (1.9) 可知

$$\begin{aligned}
r_0 &= r_{-2}-r_{-1}q_0,\\
r_1 &= r_{-1}-r_0q_1=-r_{-2}q_1+(1+q_0q_1)r_{-1}.
\end{aligned}$$

一般地, 对任一 r_i, $0\leqslant i\leqslant n$, $\exists\ s_i,t_i\in\mathbb{Z}$ 使得

$$r_i=s_ia+t_ib.$$

由于

$$\begin{aligned}
r_i &= r_{i-2}-q_ir_{i-1}\\
&= (s_{i-2}r_{-2}+t_{i-2}r_{-1})-q_i(s_{i-1}r_{-2}+t_{i-1}r_{-1})\\
&= (s_{i-2}-q_is_{i-1})r_{-2}+(t_{i-2}-q_it_{i-1})r_{-1},
\end{aligned}$$

所以有递推公式

$$\begin{aligned}
&s_{-2}=1,\quad s_{-1}=-q_1,\quad s_i=s_{i-2}-q_is_{i-1},\\
&t_{-2}=-q,\quad t_{-1}=1+qq_1,\quad t_i=t_{i-2}-q_it_{i-1}.
\end{aligned}$$

因此, 可计算出两个整数 s,t, 使得

$$(a,b)=sa+tb.$$

上述求解 s,t 的过程也被称为扩展欧几里得除法或辗转相除法, 其算法如下.

算法 1.2 辗转相除法

输入: 整数 a, b.

输出: 最大公因子 (a, b).

1 **if** $a < 0$ **then**
2 　$a \leftarrow -a$;
3 **end**
4 **if** $b < 0$ **then**
5 　$b \leftarrow -b$;
6 **end**
7 $x_0 \leftarrow a,\ x_1 \leftarrow b,\ i \leftarrow 0$;
8 $i \leftarrow i + 1,\ x_{i+1} = x_{i-1}\ \%\ x_i$;
9 **if** $x_{i+1} > 0$ **then**
10 　返回第 8 步;
11 **end**
12 **return** x_i;

定理 1.5 设 a, b 是正整数, $a \geqslant b$. 辗转相除法计算 (a, b) 的计算复杂度为 $O(\lg^3 a)$.

证明 将 a, b 的二进制表示的长度分别记为 k 和 l, 则

$$k \leqslant \log_2 a + 1, \quad l \leqslant \log_2 b + 1.$$

对 a, b 应用带余除法, 所需的计算复杂度为 $O(kl)$, 由于带余除法中的整数均小于等于 a, 故一次带余除法的复杂性为 $O(\lg^2 a)$. 接下来只需要确定循环体中带余除法的次数.

由式 (1.10) 可知

$$\begin{aligned} r_i &= r_{i+1}q_{i+2} + r_{i+2} \\ &\geqslant r_{i+1} + r_{i+2} \\ &> 2r_{i+2}, \end{aligned}$$

故 $r_{i+2} < \dfrac{1}{2}r_i$. 这表明, 应用两次带余除法可将余数至少缩小一半. 因此为了得到 a 和 b 的最大公因子 (a, b), 所做带余除法的次数一定不超过 $2(\log_2 a + 1) = O(\lg a)$. 所以, 辗转相除法的计算复杂度为

$$O(\lg^2 a) \times O(\lg a) = O(\lg^3 a).$$

例 1.5 计算 $(-7641, 243)$, 并求 $s, t \in \mathbb{Z}$, 使得 $(-7641, 243) = s(-7641) + t \cdot 243$.

解 由性质 1.5, $(-7641, 243) = (7641, 243)$.

应用辗转相除法, 有

$$\begin{aligned} 7641 &= 243 \cdot 31 + 108, \\ 243 &= 108 \cdot 2 + 27, \\ 108 &= 27 \cdot 4 + 0, \end{aligned}$$

因此 $(-7641, 243) = 27$.

又

$$\begin{aligned}27 &= 243 - 2 \cdot 108 \\ &= 243 - 2 \cdot (7641 - 31 \cdot 243) \\ &= 2 \cdot (-7641) + 63 \cdot 243,\end{aligned}$$

因此, 求得整数 $s = 2$, $t = 63$.

性质 1.6 设 a, b 是不全为零的整数, m 是正整数.

(1) $(ma, mb) = m(a, b)$;

(2) 若 $(m, a) = 1$, 则 $(m, ab) = (m, b)$, 进一步地, 若 $m \mid ab$, 则 $m \mid b$;

(3) 若非零整数 d 满足 $d \mid a$, $d \mid b$, 则 $\left(\dfrac{a}{d}, \dfrac{b}{d}\right) = \dfrac{(a, b)}{|d|}$. 特别地

$$\left(\frac{a}{(a, b)}, \frac{b}{(a, b)}\right) = 1.$$

证明 (1) **方法 1** 记 $d_1 = (ma, mb)$, $d_2 = (a, b)$.

由于 $md_2 \mid ma$ 且 $md_2 \mid mb$, 故 $md_2 \leqslant (ma, mb) = d_1$, 即 $m(a, b) \leqslant (ma, mb)$;

又因为 ma 和 mb 有公因子 m, 所以 $m \mid d_1$, 且 $d_1 \mid ma, d_1 \mid mb$, 从而 $\left.\dfrac{d_1}{m}\right| a$, $\left.\dfrac{d_1}{m}\right| b$, 故 $\left.\dfrac{d_1}{m}\right| (a, b)$, 从而 $\dfrac{d_1}{m} \leqslant (a, b)$, 即 $(ma, mb) \leqslant m(a, b)$.

方法 2 由贝祖定理可知, d_1 是集合 $ma\mathbb{Z} + mb\mathbb{Z} = \{sma + tmb \mid s, t \in \mathbb{Z}\}$ 中的最小正整数, 自然是 $a\mathbb{Z} + b\mathbb{Z}$ 中的最小正整数乘以 m, 故有 $d_1 = md_2$.

综上, $(ma, mb) = m(a, b)$.

(2) 记 $d_1 = (m, ab)$, $d_2 = (m, b)$.

显然 $d_2 \mid d_1$, 下证 $d_1 \mid d_2$.

因为 $(m, a) = 1$, 由贝祖定理可知存在 $k, l \in \mathbb{Z}$ 使得

$$km + la = 1,$$

故

$$kb \cdot m + l \cdot ab = b.$$

由于 $d_1 \mid m$, $d_1 \mid ab$, 所以由上式知 $d_1 \mid b$, 从而 $d_1 \mid d_2$.

综上 $d_1 = d_2$.

(3) 当 $d \mid a$, $d \mid b$ 时, 有

$$\begin{aligned}(a, b) &= \left(|d|\frac{a}{|d|}, |d|\frac{b}{|d|}\right) \\ &= |d|\left(\frac{a}{|d|}, \frac{b}{|d|}\right)\end{aligned}$$

$$= |d| \left(\frac{a}{d}, \frac{b}{d} \right).$$

因此, $\left(\frac{a}{d}, \frac{b}{d} \right) = \frac{(a,b)}{|d|}$. 特别地, 取 $d = (a,b)$, 可得

$$\left(\frac{a}{(a,b)}, \frac{b}{(a,b)} \right) = 1. \qquad \square$$

接下来讨论更一般的情形.

定义 1.4 设 $a_1, a_2, \cdots, a_n$ 和 d 是整数, $a_1, a_2, \cdots, a_n$ 不全为零. 若

$$d \mid a_i, \quad \forall\, 1 \leqslant i \leqslant n.$$

称 d 为 $a_1, a_2, \cdots, a_n$ 的公因子. $a_1, a_2, \cdots, a_n$ 的所有公因子中最大的, 称为 $a_1, a_2, \cdots, a_n$ 的最大公因子, 记作 $(a_1, a_2, \cdots, a_n)$. 特别地, 当 $(a_1, a_2, \cdots, a_n) = 1$ 时, 称 $a_1, a_2, \cdots, a_n$ 互素.

通过递归的思路, 可以将 n 个整数最大公因子的求解转化为一系列求解两个整数的最大公因子.

定理 1.6 设 $a_1, a_2, \cdots, a_n$ 是 n 个整数, 且 $a_1 \neq 0$. 记

$$(a_1, a_2) = d_2, \quad (d_2, a_3) = d_3, \quad \cdots, \quad (d_{n-1}, a_n) = d_n.$$

则 $(a_1, a_2, \cdots, a_n) = d_n$, 且存在 $s_1, s_2, \cdots, s_n \in \mathbb{Z}$ 使得

$$s_1 a_1 + s_2 a_2 + \cdots + s_n a_n = d_n.$$

证明 不妨对 n 应用数学归纳法. 当 $n = 2$ 时, $(a_1, a_2) = d_2$, 且由定理 1.4 可知, $\exists\, s_1, s_2 \in \mathbb{Z}$ 使得

$$s_1 a_1 + s_2 a_2 = d_2$$

结论成立.

假设 $n = k - 1$ 时结论成立, 即当 $(a_1, a_2) = d_2, (d_2, a_3) = d_3, \cdots, (d_{k-2}, a_{k-1}) = d_{k-1}$ 时, 有

$$(a_1, a_2, \cdots, a_{k-1}) = d_{k-1},$$

且 $\exists\, s_1, s_2, \cdots, s_{k-1} \in \mathbb{Z}$ 使得

$$s_1 a_1 + s_2 a_2 + \cdots + s_{k-1} a_{k-1} = d_{k-1}.$$

接下来考虑 $n = k$ 的情形.

令 $d'_k = (a_1, a_2, \cdots, a_k)$, 于是有

$$d'_k \mid a_1, \quad d'_k \mid a_2, \quad \cdots, \quad d'_k \mid a_k.$$

根据归纳假设, 有

$$d_k' \mid d_{k-1}.$$

再由定理 1.4, 可知 $\exists\ s,t \in \mathbb{Z}$ 使得

$$sd_{k-1} + ta_k = d_k,$$

因此 $d_k' \mid d_k$, 以及

$$(ss_1)a_1 + (ss_2)a_2 + \cdots + (ss_{k-1})a_{k-1} + ta_k = d_k.$$

另一方面, 由 $(d_{k-1}, a_k) = d_k$, 得到 $d_k \mid d_{k-1}$ 以及 $d_k \mid a_k$. 所以

$$d_k \mid a_1, \quad d_k \mid a_2, \quad \cdots, \quad d_k \mid a_k.$$

因此 $d_k \mid d_k'$, $d_k = d_k'$. 定理得证. □

推论 1.3 设 $a_1, a_2, \cdots, a_n$ 是 n 个整数, 且 $a_1 \neq 0$. 则有

(1) $(a_1, a_2, \cdots, a_n) = ((a_1, a_2), a_3, \cdots, a_n)$;

(2) $(a_1, a_2, \cdots, a_{n-1}, a_n) = ((a_1, a_2, \cdots, a_{n-1}), a_n)$;

(3) $(a_1, a_2, \cdots, a_{k+r}) = ((a_1, a_2, \cdots, a_k), (a_{k+1}, a_{k+2}, \cdots, a_{k+r}))$.

证明留作习题 1.34.

例 1.6 设 a, b 和 c 为正整数. 证明:

(1) $(a, bc) = (a, (a, b)c)$;

(2) $(a, bc) \mid (a, b)(a, c)$.

证明 (1) 首先, 容易证明

$$(a, bc) = (a, bc, ac).$$

成立. 根据推论 1.3 可得

$$(a, bc, ac) = (a, (bc, ac)).$$

然后, 由性质 1.6, 有

$$(a, (bc, ac)) = (a, (a, b)c).$$

因此 $(a, bc) = (a, (a, b)c)$.

(2) 显然有

$$(a, (a, b)c) \mid ((a, b)a, (a, b)c), \quad ((a, b)a, (a, b)c) = (a, b)(a, c).$$

结合 (1) 中结论, 可以证明 (2) 成立. □

例 1.7 设 $a, b, c \in \mathbb{Z}^+$. 证明等式

$$\left(\frac{a}{(a, c)}, \frac{b}{(b, a)}, \frac{c}{(c, b)} \right) = 1$$

成立.

证明 由

$$\frac{a}{(a,c)} \Bigg| \frac{a}{(a,b,c)}, \quad \frac{b}{(a,b)} \Bigg| \frac{b}{(a,b,c)}, \quad \frac{c}{(c,b)} \Bigg| \frac{c}{(a,b,c)}$$

可得

$$\left(\frac{a}{(a,c)}, \frac{b}{(b,a)}, \frac{c}{(c,b)}\right) \Bigg| \left(\frac{a}{(a,b,c)}, \frac{b}{(a,b,c)}, \frac{c}{(a,b,c)}\right)$$

故

$$\left(\frac{a}{(a,c)}, \frac{b}{(b,a)}, \frac{c}{(c,b)}\right) = 1.$$

□

在本节内容的最后, 讨论整数的最小公倍数.

定义 1.5 设 a, b 是两个整数. 若存在 $D \in \mathbb{Z}$, 满足 $a \mid D$ 且 $b \mid D$, 则称 D 为 a 和 b 的一个公倍数. a, b 的所有公倍数中的最小正整数称为 a, b 的最小公倍数, 记为 $[a, b]$.

由于 0 没有倍数, 因此讨论最小公倍数时总假定这些整数均不为零.

定理 1.7 设 a, b 和 D 是整数, $a \neq 0$, $b \neq 0$, $D > 0$. 则 $D = [a, b]$ 的充分必要条件为

(1) $a \mid D$ 且 $b \mid D$;

(2) 若 $D' \in \mathbb{Z}^+$ 满足 $a \mid D'$ 和 $b \mid D'$, 则 $D \mid D'$.

证明 充分性显然, 只需证明必要性. 由 $D = [a, b]$, 根据最小公倍数的定义显然有

$$a \mid D, \quad b \mid D$$

成立. 再对 D' 和 D 应用带余除法, 即 $\exists\, q, r \in \mathbb{Z}$, 使得

$$D' = Dq + r, \quad 0 \leqslant r < D.$$

上式可进一步写为

$$r = D' + D(-q).$$

由性质 1.4 可得

$$a \mid r, \quad b \mid r,$$

即 r 是 a, b 的一个公倍数. 又因为 $0 \leqslant r < D$, 故 $r = 0$, 即 $D \mid D'$. □

定理 1.7 刻画了最小公倍数的本质属性. “最小” 的含义实际上是指它一定是任一公倍数的因子, 是公倍数在整除意义下的 “最小”.

与最大公因子类似, 最小公倍数有如下一些性质.

性质 1.7 设 a, b 和 m 是整数, $m > 0$. 则

(1) $[a, b] = [|a|, |b|]$;

(2) $[ma, mb] = m[a, b]$;

(3) 若 $a > 0$, $b > 0$ 且 $b \mid a$, 则 $[a, b] = a$.

证明留作习题 1.38.

定理 1.8 设 a, b 是两个正整数, 则有

$$[a, b] = \frac{ab}{(a, b)}.$$

证明 设 $d=(a,b)$, $D=[a,b]$. 因为 $a\mid D$, $b\mid D$, 所以

$$ab\mid Da,\quad ab\mid Db.$$

于是有

$$ab\mid(Da,Db),$$

由性质 1.6, 可得 $\left.\dfrac{ab}{d}\,\right|\,D$.

另一方面, $d\mid a$, $d\mid b$, 于是有 $bd\mid ab$, $ad\mid ab$, 即

$$a\left|\,\frac{ab}{d},\quad b\,\right|\,\frac{ab}{d}.$$

$\dfrac{ab}{d}$ 是 a,b 的一个公倍数. 由定理 1.7 有

$$D\,\left|\,\frac{ab}{d},\right.$$

所以 $D=\dfrac{ab}{d}$, 即 $[a,b]=\dfrac{ab}{(a,b)}$. □

推论 1.4 设 a,b 是两个互素的正整数, 则 $[a,b]=ab$.

定理 1.8 刻画了两个整数的最大公因子与最小公倍数之间的关系, 可以通过求解最大公因子进而求出最小公倍数.

定义 1.6 设 $a_1,a_2,\cdots,a_n$ 是 n 个非零整数, 若存在 $D\in\mathbb{Z}$ 满足

$$a_1\mid D,\quad a_2\mid D,\quad\cdots,\quad a_n\mid D,$$

则称 D 为 $a_1,a_2,\cdots,a_n$ 的一个公倍数. $a_1,a_2,\cdots,a_n$ 的所有公倍数中的最小正整数称为 $a_1,a_2,\cdots,a_n$ 的最小公倍数, 记为 $[a_1,a_2,\cdots,a_n]$.

定理 1.9 设 $a_1,a_2,\cdots,a_n$ 是 n 个正整数, 记

$$[a_1,a_2]=D_2,\quad [D_2,a_3]=D_3,\quad\cdots,\quad [D_{n-2},a_{n-1}]=D_{n-1},\quad [D_{n-1},a_n]=D_n.$$

则 $[a_1,a_2,\cdots,a_n]=D_n$.

证明 类似定理 1.6 的证明过程, 对 n 应用数学归纳法即可.

1.3 素数与算术基本定理

根据自然数是否有非平凡因子, 将除了 0 和 1 之外的自然数分为素数和合数两类. 素数在自然数中有着特殊的地位.

引理 1.3 设 n 是合数, p 是 n 的大于 1 的最小正因子, 则 p 是素数且 $p\leqslant\sqrt{n}$.

证明 (反证法) 若 p 不是素数, 则 $\exists\, q \in \mathbb{Z}, 1 < q < p$, 使得 $q \mid p$. 但由于 $p \mid n$, 根据整除的传递性, 有

$$q \mid n.$$

这与 p 是 n 的最小正因子矛盾, 所以 p 是素数.

又因为 n 是合数, p 是 n 的大于 1 的最小正因子, 故 $\exists\, n_1 \in \mathbb{Z}$, 使得

$$n = n_1 p, \quad 1 < p \leqslant n_1 < n.$$

因此 $p^2 \leqslant pn_1 = n$, 即 $p \leqslant \sqrt{n}$. □

定理 1.10 (算术基本定理) *任一整数 $a > 1$ 都可以表示为若干素数的乘积. 即存在唯一的素数序列 $p_1, p_2, \cdots, p_s$ 使得*

$$a = p_1 p_2 \cdots p_s, \quad p_1 \leqslant p_2 \leqslant \cdots \leqslant p_s. \tag{1.11}$$

进一步地, 将式 (1.11) 中相同的素数合并, 可得

$$a = p_1^{\alpha_1} p_2^{\alpha_2} \cdots p_k^{\alpha_k}, \quad p_1 < p_2 < \cdots < p_k, \tag{1.12}$$

其中, $k \leqslant s$, 且 $\alpha_i > 0, i = 1, 2, \cdots, k$. 式 (1.12) 称为 a 的标准素因子分解式.

证明 (1) 若整数 $a > 1$ 是素数, 则结论显然; 若 a 是合数, 由引理 1.3, a 的最小正因子是素数, 记为 p_1, 即存在 $a_1 \in \mathbb{Z}$ 使得 $a = p_1 a_1$, 其中 $a_1 < a$. 若 a_1 是素数, 则结论成立, 否则继续对 a_1 使用引理 1.3, 存在素数 $p_2 \geqslant p_1$ 和 $a_2 \in \mathbb{Z}$ 使得

$$a = p_1 \cdot a_1 = p_1 p_2 a_2,$$

且 $a_2 < a_1 < a$; 以此类推, 可得递减的正整数序列 $a > a_1 > a_2 > \cdots > 0$. 因此, 必然存在某个整数 $s \geqslant 1$ 使得 $a_{s+1} = 1$, 即 $a_s = p_s \cdot 1$ 是素数, 因此得到

$$a = p_1 p_2 \cdots p_s, \quad p_1 \leqslant p_2 \leqslant \cdots \leqslant p_s.$$

因此式 (1.11) 成立, 下证唯一性.

(2) 对于整数 $a > 1$, 若存在两组素数 $p_1, p_2, \cdots, p_k$ 和 $q_1, q_2, \cdots, q_s$, 使得

$$a = p_1 p_2 \cdots p_k, \quad p_1 \leqslant p_2 \leqslant \cdots \leqslant p_k,$$

$$a = q_1 q_2 \cdots q_s, \quad q_1 \leqslant q_2 \leqslant \cdots \leqslant q_s.$$

下面证明必有 $k = s$, 且 $p_i = q_i, 1 \leqslant i \leqslant k$.

考虑 q_1, 由于 $q_1 \mid a$, 即

$$q_1 \mid (p_1 p_2 \cdots p_k)$$

由推论 1.2 可知, 必存在某个 p_j 满足 $q_1 \mid p_j$. 由于 q_1 和 p_j 皆为素数, 故 $q_1 = p_j$. 又由于 q_1 是 a 的最小素因子, 因此有 $q_1 = p_j = p_1$. 因此类推, 唯一性得证.

将 (1.11) 中相同的素数合并, 便可得到式 (1.12). □

算术基本定理是初等数论中的一个核心定理, 它揭示了自然数的一种结构, 这种结构在研究一些问题时, 可以把对自然数的研究转化为对素数的研究.

推论 1.5 设 $p_i(1 \leqslant i \leqslant k)$ 是互不相同的素数, $a = p_1^{\alpha_1} p_2^{\alpha_2} \cdots p_k^{\alpha_k}$. 则 d 是 a 的正因子的充分必要条件是

$$d = p_1^{\beta_1} p_2^{\beta_2} \cdots p_k^{\beta_k}, \quad 0 \leqslant \beta_j \leqslant \alpha_j, \quad 1 \leqslant j \leqslant k.$$

推论 1.6 设 a, b 是正整数, 若存在素数 $p_1, p_2, \cdots, p_k$ 使得

$$a = p_1^{\alpha_1} p_2^{\alpha_2} \cdots p_k^{\alpha_k}, \quad b = p_1^{\beta_1} p_2^{\beta_2} \cdots p_k^{\beta_k}, \quad p_1 < p_2 < \cdots < p_k,$$

其中, $\alpha_j \geqslant 0$, $\beta_j \geqslant 0$. 则

$$(a, b) = p_1^{\delta_1} p_2^{\delta_2} \cdots p_k^{\delta_k}, \quad \delta_j = \min(\alpha_j, \beta_j), \quad 1 \leqslant j \leqslant k;$$

$$[a, b] = p_1^{\gamma_1} p_2^{\gamma_2} \cdots p_k^{\gamma_k}, \quad \gamma_j = \max(\alpha_j, \beta_j), \quad 1 \leqslant j \leqslant k.$$

例 1.8 (定理 1.8 的另一种证明方法) 设 a, b 是两个正整数, 证明

$$[a, b] = \frac{ab}{(a, b)}.$$

证明 由推论 1.6 可以得到

$$\begin{aligned}(a, b)[a, b] &= (p_1^{\delta_1} p_2^{\delta_2} \cdots p_k^{\delta_k})(p_1^{\gamma_1} p_2^{\gamma_2} \cdots p_k^{\gamma_k}) \\ &= p_1^{\delta_1+\gamma_1} p_2^{\delta_2+\gamma_2} \cdots p_k^{\delta_k+\gamma_k}.\end{aligned}$$

其中, $\delta_j = \min(\alpha_j, \beta_j)$, $\gamma_j = \max(\alpha_j, \beta_j)$, $\forall\ 1 \leqslant j \leqslant k$. 容易看出, 无论 j 的取值如何, 都有

$$\delta_j + \gamma_j = \alpha_j + \beta_j$$

成立, 因此

$$p_1^{\delta_1+\gamma_1} p_2^{\delta_2+\gamma_2} \cdots p_k^{\delta_k+\gamma_k} = p_1^{\alpha_1+\beta_1} p_2^{\alpha_2+\beta_2} \cdots p_k^{\alpha_k+\beta_k},$$

即 $(a, b)[a, b] = ab$. □

例 1.9 设 $a, b, c \in \mathbb{Z}^+$. 证明: $(a, [b, c]) = [(a, b), (a, c)]$.

证明 不妨设 a, b, c 均大于 1. 若不然, 等式显然成立.

由算术基本定理可知, 存在 $\alpha_i \geqslant 0$, $\beta_i \geqslant 0$, $\gamma_i \geqslant 0$, $i = 1, 2, \cdots, k$, 使得

$$a = p_1^{\alpha_1} p_2^{\alpha_2} \cdots p_k^{\alpha_k}, \quad b = p_1^{\beta_1} p_2^{\beta_2} \cdots p_k^{\beta_k}, \quad c = p_1^{\gamma_1} p_2^{\gamma_2} \cdots p_k^{\gamma_k}.$$

又由推论 1.6 可得

$$(a, [b, c]) = p_1^{\eta_1} p_2^{\eta_2} \cdots p_k^{\eta_k},$$

$$[(a, b), (a, c)] = p_1^{\tau_1} p_2^{\tau_2} \cdots p_k^{\tau_k},$$

其中

$$\eta_i=\min(\alpha_i,\ \max(\beta_i,\gamma_i)),\qquad 1\leqslant i\leqslant k;$$

$$\tau_i=\max(\min(\alpha_i,\beta_i),\ \min(\alpha_i,\gamma_i)),\qquad 1\leqslant i\leqslant k.$$

容易验证, 无论 α_i, β_i, γ_i 有怎样的大小关系, 总有

$$\eta_i=\tau_i,\quad 1\leqslant i\leqslant k$$

成立, 故而 $(a,[b,c])=[(a,b),(a,c)]$. □

例 1.10 对正整数 n, 定义

$$\sigma(n)=\sum_{d\mid n}d,$$

其中, $d\mid n$ 是指取遍 n 的所有正因子, 称 $\sigma(n)$ 是 n 的因子和函数. 证明: 设正整数 a,b 满足 $(a,b)=1$, 则有

$$\sigma(ab)=\sigma(a)\sigma(b).\tag{1.13}$$

证明 由算术基本定理, 存在两两不同的素数 $p_1,\cdots,p_k$, 正整数 $\alpha_1,\cdots,\alpha_k$ 以及两两不同的素数 $q_1,\cdots,q_s$ 和正整数 $\beta_1,\cdots,\beta_s$, 使得

$$a=p_1^{\alpha_1}\cdots p_k^{\alpha_k},$$

$$b=q_1^{\beta_1}\cdots q_s^{\beta_s},$$

由 $(a,b)=1$, 可知 $\forall 1\leqslant i\leqslant k, 1\leqslant j\leqslant s$ 都有 $q_i\neq p_j$.

对任意 $e\mid ab$, 记 $a'=(e,a)$, $b'=(e,b)$, 由 $(a,b)=1$ 知 $e=a'b'$ 且 $(a',b')=1$. 因此, 当 e 取遍 ab 的所有因子时, a' 和 b' 分别取遍 a 和 b 的所有因子. 因此有

$$\sigma(ab)=\sum_{e\mid ab}e=\sum_{a'\mid a,b'\mid b}a'b'=\left(\sum_{a'\mid a}a'\right)\left(\sum_{b'\mid b}b'\right)=\sigma(a)\sigma(b).$$ □

满足等式 (1.13) 的函数称为积性函数. 例 1.10 表明, 因子和函数 $\sigma(n)$ 是一个积性函数. 为了计算 $\sigma(n)$, 如果可将 n 进行标准分解, 则可利用积性函数的性质将 $\sigma(n)$ 的计算转化为素数方幂的因子和函数的计算. 若 p 为素数且 $\alpha_i>0$, 则

$$\sigma(p^\alpha)=1+p+\cdots+p^\alpha=\frac{p^{\alpha+1}-1}{p-1}.$$

设 n 的标准分解式为 $n=p_1^{\alpha_1}p_2^{\alpha_2}\cdots p_k^{\alpha_k}$, 其中 $p_i(i=1,2,\cdots,k)$ 为两两不同的素数且 $\alpha_i>0(i=1,2,\cdots,k)$, 则

$$\sigma(n)=\prod_{1\leqslant i\leqslant k}\sigma(p_i^{\alpha_i})=\prod_{1\leqslant i\leqslant k}\frac{p_i^{\alpha_i+1}-1}{p_i-1}.$$

由于素数在自然数中的特殊地位, 对素数的研究也就至关重要. 在对素数进行研究时, 通常要研究素数的个数有多少, 是有限个还是无穷多个; 如何判定一个正整数是素数还是合数; 素数的分布是否满足特定的规律; 是否存在一个函数可以构造素数等问题.

公元前 300 年, 欧几里得[1]在其著作《几何原本》中证明了素数有无穷多个.

定理 1.11 *素数有无穷多个.*

证明 (反证法) 假设只有有限个素数. 记 $p_1, p_2, \cdots, p_k$ 为所有的素数. 考虑整数

$$n = p_1 p_2 \cdots p_k + 1.$$

因为 $n > p_i, i = 1, \cdots, k$, 所以 n 一定是合数.

由引理 1.3, n 的大于 1 的最小正因子 p 是素数. 因此 p 是 $p_1, p_2, \cdots, p_k$ 中的某一个素数. 根据性质 1.4, 有

$$p \mid (n - p_1 p_2 \cdots p_k),$$

即 $p \mid 1$. 假设不成立, 故存在无穷多个素数. □

引理 1.3 给出了一种判别素数的有效方法. 基于这种方法, 可以设计出一种找出给定范围内所有素数的算法, 称为 Eratosthenes [2] 筛法.

用 $P[k]$ 表示整数 k 是否为素数. 若 k 是素数, 记 $P[k]$=TRUE; 反之, 则记 $P[k]$=FALSE. 下面给出算法的具体描述.

算法 1.3 Eratosthenes 筛法

输入: 正整数 N.

输出: 所有大于等于 2 且不超过 N 的素数.

```
P[2], P[3], ··· , P[N] ← TRUE;
for k = 2 to ⌊√N⌋ do
    if P[k] is TRUE then
        for j = 2 to ⌊N/k⌋ do
            P[k * j] = FALSE;
        end
    end
end
for k = 2 to N do
    if P[k] is TRUE then
        return k;
    end
end
```

例如, 求不超过 $N = 100$ 的所有素数. 所有不大于 $\sqrt{100} = 10$ 的素数依次为 $2, 3, 5, 7$, 所以依次删去 $2, 3, 5, 7$ 的倍数, 余下的整数就是不超过 $N = 100$ 的所有素数. 具体列表如下:

① 欧几里得 (Euclid, 约公元前 330—前 275), 古希腊伟大数学家, 被称为 "几何之父". 其著作《几何原本》用公理方法建立了几何体系的雏形, 对近代数学的发展有着巨大的推动作用, 为现代几何学的发展打下了坚实的基础.

② 埃拉托色尼 (Eratosthenes, 约公元前 275—前 194), 古希腊杰出的数学家、天文学家和地理学家.

对于素数 $p_1 = 2$

	2	3	~~4~~	5	~~6~~	7	~~8~~	9	~~10~~
11	~~12~~	13	~~14~~	15	~~16~~	17	~~18~~	19	~~20~~
21	~~22~~	23	~~24~~	25	~~26~~	27	~~28~~	29	~~30~~
31	~~32~~	33	~~34~~	35	~~36~~	37	~~38~~	39	~~40~~
41	~~42~~	43	~~44~~	45	~~46~~	47	~~48~~	49	~~50~~
51	~~52~~	53	~~54~~	55	~~56~~	57	~~58~~	59	~~60~~
61	~~62~~	63	~~64~~	65	~~66~~	67	~~68~~	69	~~70~~
71	~~72~~	73	~~74~~	75	~~76~~	77	~~78~~	79	~~80~~
81	~~82~~	83	~~84~~	85	~~86~~	87	~~88~~	89	~~90~~
91	~~92~~	93	~~94~~	95	~~96~~	97	~~98~~	99	~~100~~

对于素数 $p_2 = 3$

	2	3		5		7		~~9~~	
11		13		~~15~~		17		19	
~~21~~		23		25		~~27~~		29	
31		~~33~~		35		37		~~39~~	
41		43		~~45~~		47		49	
~~51~~		53		55		~~57~~		59	
61		~~63~~		65		67		~~69~~	
71		73		~~75~~		77		79	
~~81~~		83		85		~~87~~		89	
91		~~93~~		95		97		~~99~~	

对于素数 $p_3 = 5$

	2	3		5		7			
11		13				17		19	
		23		~~25~~				29	
31				~~35~~		37			
41		43				47		49	
		53		~~55~~				59	
61				~~65~~		67			
71		73				77		79	
		83		~~85~~				89	
91				~~95~~		97			

对于素数 $p_4 = 7$

	2	3		5		7			
11		13				17		19	
		23						29	
31						37			
41		43				47		~~49~~	
		53						59	
61						67			
71		73				~~77~~		79	
		83						89	
~~91~~						97			

余下的整数就是不超过 $N = 100$ 的所有素数:

	2	3		5		7			
11		13				17		19	
		23						29	
31						37			
41		43				47			
		53						59	
61						67			
71		73						79	
		83						89	
						97			

定理 1.12 Eratosthenes 筛法的时间复杂度为 $O(N\lg\lg N)$.

Eratosthenes 筛法的时间复杂度证明需要用到有关素数分布的若干复杂定理, 此处略去证明.

将素数从小到大排列, 用 p_n 表示第 n 个素数, $\pi(x)$ 表示不超过 x 的素数个数. 可以得到如下估计.

定理 1.13 第 n 个素数 p_n 与 $\pi(x)$ 分别有以下结论:

(1) $p_n \leqslant 2^{2^{n-1}}$;

(2) $\pi(x) > \log_2\log_2 x, x \geqslant 2$.

证明 (1) 利用数学归纳法证明. 当 $n=1$ 时,

$$p_1 \leqslant 2.$$

结论显然成立.

假设对于 $n \leqslant k$ 时, 有

$$p_k \leqslant 2^{2^{k-1}}$$

成立. 当 $n=k+1$ 时, 由引理 1.3 可知

$$p_{k+1} \leqslant p_1p_2\cdots p_k+1,$$

则由归纳假设可得

$$p_{k+1} \leqslant 2^{2^0}2^{2^1}\cdots 2^{2^{k-1}}+1 = 2^{2^k-1}+1 < 2^{2^k}.$$

(2) $\forall x \geqslant 2$, 存在唯一的整数 n, 使得

$$2^{2^{n-1}} \leqslant x < 2^{2^n}.$$

从而由第一部分结论, 可得

$$\pi(x) \geqslant \pi(2^{2^{n-1}}) \geqslant \pi(p_n) = n > \log_2\log_2 x. \qquad \square$$

进一步运用微积分知识, 可以得到描述素数分布规律的素数定理. 以下只给出结论, 感兴趣的读者可自行延伸学习①.

① 潘承洞, 潘承彪. 初等数论 [M]. 3 版. 北京: 北京大学出版社, 2013. 详见第八章 (素数分布的初等结果).

定理 1.14 (素数定理)

$$\lim_{x\to\infty}\left(\pi(x)\bigg/\frac{x}{\ln x}\right)=1.$$

由素数定理可知, 随着 x 趋于无穷大时, 有

$$\pi(x)\approx\frac{x}{\ln x}.$$

表 1.1 给出了 10 次方以内素数的分布规律.

表 1.1 素数的分布

x	$\pi(x)$	$x/\ln x$	$(\pi(x)\cdot\ln x)/x$
10^3	168	144.8	1.160
10^4	1229	1085.7	1.132
10^5	9592	8685.9	1.104
10^6	78498	74382.4	1.085
10^7	664579	620420.7	1.071
10^8	5761455	5428681.0	1.061
10^9	50847534	48254942.4	1.054
10^{10}	455052512	434294481.9	1.048

对于因子和函数 $\sigma(n)=\sum\limits_{d\mid n}d$, 将满足 $\sigma(n)=2n$ 的自然数 n 称为完全数, 又称完美数或完备数. 完全数是一类特殊的自然数, 其所有正的真因子之和恰好等于其自身. 例如 6 和 28 都是完全数, 计算 $\sigma(6)=1+2+3+6=2\times6$ 以及 $\sigma(28)=1+2+4+7+14+28=2\times28$.

欧几里得在证明素数有无穷多个的同时, 指出有许多素数可以写为 2^p-1 的形式 (其中指数 p 也是素数), 并且如果 2^p-1 是素数, 那么形如

$$2^{p-1}(2^p-1)$$

的自然数一定是完全数; 欧拉进一步证明, 每一个偶完全数也必定是如上欧几里得所给出的形式.

引理 1.4 *若 $n>1$ 且 a^n-1 为素数, 则 $a=2$ 且 n 为素数.*

证明 反证法. 若 $a>2$, 则有

$$a^n-1=(a-1)(a^{n-1}+a^{n-1}+\cdots+a+1),$$

即 a^n-1 为合数, 与所给条件矛盾;

若 n 是合数, 设 $n=n_1n_2\,(n_1,n_2>1)$, 则有

$$a^n-1=a^{n_1n_2}-1=(a_1^n-1)\left(a^{n_1(n_2-1)}+a^{n_1(n_2-2)}+\cdots+a^{n_1}+1\right).$$

即 a^n-1 为合数, 与所给条件矛盾.

综上所述, 当 a^n-1 为素数时, $a=2$ 且 n 是素数. □

性质 1.8 *若 p 和 2^p-1 均为素数, 则 $2^{p-1}(2^p-1)$ 是完全数.*

证明 令 $q=2^p-1,n=2^{p-1}q$, 由于 p 和 2^p-1 为素数, 则由因子和函数是积性函数可知

$$\sigma(n)=\sigma(2^{p-1}q)=\sigma(2^{p-1})\sigma(q)=(2^p-1)(1+q)=(2^p-1)2^p=2n. \qquad \square$$

定理 1.15 若 n 是偶完全数, 则 n 形如 $2^{p-1}(2^p-1)$, 其中 p 是素数.

证明 由于 n 是偶数, 存在整数 $k\geqslant 1$ 和奇数 m 使得 $n=2^km$. 因此

$$\begin{aligned}\sigma(n)&=\sigma(2^k)\sigma(m)\\&=(2^{k+1}-1)\sigma(m),\end{aligned}$$

同时, 由于 n 是完全数, 所以

$$\begin{aligned}\sigma(n)&=2n\\&=2^{k+1}m,\end{aligned}$$

所以

$$(2^{k+1}-1)\sigma(m)=2^{k+1}m. \tag{1.14}$$

显然 $2^{k+1}\nmid 2^{k+1}-1$, 所以 $2^{k+1}\mid\sigma(m)$, 即存在整数 c 使得 $\sigma(m)=2^{k+1}c$, 代入式 (1.14) 有

$$2^{k+1}m=(2^{k+1}-1)2^{k+1}c,$$

整理得到

$$m=(2^{k+1}-1)c,$$

下面证明 $c=1$. 假设 $c>1$, 则 m 至少有三个因子 $1,c,m$, 因此有不等式

$$\begin{aligned}\sigma(m)&=2^{k+1}c\\&\geqslant 1+c+m\\&=1+c+(2^{k+1}-1)c\\&=2^{k+1}c+1,\end{aligned}$$

这意味着 $0\geqslant 1$, 不可能成立, 因此 $c=1$. 此时, $m=2^{k+1}-1$ 且 $\sigma(m)=2^{k+1}$, 这说明 m 是素数, 由引理 1.4 得到 $k+1$ 也是素数, 并且有

$$n=2^k\sigma(m)=(2^k-1)2^{k+1}. \qquad \square$$

因此, 寻找偶完全数的问题可以归结为寻找形如 2^p-1 形式的素数.

在研究偶完全数时, 马林 • 梅森 (Marin Mersenne) 最早系统而深入地研究了 2^p-1 型的数, 为了纪念他, 数学界把这类数称为 "梅森数", 记为

$$M_p=2^p-1 \quad (p\text{为素数}).$$

若 M_p 为素数, 则称之为梅森素数.

容易验证当 p 取 10 以内的素数时,

$$M_2=2^2-1=3,\quad M_3=2^3-1=7,\quad M_5=2^5-1=31,\quad M_7=2^7-1=127$$

均为梅森素数. 但当 $p=11$ 时,

$$2^{11}-1=2047=23\times 89.$$

这说明梅森数不都是素数. 至今尚不知道是否存在无穷个梅森素数.

随着计算机和分布式计算技术的发展, 人们对于梅森素数的搜索记录不断刷新. 美国的 Patrick Laroche 通过互联网梅森素数大搜索 (GIMPS) 项目发现了第 51 个梅森素数, 也是迄今为止最大的梅森素数, 其取值为 $M_{82585933}=2^{82585933}-1$.

法国数学家皮埃尔·德·费马 (Pierre de Fermat) 同样致力于研究特殊类型的素数构造, 并对形如 $2^{2^n}+1$ 的素数表示出了极大的兴趣, 这类数后来被称为费马数. 下记为

$$F_n=2^{2^n}+1\quad (n\text{为非负整数}).$$

若 F_n 为素数, 称之为费马素数.

定理 1.16 设整数 $n\geqslant 1$, 则有

$$F_n=F_{n-1}F_{n-2}\cdots F_0+2.$$

证明

$$\begin{aligned}F_n&=2^{2^n}+1\\&=2^{2^n}-1+2\\&=(2^{2^{n-1}}+1)(2^{2^{n-1}}-1)+2\\&=F_{n-1}(2^{2^{n-2}}+1)(2^{2^{n-2}}-1)+2\\&=F_{n-1}F_{n-2}(2^{2^{n-2}}-1)+2\\&=\cdots\\&=F_{n-1}F_{n-2}\cdots F_0+2.\end{aligned}$$

□

推论 1.7 任意两个不同的费马数互素, 即对任意 $m,n\in\mathbb{Z}^+$,

$$(F_m,F_n)=1.$$

证明 不妨设 $m>n$. 由定理 1.16 可知, 存在某个整数 q 使得 $F_m=F_nq+2$, 从而 $(F_m,F_n)=(F_n,2)$, 又因为费马数是奇数, 所以 $(F_m,F_n)=(F_n,2)=1$. □

简单计算可知, 最前五个费马数

$$\begin{aligned}F_0&=2^{2^0}+1=3,\\F_1&=2^{2^1}+1=5,\\F_2&=2^{2^2}+1=17,\\F_3&=2^{2^3}+1=257,\\F_4&=2^{2^4}+1=65537\end{aligned}$$

都是素数, 因此费马猜测 F_n 皆为素数. 但是欧拉于 1732 年证明了

$$F_5 = 2^{2^5} + 1 = 4294967297 = 641 \times 6700417.$$

故费马猜想并不正确. 事实上迄今为止, 还未发现新的费马素数, 因此推测仅存在有限个费马素数.

习题 1

1.1 设 $f(x) = a_n x^n + a_{n-1}x^{n-1} + \cdots + a_1 x + a_0 \in \mathbb{Z}[x]$, 其中 $\mathbb{Z}[x]$ 表示全体一元整系数多项式组成的集合. 证明: 若 $d \mid b - c$, 则

$$d \mid f(b) - f(c).$$

特别地, 有

$$b - c \mid f(b) - f(c).$$

1.2 设 a, b 和 c 是整数. 证明: 若 $b \mid a$ 且 $c \neq 0$, 则 $cb \mid ca$; 反之, 若 $cb \mid ca$, 则 $b \mid a$.

1.3 设 a, b, c 和 q 是整数, 且 $b \neq 0$, $a = bq + c$, 那么 b 整除 a 的充分必要条件是 b 整除 c.

1.4 证明: $\forall\, n \in \mathbb{Z}$, 有

(1) $6 \mid n(n+1)(n+2)$;

(2) $24 \mid n(n+1)(n+2)(n+3)$;

(3) 若 $2 \nmid n$, 则 $8 \mid (n^2 - 1)$ 及 $24 \mid [n(n^2 - 1)]$;

(4) $\dfrac{1}{5}n^5 + \dfrac{1}{3}n^3 + \dfrac{7}{15}n$ 是整数.

1.5 证明: 设 a, b 和 c 是整数, $b > 0$. 则存在唯一整数对 q 和 r, 使得

$$a = bq + r, \quad c \leqslant r < b + c.$$

1.6 证明: $\forall\, a \in \mathbb{Z}^+$, 有

$$5 \mid a^5 - a.$$

1.7 证明: $13 \mid a^2 - 7b^2$ 的充分必要条件是 $13 \mid a$, $13 \mid b$.

1.8 证明: 若 $a \mid b$ 且 $c \mid d$, 则 $ac \mid bd$.

1.9 设 $g \mid ab$, $g \mid cd$ 及 $g \mid ac + bd$. 证明:

$$g \mid ac, \quad g \mid bd.$$

1.10 证明 $M(a_1, b_1) = M(a_2, b_2)$ 当且仅当 $a_1, b_1 \in M(a_2, b_2)$ 且 $a_2, b_2 \in M(a_1, b_1)$.

1.11 设 $m, n \in \mathbb{Z}^+$, 满足 $mn \mid m^2 + n^2 + 1$. 证明:

$$m^2 + n^2 + 1 = 3mn.$$

1.12 设 $n, a, b, c \in \mathbb{Z}^+$, $(b, c) = 1$. 证明: 若 $c \mid n!$, 则

$$c \mid a(a+b)(a+2b)\cdots(a+(n-1)b).$$

1.13 设 $n \neq 1$. 证明: $(n-1)^2 \mid (n^k - 1)$ 的充分必要条件是 $(n-1) \mid k$.

1.14 设 $m > 1$. 证明: $m \nmid 2^m - 1$.

1.15 设 $m > n$ 是正整数. 证明: $2^n - 1 \mid 2^m - 1$ 的充分必要条件是 $n \mid m$. 以任一正整数 $a > 2$ 代替 2, 结论仍然成立吗?

1.16 证明:

(1) 对任意正整数 k, 必有

$$3^k \mid 2^{3^{k-1}} + 1, \quad 3^{k+1} \nmid 2^{3^{k-1}} + 1.$$

(2) 设 $k, s \in \mathbb{Z}^+$. $3^k \mid 2^s + 1$ 的充分必要条件是

$$2 \nmid s, \quad 3^{k-1} \mid s.$$

1.17 证明:

(1) 若 $x^2 + ax + b = 0$ 有整数根 $x_0 \neq 0$, 则 $x_0 \mid b$.

(2) 若

$$x^n + a_{n-1}x^{n-1} + \cdots + a_1 x + a_0 = 0$$

有整数根 $x_0 \neq 0$, 则 $x_0 \mid a_0$.

1.18 利用 Eratosthenes 筛法求出 300 以内的所有素数.

1.19 证明: $n^2 + n + 41$ 当 $n = 0, 1, 2, \cdots, 39$ 时都是素数.

1.20 证明:

(1) 形如 $4k - 1$ 的素数有无穷多个.

(2) 形如 $6k - 1$ 的素数有无穷多个.

1.21 设 $p_1, p_2, \cdots, p_n$ 是 n 个两两不同的素数, P_r 是其中任意取定的 r 个素数的乘积. 证明: 任一 $p_j (1 \leqslant j \leqslant n)$ 都不能整除

$$p_1 p_2 \cdots p_n / P_r + P_r,$$

由此推出素数有无穷多个.

1.22 设 p 是素数, 证明: $\sqrt{p}$ 不是有理数.

1.23 设 p 是正整数 n 的最小素因子. 证明: 若 $p > n^{\frac{1}{3}}$, 则 $\dfrac{n}{p}$ 是素数.

1.24 设 p 是素数且 $(a, p^2) = p$, $(b, p^3) = p^2$. 求 (ab, p^4) 和 $(a+b, p^4)$.

1.25 设 p 是素数, $p \mid a_1 a_2$. 证明:

(1) $p \mid a_1$ 或 $p \mid a_2$ 至少有一个成立.

(2) 若 $p \mid a_1 \cdots a_n$, 则 $p \mid a_1, \cdots, p \mid a_n$ 至少有一个成立.

1.26 证明: 设 $n \geqslant 1$. $2^n + 1$ 是素数的必要条件是 $n = 2^k$.

1.27 用辗转相除法求以下数组的最大公约数，并将其表示为这些数的整系数线性组合：

(1) $15, 21, -35$;

(2) $210, -330, 1155$.

1.28 证明：若 $(a,b)=1$ 且 $c \mid (a+b)$，则 $(c,a)=(c,b)=1$.

1.29 设整数 a,b,c,d 满足 $ad-bc=\pm 1$. 证明：若 $u=am+bn$, $v=cm+dn$，则

$$(m,n)=(u,v).$$

1.30 设 $a>b\geqslant 1$, $(a,b)=1$. 证明：

$$(a^m-b^m, a^n-b^n)=a^{(m,n)}-b^{(m,n)}.$$

1.31 设 $a>1$. 证明：

(1) $(a^m-1, a^n-1)=a^{(m,n)}-1$;

(2) $(a^m-(-1)^{m/(m,n)}, a^n-(-1)^{n/(m,n)})=a^{(m,n)}+1$;

(3) 除去 (1) 和 (2) 中的情形外，总有

$$(a^m\pm 1, a^n\pm 1)=\begin{cases}1, & 若\ 2\mid a,\\ 2, & 若\ 2\nmid a,\end{cases}$$

其中，$+$, $-$ 号任取.

1.32 设 a 是奇数. 证明：$\exists\, d\in\mathbb{Z}^+$ 使得

$$(2^d-5, a)=1.$$

1.33 若 $2\nmid b$，则 $(2^k a, b)=(a,b)$.

1.34 设 $a_1, a_2, \cdots, a_n$ 是 n 个整数，且 $a_1\neq 0$. 证明：

(1) $(a_1,a_2,\cdots,a_n)=((a_1,a_2),a_3,\cdots,a_n)$;

(2) $(a_1,a_2,\cdots,a_{n-1},a_n)=((a_1,a_2,\cdots,a_{n-1}),a_n)$;

(3) $(a_1,a_2,\cdots,a_{k+r})=((a_1,a_2,\cdots,a_k),(a_{k+1},a_{k+2},\cdots,a_{k+r}))$.

1.35 设 a,b,c 和 k 是整数，$k>0$. 证明：

(1) $(a^k,b^k)=(a,b)^k$;

(2) 若 $(a,b)=1$, $ab=c^k$，则 $a=(a,c)^k$, $b=(b,c)^k$.

1.36 设 $a_1,a_2,\cdots,a_n$ 是 n 个不全为零的整数. 证明：

$$\left(\frac{a_1}{(a_1,a_2,\cdots,a_n)}, \frac{a_2}{(a_1,a_2,\cdots,a_n)}, \cdots, \frac{a_n}{(a_1,a_2,\cdots,a_n)}\right)=1.$$

1.37 设 $a>2$ 是奇数. 证明：

(1) 一定存在正整数 $d\leqslant a-1$，使得 $a\mid 2^d-1$;

(2) 设 d_0 是满足 $a\mid 2^d-1$ 的最小正整数，那么 $a\mid 2^h-1 (h\in\mathbb{N})$ 的充分必要条件是 $d_0\mid h$;

(3) 必有正整数 d，使得 $(2^d-3,a)=1$.

1.38 设 a, b 和 m 是整数, $m > 0$. 证明:

(1) $[a, b] = [|a|, |b|]$;

(2) $[ma, mb] = m[a, b]$;

(3) 若 $a > 0, b > 0$ 且 $b \mid a$, 则 $[a, b] = a$.

1.39 证明:

(1) 若 $a, b, c \in \mathbb{Z}^+$, 则

$$\max(a, b, c) = a + b + c - \min(a, b) - \min(a, c) - \min(b, c) + \min(a, b, c).$$

(2) $\dfrac{[a, b, c]}{(a, b, c)} = \dfrac{abc}{(a, b)(a, c)(b, c)}$.

1.40 证明:

$$[a_1, a_2, \cdots, a_n] = [[a_1, a_2], a_3, \cdots, a_n] = [[a_1, a_2, \cdots, a_k], [a_{k+1}, a_{k+2}, \cdots, a_n]].$$

1.41 求出下列各对数的最大公因子 (a, b) 及最小公倍数 $[a, b]$.

(1) $a = 2^4 \cdot 3^3 \cdot 5^2 \cdot 7^9$, $b = 2^2 \cdot 3^5 \cdot 5^5 \cdot 7^3$.

(2) $a = 3 \cdot 5 \cdot 11 \cdot 13$, $b = 17 \cdot 29 \cdot 13 \cdot 7$.

(3) $a = 53^{11} \cdot 71^{103} \cdot 17^{1001}$, $b = 89^{41} \cdot 23^{100} \cdot 97^{29}$.

1.42 求下列各数的素因子分解式.

(1) 72;

(2) 168;

(3) 2560;

(4) 42684.

1.43 设 $a, b \in \mathbb{Z}^+$, k 是给定的正整数. 证明: 任一正整数 n 必可唯一表示为

$$n = ab^k,$$

且不存在 $d > 1$ 使得 $d^k \mid a$.

1.44 证明: 当 $n > 1$ 时, $1 + \dfrac{1}{2} + \cdots + \dfrac{1}{n}$ 不是整数.

1.45 设 $n \geqslant 1$. 证明:

$$(n! + 1, (n + 1)! + 1) = 1.$$

1.46 证明: 对于任给的正整数 k, 必有 k 个连续正整数是合数.

第 2 章

同余理论

同余理论研究整数之间的模运算关系, 对它的研究起源于古代中国和印度, 欧洲数学家欧拉①的工作推动了同余理论的研究, 高斯②进一步发展了该理论, 并引入 “≡” 符号来表示同余关系. 同余理论内容丰富, 应用广泛, 是初等数论中的一个重要组成部分, 本章着重介绍同余理论的一些概念和相关性质.

2.1 同余的基本性质

定义 2.1 设 m 是正整数, a 和 b 是整数. 若 $m \mid (a-b)$, 称 a 与 b 模 m 同余, 也称 a 模 m 同余 b, 记作

$$a \equiv b \pmod{m}. \tag{2.1}$$

否则, 若 $m \nmid (a-b)$, 称 a 和 b 对模数 m 不同余, 记作 $a \not\equiv b \pmod{m}$.

式 (2.1) 称为模 m 的同余式, 也简称同余式. 若将整数 a 和 b 分别关于 m 做带余除法, 余数取非负最小剩余, 即 $a = mq_1 + r_1, b = mq_2 + r_2$, 其中 $0 \leqslant r_1, r_2 < m$, 则由同余的定义不难看出: $a \equiv b \pmod{m}$ 当且仅当 $r_1 = r_2$, 此即 a 和 b 关于 m 做带余除法的余数是相同的. 同余式给出了整数 $\mathbb{Z}$ 上的一种二元关系, 通常也称 “≡” 为同余关系.

性质 2.1 设 m 是正整数, a, b, c 是整数. 则有

(1) 自反性: $a \equiv a \pmod{m}$;

(2) 对称性: 若 $a \equiv b \pmod{m}$, 则 $b \equiv a \pmod{m}$;

(3) 传递性: 若 $a \equiv b,\ \ b \equiv c \pmod{m}$, 则 $a \equiv c \pmod{m}$.

由此可见, 同余关系是一种等价关系. 同余式在加法和乘法下具有良好的性质, 这使得同余关系在数论中有着广泛的应用.

性质 2.2 设 m 是正整数, a, b, c, d 是整数. 则有

(1) 若 $a \equiv b \pmod{m}$, $c \equiv d \pmod{m}$, 则 $a + c \equiv b + d \pmod{m}$;

(2) 若 $a \equiv b \pmod{m}$, $c \equiv d \pmod{m}$, 则 $a - c \equiv b - d \pmod{m}$;

---

① 莱昂哈德 · 欧拉 (Leonhard Euler, 1707 —1783), 瑞士数学家, 欧拉被广泛认为是 18 世纪数学界的中心人物, 也是数学史上最多产的数学家之一, 欧拉对数学的研究如此之广泛, 因此在许多数学的分支中也可经常见到以他的名字命名的重要常数、公式和定理.

② 卡尔 · 弗里德里希 · 高斯 (Carolus Fridericus Gauss, 1777 —1855), 德国数学家, 高斯是 19 世纪最伟大的数学家之一, 被誉为 “数学王子”. 高斯在数论、几何学、统计学等领域的成就尤为突出, 提出了高斯消元法、二次互反律等重要定理, 开创了非欧几何学. 他的工作影响深远, 是现代数学的奠基人之一.

(3) 若 $a \equiv b \pmod{m}$, $c \equiv d \pmod{m}$, 则 $a \cdot c = b \cdot d \pmod{m}$.

同余关系不仅适用于整数, 还可以推广到多项式等更广泛的数学对象上.

定义 2.2 设 $f(x) = a_k x^k + a_{k-1} x^{k-1} + \cdots + a_1 x + a_0$, $g(x) = b_k x^k + b_{k-1} x^{k-1} + \cdots + b_1 x + b_0$ 是两个整系数多项式, 满足

$$a_i \equiv b_i \pmod{m}, \quad 0 \leqslant i \leqslant k,$$

则称多项式 $f(x)$ 与多项式 $g(x)$ 模 m 同余, 记作 $f(x) \equiv g(x) \pmod{m}$.

由上述性质 2.1 和性质 2.2 可知, 如果 $f(x) \equiv g(x) \pmod{m}$ 且 $a \equiv b \pmod{m}$, 则

$$f(a) \equiv g(b) \pmod{m}. \tag{2.2}$$

例 2.1 整数 n 能被 9 整除的充分必要条件是 n 的十进制表示的数字之和能被 9 整除.

证明 记

$$n = a_k \cdot 10^k + a_{k-1} \cdot 10^{k-1} + \cdots + a_1 \cdot 10 + a_0,$$

$$f(x) = a_k x^k + a_{k-1} x^{k-1} + \cdots + a_1 x + a_0.$$

因为 $10 \equiv 1 \pmod{9}$, 利用同余的上述性质, 可得

$$n = f(10) \equiv f(1) \pmod{9}.$$

故 $n = f(10)$ 能被 9 整除的充分必要条件是 $a_0 + a_1 + \cdots + a_k = f(1)$ 能够被 9 整除.

性质 2.2 表明: 同余式可以进行加法、减法或乘法, 即两个同余式左右两边同时进行加、减或乘等运算, 运算的结果还将保持同余关系不变. 但同余式不一定能进行除法运算, 即当 $a \cdot c \equiv b \cdot c \pmod{m}$ 时, 未必有 $a \equiv b \pmod{m}$ 成立. 例如 $15 \times 2 \equiv 20 \times 2 \pmod{10}$, 但显然有 $15 \not\equiv 20 \pmod{10}$. 当同余式满足一些给定条件的时候, 仍然可以进行除法, 关于这一点有如下性质.

性质 2.3 设 m 是正整数, a, b, c 是整数, 记 $d = (c, m)$. 若 $a \cdot c \equiv b \cdot c \pmod{m}$, 则

$$a \equiv b \left(\bmod \frac{m}{d}\right).$$

特别地, 若 $(c, m) = 1$, 则 $a \equiv b \pmod{m}$, 即消去律成立.

证明 因为

$$a \cdot c \equiv b \cdot c \pmod{m} \Leftrightarrow m | c\,(a - b),$$

而 $d = (c, m)$, 由整除的性质可知

$$m | c(a - b) \Leftrightarrow \frac{m}{d} \bigg| \frac{c}{d}(a - b).$$

又 $\left(\frac{m}{d}, \frac{c}{d}\right) = 1$, 故

$$\frac{m}{d} \bigg| (a - b).$$

此即

$$a \equiv b \left(\bmod \frac{m}{d}\right).$$

特别地, 由性质 2.3 可知: 若 $(c, m) = 1$, 且 $a \cdot c \equiv b \cdot c \pmod{m}$, 则有 $a \equiv b \pmod{m}$. □

性质 2.4 设 m 是正整数, a 是整数. 若 $(a, m) = 1$, 则存在 b 满足

$$ab \equiv 1 \pmod{m}.$$

证明 由 1.2 节的推论 1.1 可知, 当 $(a, m) = 1$ 时必有 $s, t \in \mathbb{Z}$, 满足

$$a \cdot s + m \cdot t = 1.$$

由此可知, 取

$$b \equiv s \pmod{m}$$

即可. □

由性质 2.3 可知, 性质 2.4 中的 b 在模 m 的意义下是唯一的, 称 b 为 a 模 m 的乘法逆元, 简称 a 模 m 的逆, 记作 $a^{-1} \pmod{m}$.

例 2.2 验算可知: $6^{-1} \equiv 6 \pmod{7}$, $5^{-1} \equiv 3 \pmod{7}$, $10^{-1} \equiv 4 \pmod{13}$.

性质 2.5 同余式组

$$a \equiv b \pmod{m_i}, \quad i = 1, 2, \cdots, k$$

同时成立, 当且仅当

$$a \equiv b \pmod{[m_1, \cdots, m_k]}.$$

证明 由于 $a \equiv b \pmod{m_i}$, 即 $m_i | (a - b)$, 由定理 1.7 可知，$a - b$ 是所有 m_i 的公倍数当且仅当 $a - b$ 是 $[m_1, \cdots, m_k]$ 的倍数，即

$$[m_1, \cdots, m_k] | (a - b)$$

等价于

$$a \equiv b \pmod{[m_1, \cdots, m_k]}.$$ □

2.2 剩余类与剩余系

由 2.1 节的性质 2.1 可知, 整数的同余关系是一种等价关系. 因此, 可由同余关系给出全体整数的一个划分, 即全体整数可以按照同余关系分为若干两两不交的等价类, 每个等价类由所有模 m 同余的整数构成.

定义 2.3 设 m 是正整数, a 是任意整数, 称集合

$$C_a = \{c | c \in \mathbb{Z}, c \equiv a \pmod{m}\}$$

是模 m 的一个剩余类.

根据剩余类的定义以及同余的性质, 容易证明如下性质:

定理 2.1 设 m 是正整数, a,b 是整数. 则

(1) 任一整数必包含且只包含在某个模 m 的剩余类 C_r 中, 其中 $0 \leqslant r < m$;

(2) $C_a = C_b$ 当且仅当

$$a \equiv b \pmod{m};$$

(3) $C_a \cap C_b = \varnothing$ 当且仅当

$$a \not\equiv b \pmod{m}.$$

由定理 2.1 可知, 模 m 有且仅有 m 个不同的剩余类, 而且全体整数集合可以表示成模 m 所有不同剩余类的不交并, 即

$$\mathbb{Z} = \bigcup_{0 \leqslant r < m} C_r.$$

定义 2.4 设 m 是正整数, $r_1, r_2, \cdots, r_m$ 分别取自模 m 的不同剩余类. 称集合 $\{r_1, r_2, \cdots, r_m\}$ 是模 m 的一个完全剩余系.

由定义可知, 集合 $R \subseteq \mathbb{Z}$ 构成模 m 的一个完全剩余系, 当且仅当 $|R| = m$ 且 R 中的元素模 m 两两不同余. 特别地, 任意连续 m 个整数都构成模 m 的一个完全剩余系. 通常

(1) 称 $\{0, 1, \cdots, m-1\}$ 为模 m 的最小非负完全剩余系.

(2) 称 $\{1, \cdots, m\}$ 为模 m 的最小正完全剩余系.

(3) 当 m 为偶数时, 称 $\left\{-\frac{m}{2}, \cdots, -1, 0, 1, \cdots, \frac{m}{2} - 1\right\}$ 或 $\left\{-\frac{m}{2}+1, \cdots, -1, 0, 1, \cdots, \frac{m}{2}\right\}$ 为模 m 的绝对值最小完全剩余系; 当 m 为奇数时, 称 $\left\{-\frac{m-1}{2}, \cdots, -1, 0, 1, \cdots, \frac{m-1}{2}\right\}$ 为模 m 的绝对值最小完全剩余系.

定理 2.2 设 m 是正整数, a,b 是整数, 且 $(a,m)=1$. 若集合 R_1 是模 m 的一个完全剩余系, 则集合

$$R_2 = \{a \cdot r + b | r \in R_1\}$$

构成模 m 的一个完全剩余系.

证明 由集合 R_2 的定义可知, 集合 R_2 和集合 R_1 所包含的元素个数相同, 而 R_1 是模 m 的完全剩余系, 所以 R_2 恰好包含 m 个元素.

下证 R_2 中 m 个元素模 m 两两不同余. 若存在 $r_1, r_2 \in R_1$ 满足

$$a \cdot r_1 + b \equiv a \cdot r_2 + b \pmod{m},$$

则有

$$a \cdot r_1 \equiv a \cdot r_2 \pmod{m}.$$

此时, 根据 2.1 节的性质 2.3 可知

$$r_1 \equiv r_2 \pmod{m},$$

即 R_2 中 m 个元素模 m 两两不同余. 因此, R_2 构成模 m 的一个完全剩余系. □

定理 2.3 设 m_1, m_2 是正整数, 且 $(m_1, m_2) = 1$. 若集合 R_1 和 R_2 分别是模 m_1 和 m_2 的一个完全剩余系, 则集合

$$R_3 = \{m_2 \cdot r_1 + m_1 \cdot r_2 | r_1 \in R_1, r_2 \in R_2\}$$

构成模 $m_1 \cdot m_2$ 的一个完全剩余系.

证明 由集合 R_3 的定义可知, 它包含元素的个数为集合 R_1 和 R_2 所含元素个数的乘积, 而 R_1 和 R_2 分别是模 m_1 和模 m_2 的完全剩余系, 所以 R_3 恰好包含 $m_1 \cdot m_2$ 个元素, 下证 R_3 中的元素模 $m_1 \cdot m_2$ 两两不同余. 若存在 $r_{1,1}, r_{1,2} \in R_1$ 以及 $r_{2,1}, r_{2,2} \in R_2$, 满足

$$m_2 \cdot r_{1,1} + m_1 \cdot r_{2,1} \equiv m_2 \cdot r_{1,2} + m_1 \cdot r_{2,2} \pmod{m_1 \cdot m_2},$$

则有

$$m_2 \cdot r_{1,1} \equiv m_2 \cdot r_{1,2} \pmod{m_1},$$

$$m_1 \cdot r_{2,1} \equiv m_1 \cdot r_{2,2} \pmod{m_2}.$$

根据性质 2.3 有

$$r_{1,1} \equiv r_{1,2} \pmod{m_1},$$

$$r_{2,1} \equiv r_{2,2} \pmod{m_2},$$

即 R_3 中的元素模 $m_1 \cdot m_2$ 两两不同余. 因此, R_3 构成模 $m_1 \cdot m_2$ 的一个完全剩余系. □

根据剩余类的定义和同余的性质, 同一剩余类中所有元素和模数的最大公因数都是相等的, 特别地, 剩余类中若存在一个元素与模数 m 互素, 则该类中任意元素都与 m 互素.

定义 2.5 设 m 是正整数, C 是模 m 的一个剩余类. 若存在 $a \in C$ 满足 $(a, m) = 1$, 则称 C 是模 m 的一个简化剩余类.

根据定义, 简化剩余类首先是剩余类, 其次还满足它的任意元素都与模数互素这一特殊性质.

定义 2.6 设 m 是正整数, 称集合 $\{0, 1, \cdots, m-1\}$ 中与 m 互素的整数个数为欧拉函数, 记为 $\varphi(m)$.

由简化剩余类的定义可知, 对于正整数 m, 欧拉函数 $\varphi(m)$ 就是模 m 的简化剩余类的个数.

定义 2.7 设 m 是正整数, $r_1, r_2, \cdots, r_{\varphi(m)}$ 分别取自模 m 的不同简化剩余类. 称集合 $\{r_1, r_2, \cdots, r_{\varphi(m)}\}$ 是模 m 的一个简化剩余系.

由于简化剩余类一定是剩余类, 显然, 通过添加一些与模数不互素的元素, 可将简化剩余系扩充成一个完全剩余系; 反之, 通过删除一些与模数不互素的元素, 可将完全剩余系缩减成一个简化剩余系. 特别地,

(1) 称由 $\{0, 1, \cdots, m-1\}$ 这一最小非负完全剩余系通过删除与模数 m 不互素的元素, 缩减而成的简化剩余系为模 m 的最小非负简化剩余系.

(2) 称由 $1,\cdots,m$ 这一最小正完全剩余系通过删除与 m 不互素的元素, 缩减而成的简化剩余系为模 m 的最小正简化剩余系.

(3) 当 m 为偶数时, 称由 $\left\{-\frac{m}{2},\cdots,-1,0,1,\cdots,\frac{m}{2}-1\right\}$ 或 $\left\{-\frac{m}{2}+1,\cdots,-1,0,1,\cdots,\frac{m}{2}\right\}$ 这一绝对值最小完全剩余系通过删除与模数 m 不互素的元素, 缩减而成的简化剩余系为模 m 的绝对值最小简化剩余系; 当 m 为奇数时, 称由 $\left\{-\frac{m-1}{2},\cdots,-1,0,1,\cdots,\frac{m-1}{2}\right\}$ 这一绝对值最小完全剩余系通过删除与模数 m 不互素的元素, 缩减而成的简化剩余系为模 m 的绝对值最小简化剩余系.

定理 2.4 设 m 是正整数, a 整数, 且 $(a,m)=1$. 若集合 R_1 是模 m 的一个简化剩余系, 则集合

$$R_2=\{a\cdot r|r\in R_1\}$$

构成模 m 的一个简化剩余系.

参照定理 2.2 的证明, 不难给出上述定理的证明.

定理 2.5 设 m_1,m_2 是正整数, 且 $(m_1,m_2)=1$. 若集合 R_1 和 R_2 分别是模 m_1 和 m_2 的一个简化剩余系, 则集合

$$R_3=\{m_2\cdot r_1+m_1\cdot r_2|r_1\in R_1,r_2\in R_2\}$$

构成模 $m_1\cdot m_2$ 的一个简化剩余系.

证明 由完全剩余系和简化剩余系的定义可知, 集合 R_1 和 R_2 可以分别被扩充成对应模 m_1 和 m_2 的一个完全剩余系 R_1' 和 R_2', 则由定理 2.5, $R_3'=\{m_2\cdot r_1+m_1\cdot r_2\mid r_1\in R_1', r_2\in R_2'\}$ 是模 $m_1\cdot m_2$ 的一个完全剩余系, 且 $R_3\subset R_3'$. 下面只需证明: $(m_2\cdot r_1+m_1\cdot r_2, m_1\cdot m_2)=1$ 当且仅当 $(r_1,m_2)=1$ 且 $(r_2,m_1)=1$.

首先证明: 当 $(r_1,m_1)=1$ 且 $(r_2,m_2)=1$ 时, $(m_2\cdot r_1+m_1\cdot r_2,m_1\cdot m_2)=1$.

假设存在某个素数 p 满足 $p\mid m_2\cdot r_1+m_1\cdot r_2$ 且 $p\mid m_1\cdot m_2$, 如果 $p\mid m_1$, 则 $p\mid m_2\cdot r_1$, 但由 $(r_1,m_1)=1$ 可知 $p\nmid r_1$, 故 $p\mid m_2$, 即 $p\mid(m_1,m_2)$, 这与 $(m_1,m_2)=1$ 矛盾; 如果 $p\mid m_2$, 同理可以得到相同的矛盾. 因此, $(m_2\cdot r_1+m_1\cdot r_2,m_1\cdot m_2)=1$.

其次证明: 当 $(m_2\cdot r_1+m_1\cdot r_2,m_1\cdot m_2)=1$ 时, 有 $(r_1,m_1)=1$ 且 $(r_2,m_2)=1$.

假设 $(r_1,m_1)>1$, 即存在某个素数 p 满足 $p\mid r_1$, $p\mid m_1$, 因此 $p\mid m_1\cdot m_2$ 且 $p\mid m_2\cdot r_1+m_1\cdot r_2$, 这与 $(m_2\cdot r_1+m_1\cdot r_2,m_1\cdot m_2)=1$ 矛盾, 故 $(r_1,m_1)=1$, 同理可证 $(r_2,m_2)=1$. □

从定理 2.5 的结论不难看出:

定理 2.6 设 m 和 n 是正整数, 且 $(m,n)=1$. 则

$$\varphi(m\cdot n)=\varphi(m)\cdot\varphi(n).$$

定理 2.6 表明, 欧拉函数是一类积性函数, 若给定整数的标准分解, 则其对应欧拉函数的计算可以拆分成一些素数方幂的欧拉函数的计算.

引理 2.1 设 p 是素数, α 是正整数. 则有

$$\varphi(p^\alpha) = p^\alpha - p^{\alpha-1} = p^\alpha \cdot \left(1 - \frac{1}{p}\right) = p^{\alpha-1}(p-1).$$

证明 显然, 模 p^α 最小非负完全剩余系中元素与 p^α 不互素当且仅当它是素数 p 的倍数. 因此, 形如 kp $(0 \leqslant k \leqslant p^{\alpha-1}-1)$ 的整数恰好取遍模 p^α 最小非负剩余系中与 p^α 不互素的整数, 这样的整数恰好有 $p^{\alpha-1}$ 个. 因此

$$\varphi(p^\alpha) = p^\alpha - p^{\alpha-1} = p^\alpha \cdot \left(1 - \frac{1}{p}\right).$$ □

结合定理 2.6 和引理 2.1, 容易给出如下定理.

定理 2.7 设 m 是正整数, 其标准分解式为

$$m = p_1^{\alpha_1} \cdots p_k^{\alpha_k},$$

则

$$\varphi(m) = m \cdot \left(1 - \frac{1}{p_1}\right) \cdots \left(1 - \frac{1}{p_k}\right).$$

例 2.3 若 p 和 q 是两个不同的素数, 正整数 $m = pq$ 的欧拉函数为

$$\varphi(m) = \varphi(pq) = (p-1)(q-1).$$

在例 2.3 中, 若能分解 m 得到 p 和 q, 则 m 的欧拉函数为 $\varphi(m) = \varphi(pq) = (p-1)(q-1)$; 反之, 若能计算 $\varphi(m)$, 则可以计算 $p+q = m+1-\varphi(m)$, p 和 q 是二次方程 $x^2 - (m+1-\varphi(m))x + m = 0$ 的解. 综上可知, 若正整数 m 是两个不同素数的乘积, 则整数 m 的分解问题和欧拉函数 $\varphi(m)$ 的计算问题是等价的. 整数分解和欧拉函数的计算是著名的数学难题, 目前还没有多项式时间求解算法.

下面进一步考察完全剩余系、简化剩余系和欧拉函数之间的关系, 在给出定理 2.8 结论之前, 先看一个例子.

例 2.4 计算 $\sum\limits_{d|15} \varphi(d)$.

解 计算可知

$$\begin{aligned}\sum_{d|15} \varphi(d) &= \varphi(1) + \varphi(3) + \varphi(5) + \varphi(15)\\ &= 1+2+4+8\\ &= 15.\end{aligned}$$

例 2.5 计算 $\sum\limits_{d|24} \varphi(d)$.

解 计算可知

$$\begin{aligned}\sum_{d|24}\varphi(d) &= \varphi(1)+\varphi(2)+\varphi(3)+\varphi(4)+\varphi(6)+\varphi(8)+\varphi(12)+\varphi(24)\\ &= 1+1+2+2+2+4+4+8\\ &= 24.\end{aligned}$$

事实上, 还可对例 2.4 和例 2.5 进行一般性的推广. 不难看出: 根据和 m 的最大公约数的不同, 可将不超过 m 的整数集合 $S=\{1,2,\cdots,m-1,m\}$ 进行划分: 对于 m 的每一个正因数 d, 记 S_d 为 S 中所有和 m 的最大公因数是 d 的整数, 即

$$S_d=\{a|a\in S,(a,m)=d\}=\{a|1\leqslant a\leqslant m,(a,m)=d\}.$$

显然

$$S=\bigcup_{d|m}S_d.$$

当 $d\neq d'$ 时, 有

$$S_d\bigcap S_{d'}=\varnothing.$$

因此

$$\sum_{d|m}|S_d|=|S|=m.$$

记

$$S'_d=\left\{\frac{a}{d}\middle|1\leqslant\frac{a}{d}\leqslant\frac{m}{d},\left(\frac{a}{d},\frac{m}{d}\right)=1\right\}.$$

由欧拉函数的定义可知

$$|S'_d|=\varphi\left(\frac{m}{d}\right),$$

且不难看出

$$S'_d=\left\{\frac{a}{d}\middle|a\in S_d\right\}.$$

所以, 有限集 S'_d 和 S_d 之间存在双射关系, 它们所含元素个数相等, 即

$$|S_d|=|S'_d|=\varphi\left(\frac{m}{d}\right).$$

故

$$\sum_{d|m}|S_d|=\sum_{d|m}\varphi\left(\frac{m}{d}\right)=m.$$

通过上述分析, 可知欧拉函数满足如下定理:

定理 2.8 设 m 是正整数, 则

$$\sum_{d|m}\varphi(d)=m.$$

证明 根据前面的分析, 可知

$$\sum_{d|m}\varphi\left(\frac{m}{d}\right)=m. \tag{2.3}$$

注意到整数 m 的因数 d 和 $\dfrac{m}{d}$ 总是成对出现, 当 d 取遍 m 的所有正因数时, $\dfrac{m}{d}$ 也同时取遍 m 的所有正因数. 而在式 (2.3) 的求和项中 m 的因数出现且只出现一次. 故有

$$\sum_{d|m}\varphi\left(\frac{m}{d}\right)=\sum_{d|m}\varphi(d)=m.$$ □

2.3 欧拉定理、费马小定理和威尔逊定理

给定模 m 的简化剩余系 R, 设 $a\in R$, n 是自然数, 常会计算 $a^n \pmod m$, 也称为模指运算. 显然, $\{a^n \pmod m | n\in\mathbb{N}\}\subset R$ 是有限集, 因此必有自然数 h, l 使得

$$a^h\equiv a^l \pmod m.$$

不妨假设 $l>h$, 因此

$$a^h(a^{l-h}-1)\equiv 0 \pmod m.$$

当 a 与 m 互素时, 必有 $a^{l-h}\equiv 1 \pmod m$, 即必定存在正整数 k 使得 $a^k\equiv 1 \pmod m$.

视频

定理 2.9 (欧拉定理) 设 m 是正整数, a 是整数, 满足 $(a,m)=1$. 则有

$$a^{\varphi(m)}\equiv 1 \pmod m.$$

证明 给定整数 m, 设

$$\{a_1,a_2,\cdots,a_{\varphi(m)}\}$$

为模 m 的任意一组简化剩余系. 由于 $(a,m)=1$, 因此

$$\{a\cdot a_1,a\cdot a_2,\cdots,a\cdot a_{\varphi(m)}\}$$

也是模 m 的一组简化剩余系. 故而有

$$(a\cdot a_1)(a\cdot a_2)\cdots(a\cdot a_{\varphi(m)})\equiv a_1a_2\cdots a_{\varphi(m)} \pmod m,$$

所以可得 $a^{\varphi(m)} \equiv 1 \pmod{m}$. □

上述定理揭示了模指运算中可以将指数 n 化简为不超过 $\varphi(m)$ 的自然数进行运算. 记 $n = q \cdot \varphi(m) + r$, 其中 $0 \leqslant r < \varphi(m)$, 则 $a^n \equiv a^r \pmod{m}$.

例 2.6 计算 7^{20202} 的十进制表示中的最后两位数.

解 计算 7^{20202} 的十进制表示中的最后两位数, 即计算

$$7^{20202} \pmod{100}$$

的值. 由于 $\varphi(100) = 40$, 且 $(7, 100) = 1$. 根据欧拉定理可得

$$7^{20202} \equiv 7^{40\cdot 505+2} \equiv 7^2 \equiv 49 \pmod{100},$$

即 7^{20202} 的十进制表示中的最后两位数是 49.

当 m 为素数时, 欧拉定理有如下特例, 即著名的费马小定理:

定理 2.10 (费马小定理) 设 p 是素数, a 是整数, 则 $a^p \equiv a \pmod{p}$. 若 $(a, p) = 1$, 则有 $a^{p-1} \equiv 1 \pmod{p}$.

视频

定理 2.11 (威尔逊定理) 设 p 是素数, 则有 $(p-1)! \equiv -1 \pmod{p}$.

证明 对于素数 $p = 2$ 或者 $p = 3$, 结论显然成立.

下面考虑奇素数 $p \geqslant 5$ 的情形, 此时对于任意的 $a \in \{1, 2, \cdots, p-1\}$, 其模 p 的乘法逆元唯一存在, 即恰好存在唯一的

$$a^{-1} \in \{1, 2, \cdots, p-1\}$$

满足

$$a \times a^{-1} \equiv 1 \pmod{p}.$$

因此, 将 (a, a^{-1}) 两两配对, 并在 $(p-1)! \pmod{p}$ 的计算中消除, 最后只剩下 $a \equiv a^{-1} \pmod{p}$ 的那些元素无法进行上述配对, 此时的 a 满足

$$a^2 \equiv 1 \pmod{p},$$

相当于 $a \equiv 1 \pmod{p}$ 或者 $a \equiv -1 \equiv p-1 \pmod{p}$.

因此 $(p-1)! \equiv 1 \times (p-1) \equiv -1 \pmod{p}$. □

实际上, 威尔逊定理是判定素数的一个充分必要条件.

定理 2.12 若 p 是正整数, $p \geqslant 2$, 且 $(p-1)! \equiv -1 \pmod{p}$, 则 p 是素数.

证明 只需证明任意的正合数 p 不满足 $(p-1)! \equiv -1 \pmod{p}$.

当 $p = 4$ 时, 有 $(4-1)! \equiv 2 \pmod{4}$;

下面考虑 $p > 4$ 且为合数的情形, 分两种情况进行讨论.

若 p 为完全平方数, 不妨记 $p = k^2$. 由于 $p > 4$, 则 $k \geqslant 3$, 而且

$$(p-1) - 2k = k^2 - 2k - 1 = (k-1)^2 - 2 > 0.$$

所以, $p-1>2k$. 故有

$$\begin{aligned}(p-1)! &= 1\times 2\times\cdots\times k\times\cdots\times 2k\times\cdots\times(p-1)\\ &= mk^2\\ &= mp,\end{aligned}$$

其中, m 为某一正整数. 故有

$$(p-1)!\equiv 0 \pmod p.$$

类似地, 若 p 不是完全平方数, 此时 p 可以非平凡地分解为两个不相等的正整数乘积, 不妨记 $p=a\times b$ 且假设 $1<a<b<p$. 此时有

$$\begin{aligned}(p-1)! &= 1\times 2\times\cdots\times\cdots\times a\times\cdots\times b\times\cdots\times(p-1)\\ &= m'ab\\ &= m'p,\end{aligned}$$

其中, m' 为某一正整数. 故有

$$(p-1)!\equiv 0 \pmod p.$$

此与定理中的 $(p-1)!\equiv -1 \pmod p$ 条件矛盾, 所以 p 只能是素数. □

由上述两个定理的结论可知, 对于正整数 p, $(p-1)!\equiv 1 \pmod p$ 成立当且仅当 p 是素数. 威尔逊定理实际上给出了判定一个正整数是否为素数的充分必要条件. 但是由于阶乘计算的复杂性是非多项式时间的, 威尔逊定理的结论理论意义大于实际意义, 但若能借助计算机的强大的计算能力, 可以有巨大的应用潜力, 也可以辅助数学推导. 另外, 由同余的性质可知, $(p-1)! \pmod p$ 可以改为模 p 的任意一个简化剩余系中的所有元素相乘, 最小正简化剩余系只是其中的一种特殊情况. 比如取模 p 的绝对值最小简化剩余系可得以下推论.

推论 2.1 设 p 是奇素数, 则 $\left(\left(\frac{p-1}{2}\right)!\right)^2\equiv(-1)^{\frac{p+1}{2}} \pmod p$.

证明 因为 p 是奇素数, 所以 $-\frac{p-1}{2},-\frac{p-3}{2},\cdots,-1,1,\cdots,\frac{p-3}{2},\frac{p-1}{2}$ 构成模 p 的绝对值最小简化剩余系, 因此

$$\left(-\frac{p-1}{2}\right)\times\left(-\frac{p-3}{2}\right)\times\cdots\times(-1)\times 1\times\cdots\times\frac{p-3}{2}\times\left(\frac{p-1}{2}\right)\equiv(p-1)!\equiv -1 \pmod p.$$

又

$$\left(-\frac{p-1}{2}\right)\times\left(-\frac{p-3}{2}\right)\times\cdots\times(-1)\times 1\times\cdots\times\frac{p-3}{2}\times\left(\frac{p-1}{2}\right)=(-1)^{\frac{p-1}{2}}\times\left(\left(\frac{p-1}{2}\right)!\right)^2.$$

因此, 有

$$\left(\left(\frac{p-1}{2}\right)!\right)^2 \equiv (-1)^{\frac{p-1}{2}} \times (-1) \equiv (-1)^{\frac{p+1}{2}} \pmod p. \qquad \square$$

对定理 2.12 中 $(p-1)!$ 的乘数进行位置调整和适当的配对组合可得

推论 2.2 设 p 是奇素数, 则有 $1^2 \times 3^2 \times \cdots \times (p-2)^2 \equiv (-1)^{(p+1)/2} \pmod p$.

证明 因为

$$\begin{aligned}(p-1)! &= 1 \times 2 \times \cdots \times (p-2) \times (p-1) \\ &= (1 \times 3 \times 5 \cdots \times (p-2)) \times (2 \times 4 \times 6 \times \cdots \times (p-1)) \\ &= (1 \times 3 \times 5 \cdots \times (p-2)) \times ((p-2) \times (p-4) \times (p-6) \times \cdots \times 1) \times (-1)^{\frac{p-1}{2}} \\ &= (-1)^{\frac{p-1}{2}} \times 1^2 \times 3^2 \times \cdots \times (p-2)^2 \\ &\equiv -1 \pmod p,\end{aligned}$$

所以

$$1^2 \times 3^2 \times \cdots \times (p-2)^2 \equiv (-1)^{(p+1)/2} \pmod p. \qquad \square$$

习题 2

2.1 求 1558 模 11 的最小非负剩余、最小正剩余和绝对值最小剩余.

2.2 分别求满足下述同余式:

(1) $61 \equiv 46 \pmod m$;

(2) $2024 \equiv 1023 \pmod m$

的所有正整数 m.

2.3 证明: 整数 a 能被 8 整除当且仅当其末尾三位数能被 8 整数.

2.4 试给出整数 a 能够被 3 整除的充分必要条件, 并加以证明.

2.5 试给出整数 n 能被 11 整除的充分必要条件, 并加以证明.

2.6 证明: $a \cdot c \equiv b \cdot c \pmod m$ 等价于 $a \equiv b \pmod{m/\gcd(c,m)}$. 特别地, 若 c 与 m 互素, 则有 $a \equiv b \pmod m$.

2.7 计算:

(1) $9^{10} \pmod{11}$;

(2) $2^{2^4}+1 \pmod{157}$;

(3) $2^{2^4}+1 \pmod{641}$;

(4) $2^{2^5}+1 \pmod{157}$;

(5) $2^{2^5}+1 \pmod{641}$.

2.8 求模 $m=3$ 的所有可逆元的逆.

2.9 求模 $m=5$ 的所有可逆元的逆.

2.10 求模 $m=15$ 的所有可逆元的逆.

2.11 构造模 $m=15$ 的简化剩余系和完全剩余系.

2.12 (1) 构造一个模 7 的全为奇数的完全剩余系;

(2) 构造一个模 7 的全为偶数的完全剩余系;

(3) 能否构造模 8 的全奇或者全偶的完全剩余系?

2.13 试构造一个满足下述条件之一的模 11 的完全剩余系:

(1) 所有元素都是 3 的倍数;

(2) 所有元素都是 5 的倍数;

(3) 所有元素模 3 同余 1;

(4) 所有元素模 5 同余 2.

2.14 证明: 设 $m \geqslant 3$, 集合 $\{0^2, 1^2, \cdots, (m-1)^2\}$ 不是模 m 的完全剩余系.

2.15 设 m,n 是正整数, 在不超过 $m \times n$ 的正整数中, 证明: 和 n 互素的整数个数等于 $m \times \varphi(n)$.

2.16 设 m 是正整数, 在其完全剩余系中任选 $\left[\dfrac{m}{2}\right]+1$ 个元素, 证明: 必有两个数的差模 m 与 1 同余.

2.17 证明: 存在无穷多个正整数 n 满足

$$\varphi(n) > \varphi(n+1).$$

2.18 求所有满足 $\varphi(n)=\varphi(2n)$ 的正整数.

2.19 求所有满足 $\varphi(n)=\varphi(3n)$ 的正整数.

2.20 设 m 是大于 2 的正整数, $a_1, a_2, \cdots, a_{\varphi(m)}$ 是模 m 的简化剩余系, 证明:

$$a_1 + a_2 + \cdots + a_{\varphi(m)} \equiv 0 \pmod{m}.$$

2.21 计算 3^{2024} 的十进制表示中的最后两位数.

2.22 计算 $7^{5^{3^2}}$ 的十进制表示中的末位数.

2.23 设 p,q 是两个不同的素数. 证明:

$$p^{(q-1)} + q^{(p-1)} \equiv 1 \pmod{pq}.$$

2.24 设 m,n 是两个不同的正整数, $(m,n)=1$. 证明:

$$m^{\varphi(n)} + n^{\varphi(m)} \equiv 1 \pmod{mn}.$$

2.25 设 m 是正整数, 若对于每一个与 m 互素的整数 a, 都有

$$a^{m-1} \equiv 1 \pmod{m},$$

能否证明 m 是素数, 试说明之.

2.26 证明: 如果 p 是素数, 并且 $p \equiv 3 \pmod 4$, 那么 $((p-1)/2)! \equiv \pm 1 \pmod p$.

2.27 设 p 是素数, $1 \leqslant n \leqslant p-1$, 证明: $-1^n n!(p-n-1)! \equiv -1 \pmod{p}$.

2.28 证明: 如果 p 是素数, 并且 $p \equiv 1 \pmod{4}$, 那么同余式 $x^2 \equiv -1 \pmod{p}$ 有两个不同余的解: $x \equiv \pm((p-1)/2)! \pmod{p}$.

2.29 证明: 设 p 为素数, a 为任意整数, 证明:

(1) $p \mid a^p + (p-1)!a$;

(2) $p \mid (p-1)!a^p + a$.

2.30 设 $a_0, a_1, \cdots, a_{p-1}$ 和 $b_0, b_1, \cdots, b_{p-1}$ 是模 p 的两组完全剩余系, 其中 p 为奇素数. 证明: $a_0b_0, a_1b_1, \cdots, a_{p-1}b_{p-1}$ 一定不是模 p 的完全剩余系.

2.31 证明: 设 p 为奇素数, 则有 $\binom{2p}{p} \equiv 2 \pmod{p}$.

第 3 章

同余方程

方程是含有未知数的等式, 是代数学中的一个重要研究对象. 同余方程是含有变元的同余式, 本章主要介绍同余方程的相关概念, 同余方程是否有解的判别方法以及一次、二次同余方程 (组) 的求解方法. 同余方程求解方法在许多密码算法的设计与分析中有重要的应用, 如中国剩余定理可用于 RSA 等密码算法的高速实现, 二次剩余和勒让德符号、雅可比符号可以用于素性检测和伪随机数生成器设计等.

3.1 一次同余方程

本节介绍同余方程的基本概念及一次同余方程的求解.

定义 3.1 设 n 是自然数, m 是正整数, $f(x)=a_nx^n+\cdots+a_0$ 是整系数多项式, 称

$$f(x)\equiv 0 \pmod{m} \tag{3.1}$$

是关于未知数 x 的模 m 的同余方程, 简称模 m 的同余方程.

在同余方程 (3.1) 中, 若 $a_n\not\equiv 0 \pmod{m}$, 则称 n 为同余方程的次数, 记为 $\deg(f(x))$, 此时, 同余方程 (3.1) 又称为 n 次同余方程. 同余方程也称为同余式, 对应地, n 次同余方程也称为 n 次同余式.

定义 3.2 设 n 是自然数, m 是正整数, $f(x)=a_nx^n+\cdots+a_0$ 是整系数多项式. 若 $x_0\in\mathbb{Z}$ 满足

$$f(x_0)\equiv 0 \pmod{m},$$

则称 x_0 是同余方程 $f(x)\equiv 0 \pmod{m}$ 的解.

不难发现: 在同余方程中, 若整数 x_0 是方程的解, 则任意模 m 与 x_0 同余的整数, 即 x_0 所在剩余类的任意整数, 都还是方程的解. 因此, 同余方程 (3.1) 的解数指的是关于模 m 互不同余的所有解的个数, 即同余方程解的个数通常只在模 m 的一个完全剩余系中考虑, 而不是在一般整数意义下考虑. 由此可知, 形如式 (3.1) 的同余方程的解数不会超过 m.

例 3.1 求同余方程 $81x^3+24x^2+5x+23\equiv 0 \pmod{7}$ 的所有解.

解 由同余方程及其解的定义可知, 同余方程 $81x^3+24x^2+5x+23\equiv 0 \pmod{7}$ 等价于下面的同余方程

$$4x^3+3x^2-2x+2\equiv 0 \pmod{7}.$$

记 $f(x)=4x^3+3x^2-2x+2$, 将模 7 的绝对值最小剩余系, 即 $\{-3,-2,-1,0,1,2,3\}$ 中的元素逐个代入验算可知

$$\begin{aligned}f(-3)&=-73\not\equiv 0 \pmod 7,\\ f(-2)&=-14\equiv 0 \pmod 7,\\ f(-1)&=3\not\equiv 0 \pmod 7,\\ f(0)&=2\not\equiv 0 \pmod 7,\\ f(1)&=7\equiv 0 \pmod 7,\\ f(2)&=42\equiv 0 \pmod 7,\\ f(3)&=131\not\equiv 0 \pmod 7.\end{aligned}$$

因此, 同余方程 $81x^3+24x^2+5x+23\equiv 0 \pmod 7$ 共有 3 个不同的解, 它们分别是 $x_1\equiv 1 \pmod 7$, $x_2\equiv 2 \pmod 7$ 和 $x_3\equiv -2 \pmod 7$.

随着模数增大、方程次数增加, 例 3.1 所采用的穷举法效率会不断降低, 实用性较差. 下面首先讨论一次同余方程和一次同余方程组的求解, 在此基础上, 进一步讨论高次同余方程的求解.

显然, 一次同余方程一般可表示为

$$ax\equiv b \pmod m, \tag{3.2}$$

其中, m 是正整数, a 和 b 是整数且有 $a\not\equiv 0 \pmod m$.

由同余和整除的基本定义, 容易看出: 解一次同余方程 $ax\equiv b \pmod m$, 可以归约为求形如 $ax+my=b$ 的一次不定方程的整数解. 对于一次不定方程 $ax+my=b$ 的整数解 x,y 有如下结论.

定理 3.1 设 m 是正整数, a,b 是整数且有 $a\not\equiv 0 \pmod m$, 方程 $ax+my=b$ 有整数解的充分必要条件是 $(a,m)|b$.

证明 若方程 $ax+my=b$ 有解, 显然有 $(a,m)|b$; 反之, 设 $(a,m)|b$, 存在两个整数 s,t, 使 $as+mt=(a,m)$, 则

$$a\frac{sb}{(a,m)}+m\frac{tb}{(a,m)}=b.$$

□

定理 3.2 设 m 是正整数, a,b 是整数且有 $a\not\equiv 0 \pmod m$, 记 $(a,m)=d$, 若 $d|b$, 则 $ax\equiv b \pmod m$ 有 d 个模 m 互不同余的解. 若 x_1 是它的一个解, 那么它的 d 个解是

$$x\equiv x_1+\frac{m}{d}t \pmod m,\quad t=0,1,\cdots,d-1.$$

证明

若 $d=1$, 则有 x_0,y_0, 使

$$ax_0+my_0=1,$$

故 $x = bx_0$ 即为式 (3.2) 的解. 这时式 (3.2) 的解在模 m 的意义下是唯一的, 因若有两个解 x, x', 则

$$ax \equiv b \pmod{m}, \quad ax' \equiv b \pmod{m},$$

故

$$a(x - x') \equiv 0 \pmod{m}.$$

由于 $(a, m) = 1$, 故 $m | x - x'$, 仅有模 m 的一个剩余类适合式 (3.2).

若 $d > 1$, 则

$$\frac{a}{d}x + \frac{m}{d}y \equiv \frac{b}{d} \left(\bmod \frac{m}{d}\right), \quad \left(\frac{a}{d}, \frac{m}{d}\right) = 1. \tag{3.3}$$

由上述证明, 已知式 (3.3) 必有唯一解 x_1 适合 $0 \leqslant x_1 < \dfrac{m}{d}$, 而

$$x = x_1 + \frac{m}{d}t$$

皆为式 (3.3) 的解, 故对模 m

$$x_1, \quad x_1 + \frac{m}{d}, \quad x_1 + 2 \cdot \frac{m}{d}, \quad \cdots, \quad x_1 + (d-1)\frac{m}{d}$$

皆不同余, 均为式 (3.2) 的解. □

推论 3.1 *若 $(a, m) = 1$, 则方程 $ax \equiv b \pmod{m}$ 有唯一解.*

例 3.2 *求一次同余方程 $23x \equiv 6 \pmod{47}$ 的所有解.*

解 因为 $(23, 47) = 1$, 所以原方程恰有一个解. 通过辗转相除法可求 $23^{-1} \equiv 45 \pmod{47}$, 故原同余式的解为 $x \equiv 45 \times 6 \equiv 35 \pmod{47}$.

例 3.3 *求解一次同余方程 $33x \equiv 22 \pmod{77}$ 的所有解.*

解 因为 $(33, 77) = 11$, 且 $11|22$, 所以原方程有解, 求 $33x \equiv 22 \pmod{77}$ 的一个特解等价于求解 $3x \equiv 2 \pmod{7}$. 显然, $x_0 \equiv 3 \pmod{7}$ 是它的解, 故原同余式的解为

$$x \equiv 3 + \frac{77}{(33, 77)}t \equiv 3 + 7t \pmod{77}, \quad t = 0, 1, \cdots, 10.$$

3.2 中国剩余定理

本节介绍当变元同时满足多个一次同余方程时如何进行求解, 即一次同余方程组的求解. 一次同余方程组的求解最早可以追溯到我国南北朝时期 (约公元 5 世纪) 的一部优秀数学著作《孙子算经》, 其中有 “物不知其数” 一问:

“今有物不知其数, 三三数之剩二, 五五数之剩三, 七七数之剩二, 问物几何? ”

宋朝数学家秦九韶在《数书九章》中对这一问题做出了完整系统的解答, 明朝数学家程大位在《算法统要》中将问题的解法编成了四句口诀:

三人同行七十稀，　五树梅花廿一枝，
七子团圆正月半，　除百零五便得知.

四句诗的意思是说, 所求之数除以 3 所得的余数乘 70, 除以 5 所得的余数乘 21, 除以 7 所得的余数乘 15, 然后总加起来, 如果总和大于 105, 则减去 105. 即 $2\times70+3\times21+2\times15=233$, 233 大于 105, 则减去 105, 得 128, 还大于 105 再减去 105, 最后得出答数 23.

为什么 70, 21, 15 和 105 有此妙用? 70 是这样一个整数: 用 3 除余 1, 5 与 7 都除得尽的数, 所以 $70a$ 是 3 除余 a, 5 与 7 除尽的数; 21 是 5 除余 1, 3 与 7 除得尽的数, 所以 $21b$ 是 5 除余 b, 而 3 与 7 除得尽的数; 同样, $15c$ 是 7 除余 c, 而 5 与 3 除得尽的数; 105 是同时可以被 3, 5 和 7 除尽的数. 正整数

$$70a+21b+15c$$

是 3 除余 a, 5 除余 b, 7 除余 c 的数, 也就是可能的解答数, 但不一定是最小的, 这数加减 105 仍然有同样性质, 因 105 是 3, 5, 7 的最小公倍数, 所以可以多次减去 105 得出最小的正整数解答来.

用同余式表示 "物不知其数" 问题, 就是要求解一个 (最小的) 正整数 x, 满足

$$\begin{cases} x\equiv 2 \pmod 3, \\ x\equiv 3 \pmod 5, \\ x\equiv 2 \pmod 7. \end{cases}$$

定理 3.3　*设 m_1, m_2 是正整数, 记 $m=[m_1,m_2], d=(m_1,m_2)$, 同余方程组*

$$\begin{cases} x\equiv a_1 \pmod{m_1}, \\ x\equiv a_2 \pmod{m_2} \end{cases} \tag{3.4}$$

有解的充分必要条件是 $d\mid(a_1-a_2)$, 如果该条件成立, 则方程组在模 m 的完全剩余系内有且仅有一个解.

证明　(1) 先证必要性. 由方程组 (3.4) 有解, 可以得到方程组

$$\begin{cases} x\equiv a_1 \pmod d, \\ x\equiv a_2 \pmod d \end{cases}$$

有解, 故 $a_1-a_2\equiv 0 \pmod d$, 因此 $d\mid(a_1-a_2)$.

(2) 再证充分性. 若 $d|a_1-a_2$, 由

$$x\equiv a_1 \pmod{m_1} \tag{3.5}$$

可知存在整数 y, 使得

$$x=a_1+m_1y, \tag{3.6}$$

代入

$$x \equiv a_2 \pmod{m_2}, \tag{3.7}$$

得到

$$a_1 + m_1 y = a_2 + m_2 z,$$

即

$$\frac{a_1 - a_2}{d} = \frac{m_2}{d} z - \frac{m_1}{d} y. \tag{3.8}$$

由于 $(m_1/d, m_2/d) = 1$, 利用辗转相除法, 可以找到整数 p, q, 使

$$\frac{m_2}{d} p - \frac{m_1}{d} q = 1.$$

则 $z = p \cdot (a_1 - a_2)/d$, $y = q(a_1 - a_2)/d$ 是式 (3.8) 的解, 式 (3.5) 与式 (3.7) 也就有公共解 $a_1 + m_1 y = a_2 + m_2 z$.

(3) 最后证解的唯一性. 如果原方程组有两个解: x 和 x', 则

$$x - x' \equiv 0 \pmod{m_1}, \quad x - x' \equiv 0 \pmod{m_2},$$

所以 $m|(x - x')$, 因而在 0 与 $m - 1$ 之间有且仅有一个 x 适合式 (3.5) 和式 (3.7). □

例 3.4 解同余方程组

$$\begin{cases} 4x \equiv 14 \pmod{15}, \\ 9x \equiv 11 \pmod{20}. \end{cases}$$

解 易知 $4^{-1} \equiv 4 \pmod{15}$, $9^{-1} \equiv 9 \pmod{20}$, 故原方程组等价于

$$\begin{cases} x \equiv -4 \pmod{15}, \\ x \equiv -1 \pmod{20}. \end{cases}$$

由于 $(15, 20) = 5$, $(-4) - (-1) = -3$, 而 $5 \nmid -3$, 由定理 3.3, 原方程组无解.

由定理 3.3 易知, 当 m_1 与 m_2 互素时, 同余方程组(3.3)一定有解. 定理 3.3 的结果可以推广到更一般的情况, 这就是中国剩余定理, 也称为孙子定理.

定理 3.4 (中国剩余定理) 设正整数 $m_1, m_2, \cdots, m_k$ 两两互素, 记 $M = m_1 m_2 \cdots m_k$, $M_i = M/m_i$ $(1 \leqslant i \leqslant k)$, 则一次同余方程组:

$$\begin{cases} x \equiv a_1 \pmod{m_1}, \\ x \equiv a_2 \pmod{m_2}, \\ \quad \cdots\cdots \\ x \equiv a_k \pmod{m_k} \end{cases} \tag{3.9}$$

在 $0 \leqslant x < M$ 内有唯一的解

$$x_0 \equiv \sum_{i=1}^{k} a_i M_i M_i' \pmod{M}, \tag{3.10}$$

其中, $M_i M_i' \equiv 1 (\bmod\ m_i)$, $i = 1, \cdots, k$.

证明 对任意的 $1 \leqslant i \neq j \leqslant k$, 由 $(m_i, m_j) = 1$, 得 $(M_i, m_i) = 1$, 因此存在 M_i' 使得 $M_i M_i' \equiv 1 \pmod{m_i}$. 又因为 $M = m_i M_i$, 所以对任意的 $1 \leqslant i \neq j \leqslant k$, 有 $m_j \mid M_i$, 故

$$\sum_{i=1}^{k} a_i M_i M_i' \equiv a_i M_i M_i' \pmod{m_i}, \quad i = 1, \cdots, k,$$

即式(3.10)是同余方程组(3.9)的解.

下证唯一性. 假设 x_1, x_2 是同余方程组(3.9)的两个整数, 则对任意的 $i = 1, \cdots, k$,

$$x_1 \equiv x_2 \pmod{m_i},$$

又因为对任意 $1 \leqslant i \neq j \leqslant k$, $(m_i, m_j) = 1$, 于是 $x_1 \equiv x_2 \pmod{M}$, 即方程组(3.9)的解在模 M 的意义下是唯一的. □

例 3.5 求整数 x, 它被 $3, 5, 7$ 除的余数分别是 $1, 2, 3$.

解 x 是如下一次同余方程组的解

$$\begin{cases} x \equiv 1 \pmod{3}, \\ x \equiv 2 \pmod{5}, \\ x \equiv 3 \pmod{7}. \end{cases}$$

根据中国剩余定理, 取

$$m_1 = 3, \quad m_2 = 5, \quad m_3 = 7, \quad M = m_1 m_2 m_3 = 105,$$

$$M_1 = 35, \quad M_2 = 21, \quad M_3 = 15, \quad M_1' = -1, \quad M_2' = 1, \quad M_3' = 1,$$

则 $x \equiv 1 \times 35 \times (-1) + 2 \times 21 \times 1 + 3 \times 15 \times 1 \pmod{M}$. 因此所求整数为 $x = 52 + 105t$, t 是任意整数.

前面分析了一次同余方程 (组) 解的情况, 现在考察高次同余方程的求解. 假设模数 m 可以分解成 k 个两两互素的正整数的乘积: $m = m_1 m_2 \cdots m_k$, 则可将模 m 的同余方程的求解转化为模 m_i 的同余方程组求解.

设 $f(x) = a_n x^n + a_{n-1} x^{n-1} + \cdots + a_2 x^2 + a_1 x + a_0$ 为整系数多项式, 记

$$f'(x) = n a_n x^{n-1} + (n-1) a_{n-1} x^{n-2} + \cdots + 2 a_2 x + a_1,$$

称 $f'(x)$ 为 $f(x)$ 的形式导数.

定理 3.5 设正整数 $m = m_1 m_1 \cdots m_k$, 且 $m_i (1 \leqslant i \leqslant k)$ 两两互素, 则同余方程

$$f(x) \equiv 0 \pmod{m}$$

与同余方程组

$$\begin{cases} f(x) \equiv 0 \pmod{m_1}, \\ \qquad \cdots\cdots \\ f(x) \equiv 0 \pmod{m_k} \end{cases}$$

等价. 如果用 T_i 表示同余方程 $f(x) \equiv 0 \pmod{m_i}$ 的解数, $1 \leqslant i \leqslant k$, T 表示同余方程 $f(x) \equiv 0 \pmod{m}$ 的解数, 则 $T = T_1 \cdots T_k$.

证明由中国剩余定理可得.

例 3.6 解同余方程

$$5x^2 + 6x + 49 \equiv 0 \pmod{60}.$$

解 方程等价于如下方程组:

$$\begin{cases} 5x^2 + 6x + 49 \equiv 0 \pmod{3}, \\ 5x^2 + 6x + 49 \equiv 0 \pmod{4}, \\ 5x^2 + 6x + 49 \equiv 0 \pmod{5}. \end{cases}$$

解 $5x^2 + 6x + 49 \equiv 0 \pmod{3}$, 得到解为 $x_1^1 \equiv 1, x_1^2 \equiv -1 \pmod{3}$; 解 $5x^2 + 6x + 49 \equiv 0 \pmod{4}$, 得到解为 $x_2^1 \equiv 1, x_2^2 \equiv -1 \pmod{4}$; 解 $5x^2 + 6x + 49 \equiv 0 \pmod{5}$, 得到解为 $x_3^1 \equiv 1 \pmod{5}$.

这样方程组的解由以下方程组决定:

$$\begin{cases} x \equiv a \pmod{3}, \\ x \equiv b \pmod{4}, \\ x \equiv c \pmod{5}, \end{cases}$$

其中, $a = 1$ 或 -1, $b = 1$ 或 -1, $c = 1$. 根据中国剩余定理, 取

$$m_1 = 3, \quad m_2 = 4, \quad m_3 = 5, \quad M = m_1 m_2 m_3 = 60,$$

$$M_1 = 20, \quad M_2 = 15, \quad M_3 = 125, \quad M_1' = 2, \quad M_2' = -1, \quad M_3' = 3,$$

则 $x \equiv 40a - 15b + 36c \pmod{60}$, 将 a, b, c 所有可能值代入上式, 可得方程的全部解为 $x \equiv 1, -19, 31, 11 \pmod{60}$.

对于模数 $m > 1$, 若已知 m 的标准分解式 $m = p_1^{\alpha_1} p_2^{\alpha_2} \cdots p_s^{\alpha_s}$, $\alpha_i > 0, i = 1, \cdots, s$, 由定理 3.5 知高次同余方程 $f(x) \equiv 0 \pmod{m}$ 的求解可以归约为高次同余方程组 $f(x) \equiv 0 \pmod{p^{\alpha}}$, $\alpha > 0$ 的求解.

引理 3.1 设 c 是整数, n 次整系数多项式 $f(x)=a_nx^n+\cdots+a_1x+a_0$ 在 $x=c$ 点的泰勒展开式为

$$f(x)=A_0+A_1(x-c)+A_2(x-c)^2+\cdots+A_{n-1}(x-c)^{n-1}+A_n(x-c)^n,$$

其中, $A_i=\dfrac{f^{(i)}(c)}{i!}$ 是整数 $(i=0,1,\cdots,n)$.

证明 只需证明对于 $i=0,1,\cdots,n$, $A_i=\dfrac{f^{(i)}(c)}{i!}$ 是整数. 由于 $f(x)$ 的 i 阶形式导数为

$$f^{(i)}(x)=\sum_{k=i}^{n}\frac{k!}{(k-i)!}a_kx^{k-1},$$

因此 $\dfrac{f^{(i)}(x)}{i!}=\sum\limits_{k=i}^{n}\dfrac{k!}{(k-i)!i!}a_kx^{k-1}=\sum\limits_{k=i}^{n}\dbinom{k}{i}a_kx^{k-1}$ 是整系数多项式, 所以对任意的 $c\in\mathbb{Z}$, $A_i=\dfrac{f^{(i)}(c)}{i!}$ 是整数. □

定理 3.6 若 $f(x)=a_nx^n+\cdots+a_1x+a_0\equiv 0 \pmod{p^{\alpha-1}}$ 的解为 $x\equiv c_1,c_2,\cdots,c_s \pmod{p^{\alpha-1}}$, 则方程

$$f(x)\equiv 0 \pmod{p^{\alpha}}$$

的满足

$$x\equiv c_j \pmod{p^{\alpha-1}},\quad c_j(1\leqslant j\leqslant s)$$

的解一定形如 $x\equiv c_j+p^{\alpha-1}y \pmod{p^{\alpha}}$, 其中 y 是方程

$$f'(c_j)y\equiv\frac{-f(c_j)}{p^{\alpha-1}} \pmod{p}$$

的解.

证明 已知 $f(x)\equiv 0 \pmod{p^{\alpha-1}}$ 的解 $x\equiv c_1,c_2,\cdots,c_s \pmod{p^{\alpha-1}}$, 则可推出对于 $f(x)\equiv 0 \pmod{p^{\alpha}}$ 的每个解 x' 有且仅有一个 $c_j(1\leqslant j\leqslant s)$ 满足 $x'\equiv c_j \pmod{p^{\alpha-1}}$, 从而 $f(x)\equiv 0 \pmod{p^{\alpha}}$ 的解可表示为 $x=c_j+p^{\alpha-1}y$ 的形式. 考虑 $f(c_j+p^{\alpha-1}y)$ 在 c_j 这点的泰勒展开:

$$\begin{aligned}f(c_j+p^{\alpha-1}y)&=a_n(c_j+p^{\alpha-1}y)^n+a_{n-1}(c_j+p^{\alpha-1}y)^{n-1}+\cdots+a_1(c_j+p^{\alpha-1}y)+a_0\\&\equiv f(c_j)+p^{\alpha-1}f'(c_j)y+A_2p^{2(\alpha-1)}y^2+\cdots+A_np^{n(\alpha-1)}y^n\\&\equiv f(c_j)+p^{\alpha-1}f'(c_j)y \pmod{p^{\alpha}}.\end{aligned}$$

由引理 3.1 可知 $A_2,\cdots,A_n$ 为整数, 由此可得 $f'(c_j)y\equiv\dfrac{-f(c_j)}{p^{\alpha-1}} \pmod{p}$. □

定理 3.7 设 p 为素数, l 为正整数, 若 $f(x)\equiv 0 \pmod{p}, f'(x)\equiv 0 \pmod{p}$ 无公共解, 则

$$f(x) \equiv 0 \pmod{p^l}$$

的解数等于

$$f(x) \equiv 0 \pmod{p}$$

的解数.

证明 由条件可知, 对于任意整数 c, 若 $f(c) \equiv 0 \pmod{p}$, 则 $f'(c) \not\equiv 0 \pmod{p}$, 因此对所有的 $\alpha = 2, \cdots, l$, 若 c 是方程 $f(x) \equiv 0 \pmod{p^{\alpha-1}}$ 的解, 则 $(f'(c), p) = 1$, 即式 $f'(c)y \equiv -\dfrac{f(c)}{p^{\alpha-1}} \pmod{p}$ 的解 y 是唯一的, 从而 $f(x) \equiv 0 \pmod{p^\alpha}$ 的解数等于 $f(x) \equiv 0 \pmod{p^{\alpha-1}}$ 的解数, 由数学归纳法可知, 它也等于 $f(x) \equiv 0 \pmod{p}$ 的解数. □

由定理 3.7 知同余方程 $f(x) \equiv 0 \pmod{p^\alpha}$ 的求解可以归约为同余方程 $f(x) \equiv 0 \pmod{p}$ 的求解, 下面讨论模素数 p 的高次同余方程的解.

定理 3.8 设 p 为素数, 同余方程

$$f(x) = a_n x^n + \cdots + a_0 \equiv 0 \pmod{p} \tag{3.11}$$

的解数不超过 n, 重解计算在内.

证明 可假定 $p \nmid a_n$, 若式 (3.11) 无解, 则定理为真. 若 x_1 是一个解, 则可有

$$f(x) = (x - x_1) f_1(x) + r_1,$$

将 x_1 代入此式, 可见 $p | r_1$, 因而

$$f(x) \equiv (x - x_1) f_1(x) \pmod{p}.$$

若 x_1 又为 $f_1(x) \equiv 0 \pmod{p}$ 的解, 则同样可得

$$f_1(x) \equiv (x - x_1) f_2(x) \pmod{p},$$

这时称 x_1 为 $f(x) \equiv 0 \pmod{p}$ 的重解. 若

$$f(x) \equiv (x - x_1)^{k_1} g_1(x) \pmod{p},$$

$g_1(x_1) \not\equiv 0 \pmod{p}$, 则称 x_1 为 $f(x) \equiv 0 \pmod{p}$ 的 k_1 重解. 这时 $g_1(x)$ 的次数为 $n - k_1$.

设另有一个解 x_2, 则

$$0 \equiv f(x_2) \equiv (x_2 - x_1)^{k_1} g_1(x_2) \pmod{p},$$

因为 $p \nmid x_2 - x_1$, 故

$$g_1(x_2) \equiv 0 \pmod{p}.$$

若 x_2 为 $g_1(x) \equiv 0 \pmod{p}$ 的 k_2 重解, 则同样有

$$f(x) \equiv (x - x_1)^{k_1} (x - x_2)^{k_2} g_2(x) \pmod{p}.$$

如此继续进行, 可得

$$f(x) \equiv (x-x_1)^{k_1}(x-x_2)^{k_2}\cdots(x-x_t)^{k_t}g(x) \pmod p,$$

$g(x)$ 的次数为 $n-k_1-k_2-\cdots-k_t$, 且

$$g(x) \equiv 0 \pmod p,$$

不再有解, 定理即证. □

由定理 3.8 可以得到威尔逊定理的另一种证明方法. 由费马小定理可知, 同余方程

$$x^{p-1} \equiv 1 \pmod p$$

以 $1,2,3,\cdots,p-1$ 为解, 故

$$x^{p-1}-1 \equiv (x-1)(x-2)\cdots(x-p+1) \pmod p.$$

以 $x=0$ 代入, 即得 $(-1)^{p-1}(p-1)! \equiv -1 \pmod p$.

定理 3.9 *若 p 为素数, l 为正整数, 则同余方程*

$$x^{p-1} \equiv 1 \pmod{p^l}$$

有 $p-1$ 个不同的解.

证明 取 $f(x)=x^{p-1}-1$, 则 $f'(x)=(p-1)x^{p-2}$, 方程 $f(x)\equiv 0 \pmod p$ 与方程 $f'(x)=-x^{p-2}\equiv 0 \pmod p$ 无公共解, 而 $f(x)\equiv 0 \pmod p$ 有 $p-1$ 个解, 故定理得证. □

3.3 勒让德符号和雅可比符号

本节讨论模素数的二次同余方程是否有解和如何求解的问题.

设 p 是素数, a 是整数且有 $a \not\equiv 0 \pmod p$, 考虑二次同余方程 $ax^2+bx+c\equiv 0 \pmod p$. 如果 $p=2$, 则可以直接验证 $x\equiv 0 \pmod 2$ 或 $x\equiv 1 \pmod 2$ 是否为方程的解. 如果 $(a,p)=p$, 则方程成为一元一次同余方程. 因此, 只需考察 $p>2$, $(a,p)=1$ 的情形. 此时 $(4a,p)=1$, 所以同余方程 $ax^2+bx+c\equiv 0 \pmod p$ 等价于同余方程

$$4a^2x^2+4abx+4ac\equiv 0 \pmod p,$$

即

$$(2ax+b)^2 \equiv b^2-4ac \pmod p.$$

这样, 可以化简为对如下形式方程

$$x^2 \equiv n \pmod p$$

的研究.

定义 3.3 设 m, n 是整数, $m > 1$ 且 $(m, n) = 1$, 若

$$x^2 \equiv n \pmod{m}$$

有解, 则 n 称为模 m 的二次剩余, 否则称为模 m 的二次非剩余.

例 3.7 1, 2, 4 为模 7 的二次剩余, 3, 5, 6 为模 7 的二次非剩余.

解 因为 $1^2 \equiv 1 \pmod{7}$, $2^2 \equiv 4 \pmod{7}$, $3^2 \equiv 2 \pmod{7}$, 所以 $1, 2, 4$ 为模 7 的二次剩余; 而 $x^2 \equiv 3 \pmod{7}$, $x^2 \equiv 5 \pmod{7}$, $x^2 \equiv 6 \pmod{7}$ 无解, 所以 $3, 5, 6$ 为模 7 的二次剩余.

对于模是奇素数的情况, 二次剩余和二次非剩余有如下结论.

定理 3.10 设 p 为奇素数, 模 p 的剩余系中有 $\dfrac{p-1}{2}$ 个二次剩余, 有 $\dfrac{p-1}{2}$ 个二次非剩余, 且

$$1^2, 2^2, \cdots, \left(\frac{p-1}{2}\right)^2$$

即为所有的模 p 二次剩余.

证明 若二次方程

$$x^2 \equiv n \pmod{p} \tag{3.12}$$

有解, 则至多有两个解. 由

$$(p-x)^2 \equiv (-x)^2 \equiv n \pmod{p}$$

可知, 式 (3.12) 必有一解适合

$$1 \leqslant x \leqslant \frac{p-1}{2}. \tag{3.13}$$

所以, $1^2, 2^2, \cdots, \left(\dfrac{p-1}{2}\right)^2$ 包含了模 p 的全部二次剩余, 下面只需证明其中任何两个数模 p 不同余.

由于

$$a^2 - b^2 = (a+b)(a-b),$$

当 $a^2 \equiv b^2 \pmod{p}$ 时, $a+b$ 与 $a-b$ 中必有一数是 p 的倍数, 由此可知

$$1^2, 2^2, \cdots, \left(\frac{p-1}{2}\right)^2$$

模 p 两两不同余, 定理得证. □

为了更快速地判断一个数是否为模奇素数的二次剩余, 阿德里安 • 马里 • 勒让德 (Legendre) 在 1798 年引入一个函数, 称为勒让德符号.

定义 3.4 设 p 为奇素数, n 为整数, $p \nmid n$, 勒让德符号定义为

$$\left(\frac{n}{p}\right)=\begin{cases}1, & n \text{ 为模 } p \text{ 的二次剩余}, \\ -1, & n \text{ 为模 } p \text{ 的非二次剩余}.\end{cases}$$

显然有

(1) $\left(\frac{1}{p}\right)=1, \left(\frac{n^2}{p}\right)=1$.

(2) 若 $n \equiv n' \pmod p$ 及 $(n,p)=1$, 则

$$\left(\frac{n}{p}\right)=\left(\frac{n'}{p}\right).$$

下面介绍勒让德符号的欧拉判别条件.

定理 3.11 (欧拉判别条件) 设 p 为奇素数, n 为整数, $p \nmid n$, 则

$$\left(\frac{n}{p}\right) \equiv n^{\frac{p-1}{2}} \pmod p.$$

证明 (1) 若 $\left(\frac{n}{p}\right)=1$, 则有整数 x 使 $x^2 \equiv n \pmod p$, 由欧拉定理知

$$n^{\frac{p-1}{2}} \equiv x^{p-1} \equiv 1 \pmod p.$$

(2) 由定理 3.8 知, 方程 $x^{\frac{p-1}{2}} \equiv 1 \pmod p$ 的解数不超过 $\frac{1}{2}(p-1)$, 由定理 3.10 可知, 它有 $\frac{1}{2}(p-1)$ 个解, 它们是模 p 的所有的二次剩余, 而且没有其他解.

(3) 由于 $n^{p-1} \equiv 1 \pmod p$, 所以

$$p \mid (n^{p-1}-1)=\left(n^{\frac{1}{2}(p-1)}-1\right)\left(n^{\frac{1}{2}(p-1)}+1\right),$$

若 $p \nmid n^{\frac{1}{2}(p-1)}-1$, 则 $p \mid n^{\frac{1}{2}(p-1)}+1$, 即 $n^{\frac{1}{2}(p-1)} \equiv 1$ 或 $-1 \pmod p$, 当 n 为模 p 的二次非剩余时, 就有 $n^{\frac{1}{2}(p-1)} \equiv -1 \pmod p$. □

下面给出勒让德符号的函数性质.

定理 3.12 设 p 为奇素数, m, n 为整数, $p \nmid mn$, 则

$$\left(\frac{mn}{p}\right)=\left(\frac{m}{p}\right)\left(\frac{n}{p}\right),$$

即勒让德符号是积性函数.

证明

$$\left(\frac{mn}{p}\right)=(mn)^{\frac{p-1}{2}}=m^{\frac{p-1}{2}}n^{\frac{p-1}{2}} \equiv \left(\frac{m}{p}\right)\left(\frac{n}{p}\right) \pmod p,$$

两端都为 ±1, $p>2$, 故定理成立. □

由定理 3.12 可知, 两个二次剩余之积为二次剩余, 两个非二次剩余之积为二次剩余, 一个二次剩余与一个非二次剩余之积为非二次非剩余.

若已知 $n=\pm2^m q_1^{l_1}\cdots q_s^{l_s}$, 则

$$\left(\frac{n}{p}\right)=\left(\frac{\pm1}{p}\right)\left(\frac{2}{p}\right)^m\left(\frac{q_1}{p}\right)^{l_1}\cdots\left(\frac{q_s}{p}\right)^{l_s},$$

且能计算

$$\left(\frac{-1}{p}\right),\quad \left(\frac{2}{p}\right),\quad \left(\frac{q}{p}\right)\quad (q\text{为奇素数}),$$

则能计算 $\left(\frac{n}{p}\right)$.

定理 3.13 若 p 为奇素数, 则

$$\left(\frac{-1}{p}\right)=(-1)^{\frac{p-1}{2}}.$$

当 $p\equiv1 \pmod 4$ 时, -1 为模 p 的二次剩余, 当 $p\equiv3 \pmod 4$ 时, -1 为模 p 的二次非剩余.

证明 由定理 3.11 知

$$\left(\frac{-1}{p}\right)\equiv(-1)^{\frac{p-1}{2}} \pmod p,$$

由于等式两端的取值只能是 1 或者 -1, 当 p 为奇素数时, $\left(\frac{-1}{p}\right)\equiv(-1)^{\frac{p-1}{2}}$, 定理得证. □

对于一个与 p 互素的整数 n, 数学家高斯给出了另一个判别法则, 以判断 n 是否为模 p 的二次剩余.

先计算观察一个实例. 令 $p=11$, 则 $\frac{p-1}{2}=5$, 取模 p 的绝对值最小简化剩余系 $\{\pm1,\pm2,\pm3,\pm4,\pm5\}$, 对 $(a,p)=1$, 分别计算 $a,2a,\cdots,5a$.

表 3.1 表明, 无论 a 取何值, 每一行的模 p 绝对值构成的集合均为 $\{1,2,3,4,5\}$.

定理 3.14 (高斯引理) 设 p 为奇素数, n 为整数, $p\nmid n$, 设 $\frac{p-1}{2}$ 个数

$$n,2n,\cdots,\frac{1}{2}(p-1)n \pmod p \tag{3.14}$$

的绝对值最小余数中有 m 个小于 0, 则

$$\left(\frac{n}{p}\right)=(-1)^m. \tag{3.15}$$

表 3.1 计算 $ka \pmod{11}$

a	k				
	1	2	3	4	5
1	1	2	3	4	5
2	2	4	−5	−3	−1
3	3	−5	−2	1	4
4	4	−3	1	5	−2
5	5	−1	4	−2	3

证明 记 $a_1, a_2, \cdots, a_m$ 为式(3.14)的诸余数中小于 0 的数, $b_1, b_2, \cdots, b_\ell$ 为诸余数中大于 0 的数, 显然 $m+\ell=\dfrac{p-1}{2}$. 因为

$$-\frac{p-1}{2}\leqslant a_i<0, \quad 即\ 0<-a_i\leqslant\frac{p-1}{2},$$

断言

$$\{-a_1,\cdots,-a_m\}\cap\{b_1,\cdots,b_\ell\}=\varnothing.$$

这是因为, 若存在 $1\leqslant i\leqslant m$ 和 $1\leqslant j\leqslant \ell$ 使得 $-a_i=b_j$, 即 $a_i+b_j=0$, 则存在 $1\leqslant s,t\leqslant\dfrac{p-1}{2}$ 使得 $sn+tn\equiv 0 \pmod p$. 因为 $(n,p)=1$, 所以 $s+t\equiv 0 \pmod p$, 矛盾, 故上述断言成立. 显然

$$\{-a_1,\cdots,-a_m,b_1,\cdots,b_\ell\}=\left\{1,2,\cdots,\frac{p-1}{2}\right\},$$

因而

$$(-1)^m\prod_{i=1}^m a_i\prod_{j=1}^\ell b_j=\left(\frac{p-1}{2}\right)!,$$

又因为

$$\prod_{i=1}^m a_i\prod_{j=1}^\ell b_j\equiv\prod_{k=1}^{\frac{p-1}{2}}(kn)\equiv n^{\frac{p-1}{2}}\left(\frac{p-1}{2}\right)! \pmod p,$$

所以

$$\left(\frac{n}{p}\right)\equiv n^{\frac{p-1}{2}}\equiv(-1)^m \pmod p. \qquad\square$$

例 3.8 令 $p=11$. 由表 3.1 可知

$$\left(\frac{2}{11}\right)=-1,\quad\left(\frac{3}{11}\right)=1,\quad\left(\frac{4}{11}\right)=1,\quad\left(\frac{5}{11}\right)=1.$$

注意到若取模 p 的最小非负剩余, 则高斯引理中的 m 恰为式(3.14)中大于 $\frac{p}{2}$ 的元素个数.

定理 3.15 设 p 为奇素数, 则

$$\left(\frac{2}{p}\right)=(-1)^{\frac{1}{8}(p^2-1)}.$$

即当 $p\equiv\pm1 \pmod 8$ 时, $\left(\frac{2}{p}\right)=1$, 2 为模 p 二次剩余, 当 $p\equiv\pm3 \pmod 8$ 时, $\left(\frac{2}{p}\right)=-1$, 2 为模 p 非二次剩余.

证明 在定理 3.14 中, 取 $n=2$,

$$2, 2\cdot2, 2\cdot3, \cdots, 2\cdot\frac{p-1}{2} \pmod p$$

都在 1 与 p 之间, 设 $\frac{p}{2}<2k<p$, 则 $\frac{p}{4}<k<\frac{p}{2}$, 此列数的最小正余数大于 $\frac{p}{2}$ 的个数 $m=\left\lfloor\frac{p}{2}\right\rfloor-\left\lfloor\frac{p}{4}\right\rfloor$, 设 $p=8a+r$, $r=1,3,5,7$, 则得

$$m=2a+\left\lfloor\frac{r}{2}\right\rfloor-\left\lfloor\frac{r}{4}\right\rfloor\equiv\begin{cases}0 \pmod 2, & r=1\\ 1 \pmod 2, & r=3\\ 1 \pmod 2, & r=5\\ 0 \pmod 2, & r=7\end{cases}$$

故得定理. □

定理 3.13 和定理 3.15 给出了 $\left(\frac{-1}{p}\right)$, $\left(\frac{2}{p}\right)$ 的计算, 至此勒让德符号的计算问题只剩 $\left(\frac{q}{p}\right)$(p, q 为奇素数) 这一情形.

引理 3.2 设 p, q 为奇素数, $p\neq q$, 则

$$\sum_{k=1}^{\frac{1}{2}(p-1)}\left\lfloor\frac{kq}{p}\right\rfloor+\sum_{l=1}^{\frac{1}{2}(q-1)}\left\lfloor\frac{lp}{q}\right\rfloor=\frac{p-1}{2}\cdot\frac{q-1}{2}.$$

证明 以 $(0,0)$, $\left(0,\frac{1}{2}q\right)$, $\left(\frac{1}{2}p,0\right)$, $\left(\frac{1}{2}p,\frac{1}{2}q\right)$ 为顶点作长方形, 如图 3.1 所示.

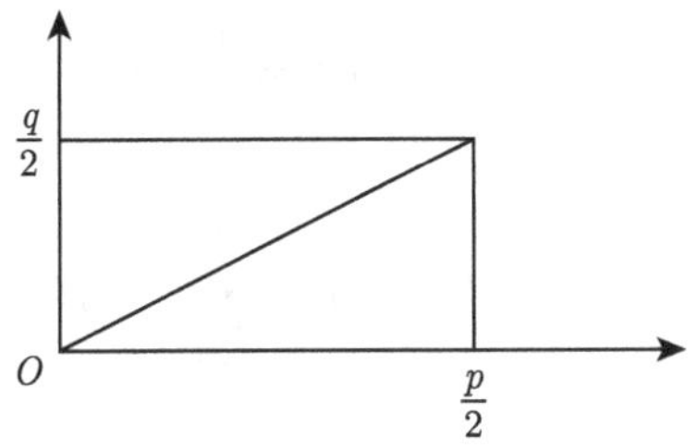

图 3.1

长方形内的整点 (两个坐标都为整数) 个数为 $\frac{p-1}{2}\cdot\frac{q-1}{2}$, 在下三角形内整点的个数为

$$\sum_{k=1}^{\frac{1}{2}(p-1)}\left\lfloor\frac{kq}{p}\right\rfloor,$$

在上三角形内的整点个数为

$$\sum_{l=1}^{\frac{1}{2}(q-1)}\left\lfloor\frac{lp}{q}\right\rfloor,$$

所以

$$\sum_{k=1}^{\frac{1}{2}(p-1)}\left\lfloor\frac{kq}{p}\right\rfloor+\sum_{l=1}^{\frac{1}{2}(q-1)}\left\lfloor\frac{lp}{q}\right\rfloor=\frac{p-1}{2}\cdot\frac{q-1}{2}.$$

□

定理 3.16 (二次互反律)　设 p,q 为奇素数, $p\neq q$, 则

$$\left(\frac{p}{q}\right)\left(\frac{q}{p}\right)=(-1)^{\frac{p-1}{2}\cdot\frac{q-1}{2}}.$$

证明　设 $1\leqslant k\leqslant\frac{1}{2}(p-1)$, 用带余除法得

$$kq=q_kp+r_k,\quad q_k=\left\lfloor\frac{kq}{p}\right\rfloor,\quad 0\leqslant r_k<p.$$

令

$$a=\sum_{i=1}^{m}(-a_i),\quad b=\sum_{j=1}^{\ell}b_j,$$

其中, $a_1,a_2,\cdots,a_m$ 为 $q,2q,\cdots,\frac{1}{2}(p-1)q$ 模 p 的绝对值最小余数中小于 0 的数, b_1, $b_2,\cdots,b_\ell$ 为其中大于 0 的数, 则

$$\sum_{k=1}^{\frac{1}{2}(p-1)}r_k=\sum_{i=1}^{m}(a_i+p)+\sum_{j=1}^{\ell}b_j=mp-a+b.$$

定理 3.14 已经证明 $\{-a_1,\cdots,-a_m,b_1,\cdots,b_\ell\}=\left\{1,2,\cdots,\frac{p-1}{2}\right\}$, 即

$$\frac{p^2-1}{8}=1+2+\cdots+\frac{1}{2}(p-1)=\sum_{i=1}^{m}(-a_i)+\sum_{j=1}^{\ell}b_j=a+b,$$

又

$$\frac{p^2-1}{8}q=p\sum_{k=1}^{\frac{1}{2}(p-1)}q_k+\sum_{k=1}^{\frac{1}{2}(p-1)}r_k=p\sum_{k=1}^{\frac{1}{2}(p-1)}q_k+mp-a+b,$$

两式相减得

$$\frac{p^2-1}{8}(q-1)=p\sum_{k=1}^{\frac{1}{2}(p-1)}q_k+mp-2a.$$

因 q 是奇素数, 所以

$$m\equiv-\sum_{k=1}^{\frac{1}{2}(p-1)}q_k\equiv\sum_{k=1}^{\frac{1}{2}(p-1)}\left\lfloor\frac{qk}{p}\right\rfloor\pmod 2,$$

即

$$\left(\frac{q}{p}\right)=(-1)^m=(-1)^{\sum\limits_{k=1}^{\frac{1}{2}(p-1)}\left\lfloor\frac{qk}{p}\right\rfloor}.$$

同理可得

$$\left(\frac{p}{q}\right)=(-1)^{\sum\limits_{l=1}^{\frac{1}{2}(q-1)}\left\lfloor\frac{lp}{q}\right\rfloor},$$

综上可知

$$\left(\frac{q}{p}\right)\left(\frac{p}{q}\right)=(-1)^{\sum\limits_{k=1}^{\frac{1}{2}(p-1)}\left\lfloor\frac{kq}{p}\right\rfloor+\sum\limits_{l=1}^{\frac{1}{2}(q-1)}\left\lfloor\frac{lp}{q}\right\rfloor}.$$

由引理 3.2 可得

$$\left(\frac{p}{q}\right)\left(\frac{q}{p}\right)=(-1)^{\frac{p-1}{2}\cdot\frac{q-1}{2}},$$

因此定理得证. □

例 3.9 求以 3 为二次剩余的所有奇素数 p.

解 由二次互反律可得

$$\left(\frac{3}{p}\right)=\left(\frac{p}{3}\right)(-1)^{\frac{1}{2}(p-1)}.$$

因为

$$\left(\frac{p}{3}\right)=\begin{cases}1, & p\equiv 1 \pmod 3,\\ -1, & p\equiv 2 \pmod 3,\end{cases}$$

$$(-1)^{\frac{1}{2}(p-1)}=\begin{cases}1, & p\equiv 1 \pmod 4,\\ -1, & p\equiv 3 \pmod 4,\end{cases}$$

由中国剩余定理可以算出

$$\left(\frac{3}{p}\right)=\begin{cases}1, & p\equiv \pm 1 \pmod{12},\\ -1, & p\equiv \pm 5 \pmod{12}.\end{cases}$$

例 3.10 已知 2389 是一个素数, 判断同余方程

$$x^2\equiv -1457 \pmod{2389}$$

是否有解?

解 $1457=31\times 47$.

$$\begin{aligned}&\left(\frac{-1}{p}\right)=1,\\ &\left(\frac{31}{p}\right)=\left(\frac{p}{31}\right)=\left(\frac{31\times 77+2}{31}\right)=\left(\frac{2}{31}\right)=1,\\ &\left(\frac{47}{p}\right)=\left(\frac{p}{47}\right)=\left(\frac{39}{47}\right)=\left(\frac{3}{47}\right)\left(\frac{13}{47}\right)=-\left(\frac{47}{3}\right)\left(\frac{47}{13}\right)\\ &\qquad=-\left(\frac{2}{3}\right)\left(\frac{8}{13}\right)=-\left(\frac{2}{3}\right)\left(\frac{2}{13}\right)=-1,\end{aligned}$$

所以 $\left(\dfrac{-1457}{2389}\right)=-1$, 同余式无解.

在勒让德符号的计算中, 要求模数 p 是素数. 但计算勒让德符号需要分解整数, 计算效率不高, 因此需要探索新的高效求解方法. 普鲁士数学家卡尔 • 雅可比 (Jacobi) 在 1837 年引入了雅可比符号.

定义 3.5 设 m 为正奇数, $m=\prod\limits_{i=1}^{t}p_i$, p_i 为素数, 若 $(n,m)=1$, 雅可比符号定义为

$$\left(\frac{n}{m}\right)=\prod_{r=1}^{t}\left(\frac{n}{p_i}\right).$$

显然有

(1) $\left(\dfrac{1}{m}\right)=1$, $\left(\dfrac{n^2}{m}\right)=1$.

(2) 若 $n \equiv n' \pmod m$ 及 $(n,m)=1$, 则

$$\left(\frac{n}{m}\right)=\left(\frac{n'}{m}\right).$$

(3) 若 $(n,m)=(n,m')=1$, m' 也是正奇数, 则有

$$\left(\frac{n}{m}\right)\left(\frac{n}{m'}\right)=\left(\frac{n}{mm'}\right).$$

(4) 若 $(n,m)=(n',m)=1$, 则

$$\left(\frac{nn'}{m}\right)=\left(\frac{n}{m}\right)\left(\frac{n'}{m}\right).$$

引理 3.3 设 m 为正奇数, $m=\prod_{i=1}^{t} p_i$, p_i 为素数, 则

$$\frac{m-1}{2}=\sum_{i=1}^{t}\frac{p_i-1}{2} \pmod 2,$$

$$\frac{m^2-1}{8}=\sum_{i=1}^{t}\frac{p_i^2-1}{8} \pmod 2.$$

证明 因为

$$\begin{aligned}
m&=p_1p_2\cdots p_t\\
&=(1+p_1-1)(1+p_2-1)\cdots(1+p_t-1)\\
&=\left(1+2\times\frac{p_1-1}{2}\right)\left(1+2\times\frac{p_2-1}{2}\right)\cdots\left(1+2\times\frac{p_t-1}{2}\right)\\
&\equiv 1+2\left(\frac{p_1-1}{2}+\frac{p_2-1}{2}+\cdots+\frac{p_t-1}{2}\right) \pmod 4,
\end{aligned}$$

故 $\dfrac{m-1}{2}=\sum\limits_{i=1}^{t}\dfrac{p_i-1}{2} \pmod 2$. 又因为

$$\begin{aligned}
m^2&=p_1^2p_2^2\cdots p_t^2\\
&=(1+p_1^2-1)(1+p_2^2-1)\cdots(1+p_t^2-1)\\
&=\left(1+8\times\frac{p_1^2-1}{8}\right)\left(1+8\times\frac{p_2^2-1}{8}\right)\cdots\left(1+8\times\frac{p_t^2-1}{8}\right)\\
&\equiv 1+8\left(\frac{p_1^2-1}{8}+\frac{p_2^2-1}{8}+\cdots+\frac{p_t^2-1}{8}\right) \pmod{16},
\end{aligned}$$

故 $\dfrac{m^2-1}{8}\equiv\sum\limits_{i=1}^{t}\dfrac{p_i^2-1}{8} \pmod 2$. □

定理 3.17 设 m 为正奇数, $m=\prod\limits_{i=1}^{t}p_i$, p_i 为素数,

$$\left(\frac{-1}{m}\right)=(-1)^{\frac{1}{2}(m-1)}.$$

证明 由引理 3.3 易知

$$\sum_{i=1}^{t}\frac{p_i-1}{2}\equiv\frac{m-1}{2}\pmod 2,$$

所以

$$\left(\frac{-1}{m}\right)=\prod_{i=1}^{t}\left(\frac{-1}{p_i}\right)=(-1)^{\sum\limits_{i=1}^{t}\frac{p_i-1}{2}}=(-1)^{\frac{1}{2}(m-1)}.$$ □

定理 3.18 设 m 为正奇数, $m=\prod\limits_{i=1}^{t}p_i$, p_i 为素数,

$$\left(\frac{2}{m}\right)=(-1)^{\frac{1}{8}(m^2-1)}.$$

证明 由引理 3.3 易知

$$\sum_{i=1}^{t}\frac{p_i^2-1}{8}\equiv\frac{m^2-1}{8}\pmod 2,$$

故

$$\left(\frac{2}{m}\right)=\prod_{i=1}^{t}\left(\frac{2}{p_i}\right)=\prod_{i=1}^{t}(-1)^{\frac{1}{8}(p_i^2-1)}=(-1)^{\sum\limits_{i=1}^{t}\frac{p_i^2-1}{8}}=(-1)^{\frac{m^2-1}{8}},$$

定理得证. □

定理 3.19 设 m 与 n 为两个正奇数, 且 $(m,n)=1$, 则

$$\left(\frac{m}{n}\right)\left(\frac{n}{m}\right)=(-1)^{\frac{m-1}{2}\cdot\frac{n-1}{2}}.$$

证明 令 $m=\prod\limits_{i=1}^{t}p_i, n=\prod\limits_{j=1}^{l}q_j$, 则

$$\begin{aligned}\left(\frac{m}{n}\right)\left(\frac{n}{m}\right)&=\left(\prod_{i=1}^{t}\prod_{j=1}^{l}\left(\frac{p_i}{q_j}\right)\right)\cdot\left(\prod_{i=1}^{t}\prod_{j=1}^{l}\left(\frac{q_j}{p_i}\right)\right)\\&=\prod_{i=1}^{t}\prod_{j=1}^{l}\left(\frac{p_i}{q_j}\right)\left(\frac{q_j}{p_i}\right)\\&=\prod_{i=1}^{t}\prod_{j=1}^{l}(-1)^{\frac{p_i-1}{2}\cdot\frac{q_j-1}{2}}\end{aligned}$$

$$= (-1)^{\sum\limits_{i=1}^{t} \frac{p_i-1}{2} \cdot \sum\limits_{j=1}^{l} \frac{q_j-1}{2}}$$

$$= (-1)^{\frac{m-1}{2} \cdot \frac{n-1}{2}}. \qquad \square$$

下面给出利用雅可比符号的性质快速计算勒让德符号的算法.

算法 3.1 计算勒让德符号

输入: 整数 n, 素数 p 且 $(n,p)=1$.
输出: $L = \left(\frac{n}{p}\right)$

$m \leftarrow p$;
$L \leftarrow 1$;
if $n < 0$ **then**
  $n \leftarrow -n$;
  $L \leftarrow L \times (-1)^{\frac{m-1}{2}}$;
end
if $n = 1$ **then**
  return L;
end
while $n \geqslant 2$ **do**
  $n \leftarrow n \pmod m$;
  计算 $n = 2^s n'$, 其中 n' 是奇数;
  if s 是正奇数 **then**
    $L \leftarrow L \times (-1)^{\frac{(m-1)(m+1)}{8}}$;
    $n \leftarrow n'$;
  end
  if s 是正偶数 **then**
    $n \leftarrow n'$;
  end
  $L \leftarrow L \times (-1)^{\frac{(m-1)(n+1)}{2}}$;
  交换 n, m;
end
return L ;

显然, 算法 3.1 是多项式时间算法.

例 3.11 计算 $\left(\frac{383}{443}\right)$.

$$\left(\frac{383}{443}\right) = \left(\frac{443}{383}\right)(-1)^{221\times 191}$$
$$= -\left(\frac{60}{383}\right)$$
$$= -\left(\frac{2^2}{383}\right)\left(\frac{15}{383}\right)$$
$$= \left(\frac{383}{15}\right) = \left(\frac{8}{15}\right) = \left(\frac{2}{15}\right) = 1.$$

当 $\left(\dfrac{a}{p}\right)=1$ 时, 继续讨论方程

$$x^2 \equiv a \pmod p \tag{3.16}$$

的求解问题.

设 p 是奇素数, $p-1=2^\alpha\cdot s$, $\alpha\geqslant 1$, s 是奇数.

情形 1 $\alpha=1$, 即 $p\equiv 3 \pmod 4$.

因为 $\left(\dfrac{a}{p}\right)\equiv a^{\frac{p-1}{2}} \pmod p=1$, 即 $a^s\equiv 1 \pmod p$, 所以

$$(a^{\frac{s+1}{2}})^2\equiv a \pmod p,$$

故 $\pm a^{\frac{s+1}{2}} \pmod p$ 是式(3.16)的解.

情形 2 $\alpha=2$, 即 $p\equiv 5 \pmod 8$.

因为 $\left(\dfrac{a}{p}\right)\equiv a^{\frac{p-1}{2}} \pmod p\equiv a^{2s} \pmod p\equiv 1 \pmod p=1$, 所以 $a^s\equiv 1 \pmod p$ 或者 $a^s\equiv -1 \pmod p$.

(1) 若 $a^s\equiv 1 \pmod p$, 同情形 1, 显然 $\pm a^{\frac{s+1}{2}} \pmod p$ 是式(3.16)的解.

(2) 若 $a^s\equiv -1 \pmod p$, 即 $-a^s\equiv 1 \pmod p$, 取 n 是模 p 的一个二次非剩余, 记 $b=n^s$, 有 $b^2=n^{2s}=n^{\frac{p-1}{2}}\equiv -1 \pmod p$, 于是

$$a^s\cdot b^2\equiv 1 \pmod p,$$

故 $\pm a^{\frac{s+1}{2}}b$ 是式(3.16)的解.

结合 (1) 和 (2) 可得 $\pm a^{\frac{s+1}{2}}b^{j_0}$ 是式(3.16)的解, 其中

$$j_0=\begin{cases}0, & 若 a^s\equiv 1 \pmod p,\\ 1, & 若 a^s\equiv -1 \pmod p.\end{cases}$$

情形 3 $\alpha=3$, 取 n,b 同情形 2, 此时有 $b^{2^2}\equiv -1 \pmod p$.

因为 $a^{\frac{p-1}{2}}=a^{2^2s} \pmod p\equiv 1 \pmod p$, 所以 $a^{2s}\equiv 1 \pmod p$ 或 $a^{2s}\equiv -1 \pmod p$.

(1) 若 $a^{2s}\equiv 1 \pmod p$, 与情形 2 类似.

(1.1) 若 $a^s\equiv 1 \pmod p$, 则 $\pm a^{\frac{s+1}{2}}$ 是式(3.16)的解;

(1.2) 若 $a^s\equiv -1 \pmod p$, 则 $\pm a^{\frac{s+1}{2}}b$ 是式(3.16)的解.

(2) 若 $a^{2s}\equiv -1 \pmod p$, 即 $-a^{2s}\equiv 1 \pmod p$, 于是 $a^{2s}\cdot b^{2^2}\equiv 1 \pmod p$, 即

$$(a^s\cdot b^2)^2\equiv 1 \pmod p,$$

故 $a^s\cdot b^2\equiv 1 \pmod p$ 或 $a^s\cdot b^2\equiv -1 \pmod p$.

(2.1) 若 $a^s\cdot b^2\equiv 1 \pmod p$, 显然 $\pm a^{\frac{s+1}{2}}b$ 是式(3.16)的解;

(2.2) 若 $a^s\cdot b^2\equiv -1 \pmod p$, 因为

$$a^s\cdot b^2\cdot b^{2^2}\equiv 1 \pmod p,$$

所以 $\pm a^{\frac{s+1}{2}}b^{1+2}$ 是式(3.16)的解.

综合 (1) 和 (2) 可知, $\pm a^{\frac{s+1}{2}}b^{j_0+j_1\cdot 2}$ 是式(3.16)的解, 其中

$$(j_0,j_1)=\begin{cases}(0,0), & 若\ a^s\equiv 1 \pmod p,\\ (0,1), & 若\ a^s\equiv -1 \pmod p,\\ (1,0), & 若\ a^s\cdot b^2\equiv 1 \pmod p,\\ (1,1), & 若\ a^s\cdot b^2\equiv -1 \pmod p,\end{cases}$$

即

$$j_0=\begin{cases}0, & 若\ (a^s)^2\equiv 1 \pmod p,\\ 1, & 若\ (a^s)^2\equiv -1 \pmod p,\end{cases}$$

$$j_1=\begin{cases}0, & 若\ a^s(b^{j_0})^2\equiv 1 \pmod p,\\ 1, & 若\ a^s(b^{j_0})^2\equiv -1 \pmod p.\end{cases}$$

从情形 1、情形 2、情形 3 的分析中, 可以归纳出对一般 α 的结果, 即

$$\pm a^{\frac{s+1}{2}}b^{j_0+j_1 2+j_2 2^2+\cdots+j_{\alpha-2}2^{\alpha-2}}$$

是式(3.16)的解, 其中

$$j_0=\begin{cases}0, & 若(a^s)^{2^{t-2}}\equiv 1 \pmod p,\\ 1, & 若(a^s)^{2^{t-2}}\equiv -1 \pmod p,\end{cases}$$

$$j_1=\begin{cases}0, & 若(a^s b^{j_0 2})^{2^{t-3}}\equiv 1 \pmod p,\\ 1, & 若(a^s b^{j_0 2})^{2^{t-3}}\equiv -1 \pmod p,\end{cases}$$

$$j_2=\begin{cases}0, & 若(a^s b^{j_0 2+j_1 2^2})^{2^{t-4}}\equiv 1 \pmod p,\\ 1, & 若(a^s b^{j_0 2+j_1 2^2})^{2^{t-4}}\equiv -1 \pmod p,\end{cases}$$

$$\cdots\cdots$$

$$j_{\alpha-2}=\begin{cases}0, & 若a^s b^{j_0 2+\cdots+j_{\alpha-3}2^{\alpha-2}}\equiv 1 \pmod p,\\ 1, & 若a^s b^{j_0 2+\cdots+j_{\alpha-3}2^{\alpha-2}}\equiv -1 \pmod p.\end{cases}$$

算法 3.2 求 $x^2 \equiv a \pmod{p}$ 的解

输入: 整数 a, 素数 p.

输出: $x^2 \equiv a \pmod{p}$ 的解.

计算整数 α, 奇数 s 使得 $p-1=2^{\alpha}s$;
if $\alpha=1$ **then**
    return $x \equiv \pm a^{\frac{s+1}{2}} \pmod{p}$;
end
$x_{-1} \leftarrow a^s \pmod{p}$;
取 n 是模 p 的二次非剩余;
$b \leftarrow n^s \pmod{p}$;
for $k=0,\cdots,\alpha-2$ **do**
    if $(a^{-1}\cdot x_{k-1}^2)^{2^{t-k-2}} \equiv 1 \pmod{p}$ **then**
        $j_k \leftarrow 1$;
    else
        $j_k \leftarrow 0$;
    end
    $x_k \leftarrow x_{k-1}b^{j_k 2^{k+1}} \pmod{p}$;
end
return $\pm x_{\alpha-2} \pmod{p}$;

算法的迭代关系为

$$x_k \equiv \begin{cases} a^{\frac{s+1}{2}} \pmod{p}, & k=-1, \\ x_{k-1}\cdot b^{j_k 2^k} \pmod{p}, & k=0,\cdots,\alpha-2, \end{cases}$$

$$j_k = \begin{cases} 0, & 若(a^{-1}x_{k-1})^2 \equiv 1 \pmod{p}, \\ 1, & 若(a^{-1}x_{k-1})^2 \equiv -1 \pmod{p}, \end{cases}$$

其中, $a^{-1}\cdot x_{k-1}^2 \equiv a^s b^{j_0 2+j_1 2^2+\cdots+j_k 2^{k+1}} \pmod{p}$.

下面验证算法的正确性. 只需要验证最后一步的结果, 即

$$\begin{aligned}(\pm x_{\alpha-2})^2 &\equiv a\cdot a^s\cdot b^{j_0 2+j_1 2^2+\cdots+j_{\alpha-2}2^{\alpha-1}} \pmod{p} \\ &= a\cdot(a^s\cdot b^{j_0 2+j_1 2^2+\cdots+j_{\alpha-3}2^{\alpha-2}})\cdot b^{j_{\alpha-2}2^{\alpha-1}} \\ &\equiv a \pmod{p},\end{aligned}$$

由 $j_{\alpha-2}$ 的定义可知算法正确.

显然, 算法 3.2 的计算主要涉及模指运算, 故算法 3.2 的计算复杂度是关于 $\lg p$ 的多项式时间.

例 3.12 *求解同余方程* $x^2 \equiv 5 \pmod{41}$.

解 记 $a=5, p=41$, 取模 p 的二次非剩余 $n=5$, 由 $p-1=2^3\cdot 5$, 记 $\alpha=3$, $s=5$, 计算 $b=n^s \equiv -3 \pmod{41}$.

首先计算 $x_{-1}=a^{\frac{s+1}{2}}\equiv 2 \pmod{41}$; 当 $k=0$ 时, 由于 $(a^{-1}x_{-1}^2)^2\equiv -1 \pmod{p}$, 令 $j_0=1$, $x_0=x_{-1}b^{j_0}\equiv 35 \pmod{41}$; 当 $k=1$ 时, 由于 $a^{-1}x_0^2\equiv -1 \pmod{p}$, 令 $j_1=1$, $x_1=x_0b^{j_1 2}\equiv 28 \pmod{41}$;

验证可知 $(\pm x_1^2)\equiv 5 \pmod{41}$, 故 $x\equiv \pm 28 \pmod{41}$ 为原方程的两个解.

习题 3

3.1 求解同余方程 $45x\equiv 21 \pmod{132}$.

3.2 求解同余方程 $8x\equiv 9 \pmod{11}$.

3.3 求解同余方程 $17x\equiv 19 \pmod{25}$.

3.4 设 $(a,m)=1$, 若整数 y 使得 $a\mid(my+b)$, 则 $x\equiv \dfrac{my+b}{a} \pmod{m}$ 是方程 $ax\equiv b \pmod{m}$ 的解.

3.5 求解三元一次同余方程 $2x_1+4x_2+6x_3+6\equiv 0 \pmod{8}$.

3.6 证明: n 元一次同余方程

$$a_1x_1+\cdots+a_nx_n+b\equiv 0 \pmod{m}$$

有解的充分必要条件为

$$(a_1,\cdots,a_n,m)|b,$$

若此条件成立, 则其解数 (对模 m 不同余者) 为 $m^{n-1}(a_1,\cdots,a_n,m)$.

3.7 求解同余方程 $19x\equiv 556 \pmod{1155}$.

3.8 求解同余方程组

$$\begin{cases}3x\equiv 1 \pmod{10},\\ 4x\equiv 7 \pmod{15}.\end{cases}$$

3.9 求解同余方程组

$$\begin{cases}x\equiv 1 \pmod{7},\\ x\equiv 4 \pmod{9},\\ x\equiv 3 \pmod{5}.\end{cases}$$

3.10 求解同余方程组

$$\begin{cases}x\equiv 1 \pmod{6},\\ x\equiv 4 \pmod{9},\\ x\equiv 7 \pmod{15}.\end{cases}$$

3.11 求相邻的四个整数, 使其依次被 $4,9,25,49$ 整除.

3.12 求模 11 的一组完全剩余系, 使得其中每个数被 2, 3, 5, 7 除后的余数分别为 $1,-1,1,-1$.

3.13　求解同余方程 $5x^7 + x + 3 \equiv 0 \pmod{315}$.

3.14　求解同余方程 $x^3 + 5x^2 + 9 \equiv 0 \pmod{3^4}$.

3.15　求解同余方程 $x^3 + 5x^2 + 9 \equiv 0 \pmod{567}$.

3.16　求解同余方程 $x^2 - 2 \equiv 0 \pmod{7^4}$.

3.17　计算勒让德符号

$$\left(\frac{13}{17}\right),\quad \left(\frac{11}{19}\right),\quad \left(\frac{10}{29}\right),\quad \left(\frac{131}{31}\right).$$

3.18　计算雅可比符号

$$\left(\frac{74}{101}\right),\quad \left(\frac{195}{1901}\right).$$

3.19　已知 563 是素数, 判断同余方程 $x^2 \equiv 286 \pmod{563}$ 是否有解.

3.20　已知 563 是素数, 判断同余方程 $x^2 \equiv 429 \pmod{563}$ 是否有解.

3.21　判断同余方程 $x^2 - 3x + 5 \equiv 0 \pmod{79}$ 是否有解.

3.22　证明: 若 $p \equiv \pm 1$或$\pm 5 \pmod{24}$, 则 $\left(\dfrac{6}{p}\right) = 1$. 若 $p \equiv \pm 7$或$\pm 11 \pmod{24}$, 则 $\left(\dfrac{6}{p}\right) = -1$.

3.23　设 q 是奇素数, 令 Q 是模 p 的所有二次剩余的乘积, 证明:

$$Q = \begin{cases} 1, & p \equiv 3 \pmod{4}, \\ -1, & p \equiv 1 \pmod{4}. \end{cases}$$

3.24　证明:

$$\left(\frac{-2}{p}\right) = \begin{cases} 1, & p \equiv 1\text{或}3 \pmod{8}, \\ -1, & p \equiv 5\text{或}7 \pmod{8}. \end{cases}$$

3.25　设 a, b 是两个正整数, 证明 $(2^a + 1, 2^b - 1)$ 和 $(2^a - 1, 2^b + 1)$ 至少有一个为 1.

3.26　求解同余方程 $x^2 \equiv 186 \pmod{401}$.

第 4 章

指数与原根

本章介绍指数、原根和指标等基本概念和相关性质, 原根存在的充分必要条件以及原根的构造和应用.

4.1 指数及其性质

若 a 和 m 是整数, 且 $m > 1$, a 与 m 互素, 对于自然数 k, 记 $a_k = a^k \pmod{m}$, 由 a_k 构成的序列

$$a_0(=1), a_1, a_2, \cdots, a_k, \cdots . \tag{4.1}$$

由欧拉定理可知

$$a^{\varphi(m)} \equiv 1 \pmod{m}.$$

这表明式 (4.1) 式给出的序列周期是有限的, 本章主要讨论该序列的最小周期.

定义 4.1 设 a 和 m 是整数, 满足 $m > 1$ 和 $(a, m) = 1$. 若 r 是使

$$a^r \equiv 1 \pmod{m}$$

成立的最小正整数, 则称 r 为 a 对模 m 的指数 (或阶), 记作 $\mathrm{ord}_m(a)$.

例 4.1 设 $m = 11$, 则 $\varphi(m) = 10$, 验算可得表 4.1.

表 4.1 模 11 的指数表

a	1	2	3	4	5	6	7	8	9	10
$\mathrm{ord}_m(a)$	1	10	5	5	5	10	10	10	5	2

例 4.2 设 $m = 8$, 则 $\varphi(m) = 4$, 验算可得表 4.2.

表 4.2 模 8 的指数表

a	1	3	5	7
$\mathrm{ord}_m(a)$	1	2	2	2

例 4.3 设 $m = 15$, 则 $\varphi(m) = 8$, 验算可得表 4.3.

表 4.3 模 15 的指数表

a	1	2	4	7	8	11	13	14
$\mathrm{ord}_m(a)$	1	4	2	4	4	2	4	2

从上述例子中可以看出, 所有模 m 的阶都是 $\varphi(m)$ 的因数, 且在模 11 的指数表中, 2, 6, 7 和 8 模 11 的阶等于 $\varphi(11)$, 而在模 8 和模 15 的指数表中却不存在任何整数的阶可以达到 $\varphi(8)$ 和 $\varphi(15)$.

定理 4.1 设 a, d 和 m 是整数, 满足 $m>1$ 和 $(a,m)=1$. 若 $a^d\equiv 1 \pmod m$, 则

$$\mathrm{ord}_m(a) \mid d.$$

证明 由欧几里得除法可知, 存在 $q, r\in\mathbb{Z}$, 使得

$$d=\mathrm{ord}_m(a)\cdot q+r,\quad 0\leqslant r<\mathrm{ord}_m(a).$$

因此

$$\begin{aligned}a^d-1&=a^{\mathrm{ord}_m(a)\cdot q+r}-1\\&=(a^{\mathrm{ord}_m(a)})^q\cdot a^r-1\\&\equiv a^r-1\\&\equiv 0 \pmod m.\end{aligned}$$

又因为 $0\leqslant r<\mathrm{ord}_m(a)$, 所以由指数的定义可得 $r=0$, 此即

$$\mathrm{ord}_m(a) \mid d.$$ □

结合欧拉定理和定理 4.1 易得如下推论.

推论 4.1 设 a 和 m 是整数, 满足 $m>1$ 和 $(a,m)=1$, 则有

$$\mathrm{ord}_m(a)|\varphi(m).$$

推论 4.1 给出了一种在欧拉函数 $\varphi(m)$ 可分解时求解 $\mathrm{ord}_m(a)$ 的方法.

例 4.4 求 5 模 19 的指数 $\mathrm{ord}_{19}(5)$.

解 因为 $\varphi(19)=18=2\times 3^2$, 计算验证可知

$$5^1\equiv 5 \pmod{19},\ 5^2\equiv 6 \pmod{19},\ 5^3\equiv 11 \pmod{19},\ 5^6\equiv 7 \pmod{19},\ 5^9\equiv 1 \pmod{19}.$$

所以 $\mathrm{ord}_{19}(5)=9$.

定理 4.2 设 a 和 m 是整数, 满足 $m>1$ 和 $(a,m)=1$.

(1) 若 $a\equiv b \pmod m$, 则 $\mathrm{ord}_m(a)=\mathrm{ord}_m(b)$.

(2) 若 $a^k\equiv a^h \pmod m$, 则 $k\equiv h \pmod{\mathrm{ord}_m(a)}$.

(3) 若 $ab\equiv 1 \pmod m$, 则 $\mathrm{ord}_m(a)=\mathrm{ord}_m(b)$.

证明 (1) 因为 $a \equiv b \pmod{m}$, 所以 $a^{\mathrm{ord}_m(b)} \equiv b^{\mathrm{ord}_m(b)} \equiv 1 \pmod{m}$. 且 $b^{\mathrm{ord}_m(a)} \equiv a^{\mathrm{ord}_m(a)} \equiv 1 \pmod{m}$, 由定理 4.1 知 $\mathrm{ord}_m(a)|\mathrm{ord}_m(b)$ 且 $\mathrm{ord}_m(b)|\mathrm{ord}_m(a)$, 故

$$\mathrm{ord}_m(a) = \mathrm{ord}_m(b).$$

(2) 因为 $a^k \equiv a^h \pmod{m}$, 所以 $a^{k-h} \equiv 1 \pmod{m}$, 由定理 4.1 知 $\mathrm{ord}_m(a)|(k-h)$, 即

$$k \equiv h \pmod{\mathrm{ord}_m(a)}.$$

(3) 因为 $ab \equiv 1 \pmod{m}$, 所以

$$1 \equiv 1^{\mathrm{ord}_m(b)} \equiv (ab)^{\mathrm{ord}_m(b)} \equiv a^{\mathrm{ord}_m(b)} \cdot b^{\mathrm{ord}_m(b)} \equiv a^{\mathrm{ord}_m(b)} \pmod{m},$$

$$1 \equiv 1^{\mathrm{ord}_m(a)} \equiv (ab)^{\mathrm{ord}_m(a)} \equiv a^{\mathrm{ord}_m(a)} \cdot b^{\mathrm{ord}_m(a)} \equiv b^{\mathrm{ord}_m(a)} \pmod{m},$$

故 $\mathrm{ord}_m(a)|\mathrm{ord}_m(b)$ 且 $\mathrm{ord}_m(b)|\mathrm{ord}_m(a)$, 所以

$$\mathrm{ord}_m(a) = \mathrm{ord}_m(b).$$ □

定理 4.3 设 a 和 m 是整数, 满足 $m > 1$ 和 $(a, m) = 1$, 则

$$a^0, \quad a^1, \quad \cdots, \quad a^{\mathrm{ord}_m(a)-1}$$

模 m 两两不同余.

证明 假设存在 $0 \leqslant i < j \leqslant \mathrm{ord}_m(a) - 1$, 满足

$$a^i \equiv a^j \pmod{m},$$

则由定理 4.2 的 (2) 可知

$$i \equiv j \pmod{\mathrm{ord}_m(a)}.$$

根据 i 和 j 的取法, 这是不可能的, 故定理成立. □

定理 4.4 设 a, k 和 m 是整数, 满足 $m > 1, k \geqslant 0$ 和 $(a, m) = 1$, 则

$$\mathrm{ord}_m(a^k) = \frac{\mathrm{ord}_m(a)}{(\mathrm{ord}_m(a), k)}.$$

证明 记 $d = \mathrm{ord}_m(a)$, $d_k = \mathrm{ord}_m(a^k)$, 显然有

$$(a^k)^{\frac{d}{(d,k)}} \equiv (a^d)^{\frac{k}{(d,k)}} \equiv 1 \pmod{m}.$$

根据 d_k 的定义及定理 4.1, 可知

$$d_k \mid \frac{d}{(d,k)}. \tag{4.2}$$

又因为

$$a^{k \times d_k} = \left(a^k\right)^{d_k} \equiv 1 \pmod{m}.$$

根据 d 的定义及定理 4.1, 同样可知

$$d \mid (kd_k).$$

因此

$$\frac{d}{(d,k)} \mid \frac{k}{(d,k)} d_k.$$

又因为 $\frac{d}{(d,k)}$ 和 $\frac{k}{(d,k)}$ 互素, 所以

$$\frac{d}{(d,k)} \mid d_k. \tag{4.3}$$

由式 (4.2) 和式 (4.3), 显然

$$d_k = \frac{d}{(d,k)}.$$

□

推论 4.2 设 a 和 m 是整数, k 和 l 是非负整数, 满足 $m > 1$ 和 $(a,m) = 1$, 若 $\mathrm{ord}_m(a) = kl$, 则 $\mathrm{ord}_m\left(a^k\right) = l$.

下面给出由小指数整数构造大指数整数的一种方法.

定理4.5 设 a, b 和 m 是整数, 满足 $m > 1, (ab, m) = 1$, 则 $\mathrm{ord}_m(ab) = \mathrm{ord}_m(a)\mathrm{ord}_m(b)$ 的充分必要条件是 $(\mathrm{ord}_m(a), \mathrm{ord}_m(b)) = 1$.

证明 记 $d = \mathrm{ord}_m(ab), d_1 = \mathrm{ord}_m(a), d_2 = \mathrm{ord}_m(b)$, 先证充分性. 首先, 由

$$(ab)^{d_1 d_2} \equiv (a^{d_1})^{d_2} \cdot (b^{d_2})^{d_1} \equiv 1 \pmod m$$

可知

$$d \mid d_1 d_2. \tag{4.4}$$

其次, 因为 $a^{dd_2} \equiv a^{dd_2} \times b^{dd_2} \equiv ((ab)^d)^{d_2} \equiv 1 \pmod m$ 故由 d 的定义及定理 4.1 可知 $d_1 \mid dd_2$, 类似可证 $d_2 \mid dd_1$. 由充分性的条件 $(d_1, d_2) = 1$ 可得 $d_1 \mid d$ 且 $d_2 \mid d$, 进而有

$$d_1 d_2 \mid d. \tag{4.5}$$

由式 (4.4) 和式 (4.5) 不难看出

$$d = d_1 d_2.$$

再证必要性. 由 $(ab)^{[d_1, d_2]} \equiv 1 \pmod m$ 可知

$$d \mid [d_1, d_2].$$

由必要性的条件 $d = d_1 d_2$, 所以有

$$[d_1, d_2] = d_1 d_2,$$

显然, 上式成立当且仅当

$$(d_1, d_2) = 1.$$

□

定理 4.6 设 a, n, m 是整数, 满足 $n > 1, m > 1, (a, mn) = 1$. 若 $n \mid m$, 则

$$\operatorname{ord}_n(a) \mid \operatorname{ord}_m(a).$$

证明 因为

$$a^{\operatorname{ord}_m(a)} \equiv 1 \pmod{m}.$$

且 $n \mid m$, 所以

$$a^{\operatorname{ord}_m(a)} \equiv 1 \pmod{n}.$$

故由 $\operatorname{ord}_n(a)$ 的定义及定理 4.1 易知

$$\operatorname{ord}_n(a) \mid \operatorname{ord}_m(a).$$ □

定理 4.7 设 a, m, n 是整数, 满足 $m > 1, n > 1, (a, mn) = 1$. 若 $(m, n) = 1$, 则

$$\operatorname{ord}_{mn}(a) = [\operatorname{ord}_m(a), \operatorname{ord}_n(a)].$$

证明 记 $d = \operatorname{ord}_{mn}(a), d_1 = \operatorname{ord}_m(a), d_2 = \operatorname{ord}_n(a)$, 由定理 4.5 可得

$$d_1 \mid d,\ d_2 \mid d,$$

所以

$$[d_1, d_2] \mid d.$$

又因为

$$a^{[d_1,d_2]} \equiv 1 \pmod{m}, \quad a^{[d_1,d_2]} \equiv 1 \pmod{n},$$

以及 $(n, m) = 1$ 可推出

$$a^{[d_1,d_2]} \equiv 1 \pmod{mn},$$

故由阶 d 的定义及定理 4.1 可知

$$d \mid [d_1, d_2].$$

因此

$$d = [d_1, d_2].$$ □

事实上, 定理 4.7 可推广为

定理 4.8 设 $m_1, \cdots, m_r$ 是 r 个两两互素的正整数, 记 $m = m_1 \cdot \cdots \cdot m_r$, 若 a 是整数, 满足 $(a, m) = 1$, 则

$$\operatorname{ord}_m(a) = [\operatorname{ord}_{m_1}(a), \cdots, \operatorname{ord}_{m_r}(a)],$$

且

$$\operatorname{ord}_m(a) \mid [\varphi(m_1),\cdots,\varphi(m_r)].$$

特别地, 当 $m=2^{\alpha_0}p_1^{\alpha_1}\cdots p_r^{\alpha_r}$, $p_1,\cdots,p_r$ 是不同奇素数时, 有

$$\operatorname{ord}_m(a) \mid [2^{c_0},\varphi(p_1^{\alpha_1}),\cdots,\varphi(p_r^{\alpha_r})],$$

其中

$$c_0=\begin{cases}0, & \alpha_0=0,1,\\ 1, & \alpha_0=2,\\ \alpha_0-2, & \alpha_0\geqslant 3.\end{cases}$$

证明 由定理 4.7 易知

$$\operatorname{ord}_m(a)=[\operatorname{ord}_{m_1}(a),\cdots,\operatorname{ord}_{m_r}(a)].$$

再由欧拉定理及推论 4.1 知 $\operatorname{ord}_{m_i}(a)\mid\varphi(m_i)$, 所以

$$\operatorname{ord}_m(a) \mid [\varphi(m_1),\cdots,\varphi(m_r)].$$

由此当 $m=2^{\alpha_0}p_1^{\alpha_1}\cdots p_r^{\alpha_r}$, 只需证明

$$\operatorname{ord}_{2^{\alpha_0}}(a)\mid 2^{c_0}.$$

其中

$$c_0=\begin{cases}0, & \alpha_0=0,1,\\ 1, & \alpha_0=2,\\ \alpha_0-2, & \alpha_0\geqslant 3.\end{cases}$$

当 $\alpha_0=0$ 或 1 时, 显然有 $a\equiv 1 \pmod 2$, $\operatorname{ord}_{2^{\alpha_0}}(a)=1$, 结论成立; 当 $\alpha_0=2$ 时, 显然有 $a\equiv 1 \pmod{2^2}$ 或 $a\equiv 3 \pmod{2^2}$, 而 $\operatorname{ord}_{2^2}(1)=1$ 且 $\operatorname{ord}_{2^2}(3)=2$, 结论成立; 下证当 $\alpha_0\geqslant 3$ 时, 取 $c_0=\alpha_0-2$ 结论依然成立. 事实上, 当 $\alpha_0=3$ 时, a 模 2^3 只能与 $1,3,5$ 或 7 同余, 而 $\operatorname{ord}_{2^3}(1)=1$ 且 $\operatorname{ord}_{2^3}(3)=\operatorname{ord}_{2^3}(5)=\operatorname{ord}_{2^3}(7)=2$, 故结论也成立; 假设 $\alpha_0=k\geqslant 3$ 时结论仍成立, 即 $a^{2^{k-2}}\equiv 1 \pmod{2^k}$, 故存在整数 t 满足 $a^{2^{k-2}}=1+t\times 2^k$; 则当 $\alpha_0=k+1$ 时, 有

$$a^{2^{k-1}}\equiv(a^{2^{k-2}})^2\equiv(1+t\times 2^k)^2\equiv 1 \pmod{2^{k+1}}.$$

此即 $\alpha_0=k+1$ 时结论仍然成立. □

定理 4.9 设 a, b 和 m 是整数, 满足 $m>1$ 和 $(ab,m)=1$. 则一定存在整数 c 满足

$$\operatorname{ord}_m(c)=[\operatorname{ord}_m(a),\operatorname{ord}_m(b)].$$

证明 对于整数 $\operatorname{ord}_m(a)$ 和 $\operatorname{ord}_m(b)$, 存在整数 λ_1 和 μ_1 满足

$$\lambda_1 \mid \mathrm{ord}_m(a), \quad \mu_1 \mid \mathrm{ord}_m(b), \quad (\lambda_1, \mu_1) = 1, \quad 且[\mathrm{ord}_m(a), \mathrm{ord}_m(b)] = \lambda_1\mu_1.$$

取 $\lambda_2 = \dfrac{\mathrm{ord}_m(a)}{\lambda_1}$, $\mu_2 = \dfrac{\mathrm{ord}_m(b)}{\mu_1}$, 由定理 4.4 易知

$$\mathrm{ord}_m(a^{\lambda_2}) = \lambda_1, \quad \mathrm{ord}_m(b^{\mu_2}) = \mu_1.$$

取 $c = a^{\lambda_2}b^{\mu_2}$, 则由定理 4.5 可知

$$\mathrm{ord}_m(c) = [\mathrm{ord}_m(a^{\lambda_2}), \mathrm{ord}_m(b^{\mu_2})] = \lambda_1\mu_1 = [\mathrm{ord}_m(a), \mathrm{ord}_m(b)]. \qquad \square$$

定理 4.9 的证明过程给出了一种由低阶元构造高阶元的方法.

例 4.5 已知 $m = 11251$ 是素数, $\varphi(m) = 11250 = 2 \cdot 3^2 \cdot 5^4$, 以及

$$\mathrm{ord}_{11251}(2) = 2250 = 2 \cdot 3^2 \cdot 5^3,$$

$$\mathrm{ord}_{11251}(3) = 2250 = 2 \cdot 3^2 \cdot 5^3,$$

$$\mathrm{ord}_{11251}(5) = 1125 = 3^2 \cdot 5^3,$$

$$\mathrm{ord}_{11251}(7) = 3750 = 2 \cdot 3 \cdot 5^4.$$

求一个模 11251 的阶为 11250 的元素.

解 由定理 4.4 不难看出, $\mathrm{ord}_{11251}(2^{5^3}) = 2 \cdot 3^2$, $\mathrm{ord}_{11251}(7^{2\cdot 3}) = 5^4$, 由定理 4.6 可知

$$\mathrm{ord}_{11251}(2^{5^3} \cdot 7^{2\cdot 3}) = 2 \cdot 3^2 \cdot 5^4 = 11250.$$

故 $2^{5^3} \cdot 7^{2\cdot 3} \equiv 10767 \pmod{11251}$ 即为所求. 事实上, 不难验证 $3^{2\cdot 5^3} \cdot 7^3 \equiv 10506 \pmod{11251}$ 即为所求.

4.2 原根

定义 4.2 设 a 和 m 是整数, 满足 $m > 1$ 和 $(a, m) = 1$. 若 $\mathrm{ord}_m(a) = \varphi(m)$, 则称 a 是模 m 的原根.

例 4.1 表明 2, 6, 7, 8 是模 11 的原根, 例 4.2 和例 4.3 则表明模 8 和模 15 的原根是不存在的, 下面讨论原根存在的判别条件.

定理 4.10 设 m 是大于 1 的整数. 模 m 有原根的必要条件是 m 可表示为 $2, 4, p^\alpha$ 或 $2p^\alpha$. 其中, p 是奇素数, α 是正整数.

证明 记 $m = 2^{\alpha_0}p_1^{\alpha_1}p_2^{\alpha_2}\cdots p_r^{\alpha_r}$, 其中, α_0 是非负整数; $p_i (1 \leqslant i \leqslant r)$ 是奇素数, $\alpha_i (1 \leqslant i \leqslant r)$ 是正整数. 若 m 不具备定理中所述形式, 则必是下述三种情形之一:

(1) $r = 0, \alpha_0 \geqslant 3$;

(2) $r = 1, \alpha_0 \geqslant 2$;

(3) $r \geqslant 2$.

记 $\lambda(m) = [2^{c_0}, \varphi(p_1^{\alpha_1}), \cdots, \varphi(p_r^{\alpha_r})]$, 其中

$$c_0=\begin{cases}0, & \alpha_0=0,1,\\ 1, & \alpha_0=2,\\ \alpha_0-2, & \alpha_0\geqslant 3.\end{cases}$$

则由定理 4.8 可知

$$\mathrm{ord}_m(a)|\lambda(m).$$

因此只需证 $\lambda(m)<\varphi(m)$ 即可. 事实上,

(1) 当 $r=0,\alpha_0\geqslant 3$ 时, $m=2^{\alpha_0}$, 此时

$$\lambda(m)=2^{\alpha_0-2}<2^{\alpha_0-1}=\varphi(m).$$

(2) 当 $r=1,\alpha_0\geqslant 2$ 时, $m=2^{\alpha_0}p_1^{\alpha_1}$, 此时由于 $2\mid(2^{c_0},\varphi(p_1^{\alpha_1}))$, 故

$$\lambda(m)\leqslant\frac{1}{2}\cdot 2^{c_0}\cdot\varphi(p_1^{\alpha_1})<\varphi(m).$$

(3) 当 $r\geqslant 2$ 时, $m=2^{\alpha_0}p_1^{\alpha_1}p_2^{\alpha_2}\cdots p_r^{\alpha_r}$, 由于 $2\mid(\varphi(p_1^{\alpha_1}),\varphi(p_2^{\alpha_2}))$, 故

$$\lambda(m)\leqslant\frac{1}{2}\times 2^{c_0}\varphi(p_1^{\alpha_1})\varphi(p_2^{\alpha_2})\cdots\varphi(p_r^{\alpha_r})<\varphi(m).$$ □

定理 4.11 *若 p 是奇素数, 则模 p 有原根.*

证明 由定理 4.9 可知, 存在整数 g 满足

$$\mathrm{ord}_p(g)=[\mathrm{ord}_p(1),\mathrm{ord}_p(2),\cdots,\mathrm{ord}_p(p-1)].$$

由于 $\mathrm{ord}_p(k)\mid(p-1)$, 对任意的 $1\leqslant k\leqslant p-1$ 有

$$\mathrm{ord}_p(g)\leqslant p-1.$$

另一方面, 由 $\mathrm{ord}_p(g)$ 的定义可知 $x\equiv 1,2,\cdots,p-1 \pmod p$ 均为同余方程

$$x^{\mathrm{ord}_p(g)}-1\equiv 0 \pmod p$$

不同的解, 又由定理 3.8 可知, 该同余方程至多有 $\mathrm{ord}_p(g)$ 个解, 此即

$$p-1\leqslant\mathrm{ord}_p(g).$$

所以

$$\mathrm{ord}_p(g)=p-1.$$

即 g 是模 p 的原根. □

定理 4.12 *若 p 是奇素数, g 是模 p 的原根, 则 g 和 $g+p$ 中至少有一个是 p^2 的原根.*

证明 由推论 4.1 可知 $\mathrm{ord}_{p^2}(g)$ 和 $\mathrm{ord}_{p^2}(g+p)$ 都是 $p(p-1)$ 的因数; 又由定理 4.6 可知它们分别是 $\mathrm{ord}_p(g)$ 和 $\mathrm{ord}_p(g+p)$ 的倍数, 而 $\mathrm{ord}_p(g)=\mathrm{ord}_p(g+p)=p-1$. 故 $\mathrm{ord}_{p^2}(g)$ 和 $\mathrm{ord}_{p^2}(g+p)$ 的取值只能是 $p-1$ 或者 $p(p-1)$. 故只需证明

$$g^{p-1}\not\equiv 1 \pmod{p^2} \quad 和 \quad (g+p)^{p-1}\not\equiv 1 \pmod{p^2}$$

至少有一个成立. 事实上

$$\begin{aligned}(g+p)^{p-1}&=g^{p-1}+\binom{p-1}{1}\cdot g^{p-2}\cdot p+\binom{p-1}{2}\cdot g^{p-3}\cdot p^2+\cdots+p^{p-1}\\&=g^{p-1}+(p-1)\cdot g^{p-2}\cdot p+A\cdot p^2,\end{aligned}$$

其中, A 为整数. 所以有

$$(g+p)^{p-1}-1\equiv\left(g^{p-1}-1\right)+(p-1)\cdot g^{p-2}\cdot p \pmod{p^2}.$$

显然, 从上式可以看出

$$g^{p-1}\equiv 1 \pmod{p^2} \quad 和 \quad (g+p)^{p-1}\equiv 1 \pmod{p^2}$$

不可能同时成立. 此即 g 和 $g+p$ 中至少有一个是 p^2 的原根. □

定理 4.13 若 p 是奇素数, g 是模 p^2 的原根, 则 g 也是 $p^\alpha(\alpha\geqslant 3)$ 的原根.

证明 记 $e_\alpha=\mathrm{ord}_{p^\alpha}(g)$.

先证: 若 g 是模 $p^{\alpha+1}(\alpha\geqslant 1)$ 的原根, 则 g 一定是模 p^α 的原根. 因为

$$g^{e_\alpha}\equiv 1 \pmod{p^\alpha}.$$

记 $g^{e_\alpha}=1+k\cdot p^\alpha$, 则有

$$g^{p\cdot e_\alpha}=(1+k\cdot p^\alpha)^p\equiv 1 \pmod{p^{\alpha+1}}.$$

所以, $e_{\alpha+1}\mid p\cdot e_\alpha$. 由于 g 是模 $p^{\alpha+1}$ 的原根, 故 $e_{\alpha+1}=\varphi(p^{\alpha+1})$, 所以有

$$\varphi(p^\alpha)\mid e_\alpha.$$

另一方面, $e_\alpha\mid\varphi(p^\alpha)$ 是显然的. 故

$$e_\alpha=\varphi(p^\alpha).$$

所以, g 一定是模 p^α 的原根.

其次证明: 若 g 是模 $p^\alpha(\alpha\geqslant 2)$ 的原根, 则 g 一定是模 $p^{\alpha+1}$ 的原根. 和定理 4.12 的分析过程类似, 由 $e_\alpha\mid e_{\alpha+1}$ 且 $e_{\alpha+1}\mid\varphi(p^{\alpha+1})$, 而 $e_\alpha=\varphi(p^\alpha)$ 且 $\varphi(p^{\alpha+1})=p\cdot\varphi(p^\alpha)$, 故

$$e_{\alpha+1}=\varphi(p^\alpha) \quad 或 \quad \varphi(p^{\alpha+1}).$$

下证: 对 $\alpha\geqslant 1$ 的整数, 都有

$$g^{\varphi(p^\alpha)}=1+u_\alpha\cdot p^\alpha,\quad 且\ (u_\alpha,p)=1.$$

此即 $e_{\alpha+1}$ 只可能等于 $\varphi(p^{\alpha+1})$(而不是 $\varphi(p^{\alpha})$). 当 $\alpha=1$ 时, 结论显然成立; 假设当 $\alpha=k(k\geqslant 1)$ 结论依然成立, 即

$$g^{\varphi(p^k)}=1+u_k\cdot p^k,\quad 且\quad (u_k,p)=1.$$

则当 $\alpha=k+1$ 时有

$$\begin{aligned}g^{\varphi(p^{k+1})}&=(g^{\varphi(p^k)})^p\\&=(1+u_k\cdot p^k)^p\\&=1+\binom{p}{1}(u_kp^k)+\binom{p}{2}(u_kp^k)^2+\binom{p}{3}(u_kp^k)^3+\cdots\\&=1+u_{k+1}\cdot p^{k+1},\end{aligned}$$

其中, $u_{k+1}=u_k+\dfrac{p-1}{2}u_k^2p^k+\cdots$, 故

$$(u_{k+1},p)=(u_k,p)=1.$$

综上所述, $g^{\varphi(p^\alpha)}=1+u_\alpha\cdot p^\alpha$, 且 $(u_\alpha,p)=1$ 对所有正整数 α 均成立. 因此

$$g^{\varphi(p^\alpha)}\not\equiv 1\pmod{p^{\alpha+1}}.$$

故 $e_{\alpha+1}\neq\varphi(p^\alpha)$, 所以只能是 $e_{\alpha+1}=\varphi(p^{\alpha+1})$. 这相当于证明了 g 是 $p^\alpha(\alpha\geqslant 3)$ 的原根. □

定理 4.14 设 $\alpha\geqslant 1$ 是整数, p 是奇素数, g 是模 p^α 的原根, 则 g 与 $g+p^\alpha$ 中的奇数是模 $2p^\alpha$ 的原根.

证明 记 G 是 g 与 $g+p^\alpha$ 中的奇数. 由阶的性质可知 $\mathrm{ord}_{p^\alpha}(G)\mid\mathrm{ord}_{2p^\alpha}(G)$. 所以

$$p^{\alpha-1}(p-1)\mid\mathrm{ord}_{2p^\alpha}(G).$$

另一方面, 由于 $\varphi(2p^\alpha)=\varphi(p^\alpha)=p^{\alpha-1}(p-1)$, 且 $(G,2p^\alpha)=1$, 所以

$$\mathrm{ord}_{2p^\alpha}(G)\mid p^{\alpha-1}(p-1).$$

所以 $\mathrm{ord}_{2p^\alpha}(G)=p^{\alpha-1}(p-1)=\varphi(2p^\alpha)$, 即 G 是模 $2p^\alpha$ 的原根. □

容易验证 1 是模 2 的原根且 3 是模 4 的原根, 故从定理 4.10 到定理 4.14 不难看出: $m=2,4,p^\alpha$ 或 $2p^\alpha$ 不仅是 m 有原根的必要条件, 而且是 m 有原根的充分条件.

定理 4.15 设 g 和 m 是整数, 满足 $(g,m)=1$,m 有原根, 且 $\varphi(m)=\prod\limits_{i=1}^{k}p_i^{e_i}$, 其中 $e_i\geqslant 1$ 且 $p_1,p_2,\cdots,p_k$ 是不同的素数, 则 g 是模 m 原根的充分必要条件是

$$g^{\frac{\varphi(m)}{p_i}}\not\equiv 1\pmod m,\quad 1\leqslant i\leqslant k.$$

证明 由原根的定义可知必要性是显然的. 另一方面, 因为 $\operatorname{ord}_m(g) \mid \varphi(m)$, 因此 $\operatorname{ord}_m(g)$ 可写成 $\prod_{i=1}^{k} p_i^{d_i}$ 的形式, 其中 $e_i \geqslant d_i \geqslant 0$; 若 g 不是模 m 的原根, 则至少存在一个 $1 \leqslant j \leqslant k$ 使得 $e_j \geqslant d_j + 1$, 此时

$$\operatorname{ord}_m(g) \mid \frac{\varphi(m)}{p_j}.$$

因此

$$g^{\frac{\varphi(m)}{p_j}} \equiv 1 \pmod{m}.$$

与已知矛盾. 故 g 一定是模 m 的原根. □

例 4.6 判断 2 和 3 是否为 43 的原根.

解 因为 $\varphi(43) = 42 = 2 \times 3 \times 7$, 由定理 4.15 可知: 整数 g 是否为模 43 的原根取决于 g^{21}, g^{14}, g^{6} 模 43 是否同余于 1. 验证可知

$$2^6 \equiv 21 \pmod{43},$$

$$2^{14} \equiv 1 \pmod{43},$$

所以, 2 不是模 43 的原根. 同理可验证

$$3^6 \equiv 41 \pmod{43},$$

$$3^{14} \equiv 36 \pmod{43},$$

$$3^{21} \equiv 42 \pmod{43},$$

所以, 3 是 43 的原根.

定理 4.16 若整数 m 有原根, 则 m 恰有 $\varphi(\varphi(m))$ 个不同的原根.

证明 记 g 是模 m 的一个原根, 由定理 4.3 知, 集合

$$\{1, g, g^2, \cdots, g^{\varphi(m)-1}\}$$

恰好构成模 m 的简化剩余系. 因此, 与 m 互素的整数一定与某个 $g^d (0 \leqslant d < \varphi(m))$ 同余. 另一方面, 由定理 4.4 知: g^d 是模 m 的原根当且仅当

$$(d, \varphi(m)) = 1.$$

显然, 满足上式的 d 恰好有 $\varphi(\varphi(m))$ 个, 所以 m 恰有 $\varphi(\varphi(m))$ 个不同的原根. □

定理 4.15 给出了一种方法求解模奇素数 p 的原根, 定理 4.12—定理 4.14 在给定模 p 原根的基础上, 进一步给出了求模 p^2、模 p^α 和模 $2p^\alpha$ 原根的一般性方法, 定理 4.16 则给出了由一个原根求所有原根的方法.

算法 4.1 求模 m 的原根

输入: 整数 m.

输出: 模 m 的一个原根 g.

```
if m = 2 then
    return 1;
else if m = 4 then
    return 3;
else if m = p, p 是奇素数 then
    计算 p − 1 = q_1^{e_1} q_2^{e_2} ··· q_k^{e_k};
    for g = 2, 3, ··· , p − 1 do
        if 对所有的 i = 1, ··· , k 都有 g^{(p−1)/q_i} ≢ 1 (mod p) then
            return g;
        else
            g ← g + +;
        end
    end
else if m = p^2 then
    求模 p 的原根 g;
    if g^{p−1} ≢ 1 (mod p^2) then
        return g;
    else
        return g + p;
    end
else if m = p^α, α > 2 then
    求模 p^2 的原根 g;
    return g;
else if m = 2p^α (α >= 1) then
    求模 p^α 的原根 g;
    if g 是奇数 then
        return g;;
    else
        return g + p^α;
    end
end
```

例 4.7 已知 $m = 294016886 = 2 \times 43^5$, 求模 m 的所有原根.

解 由例 4.6 可知, 3 是模 43 的原根.

因为 $3^{43-1} \equiv 87 \pmod{43^2} \not\equiv 1 \pmod{43^2}$, 所以 3 是模 43^2 的原根, 进而, 对任意 $\alpha > 2$, 3 也是模 43^α 的原根.

又因为 3 是奇数, 所以它也是模 $2 \times 43^\alpha (\alpha \geqslant 1)$ 的原根. 特别地, 3 是模 2×43^5 的一个原根.

由此可知, 模 2×43^5 的所有原根为

$$\left\{3^i | 1 \leqslant i \leqslant \varphi(2 \times 43^5) = 42 \times 43^4 \text{ 且 } (i, 42 \times 43^4) = 1\right\}.$$

4.3 指标

定义 4.3 设 g 是模 m 的原根, $(a,m)=1$, 则存在唯一整数 r, 满足:

$$g^r \equiv a \pmod{m} \quad \text{且} \quad 1 \leqslant r \leqslant \varphi(m).$$

称 r 为以 g 为底的 a 模 m 的一个指标 (或离散对数), 记作 $\mathrm{ind}_g(a)$ (或 $\log_g(a)$).

例 4.8 整数 5 是模 17 的原根, 并且有表 4.4.

表 4.4 整数 5 幂次模 17 的结果

i	1	2	3	4	5	6	7	8	9	10	11	12	13	14	15	16
$5^i \pmod{17}$	5	8	6	13	14	2	10	16	12	9	11	4	3	15	7	1

因此, 有

$$\mathrm{ind}_5(1)=16,\quad \mathrm{ind}_5(2)=6,\quad \mathrm{ind}_5(3)=13,\quad \mathrm{ind}_5(4)=12,\quad \mathrm{ind}_5(5)=14,\quad \mathrm{ind}_5(6)=3,$$

$$\mathrm{ind}_5(7)=15,\quad \mathrm{ind}_5(8)=2,\quad \mathrm{ind}_5(9)=10,\quad \mathrm{ind}_5(10)=7,\quad \mathrm{ind}_5(11)=11,$$

$$\mathrm{ind}_5(12)=9,\quad \mathrm{ind}_5(13)=4,\quad \mathrm{ind}_5(14)=5,\quad \mathrm{ind}_5(15)=14,\quad \mathrm{ind}_5(16)=8.$$

于是, 可得到以 5 为底的模 17 的指标表 (表 4.5).

表 4.5 模 17 的指标表

a	1	2	3	4	5	6	7	8	9	10	11	12	13	14	15	16
$\mathrm{ind}_5(a)$	16	6	13	12	1	3	15	2	10	7	11	9	4	5	14	8

定理 4.17 设 g 是模 m 的原根, $(a,m)=1$, 整数 r 满足同余式

$$g^r \equiv a \pmod{m}$$

当且仅当

$$r \equiv \mathrm{ind}_g(a) \pmod{\varphi(m)}.$$

证明 充分性显然, 下证必然性. 因为 g 是模 m 的原根, $(a,m)=1$, 所以存在 $1 \leqslant \mathrm{ind}_g(a) \leqslant \varphi(m)$ 使得

$$g^r \equiv a \equiv g^{\mathrm{ind}_g(a)} \pmod{m},$$

从而

$$g^{r-\mathrm{ind}_g(a)} \equiv 1 \pmod{m}.$$

由定理 4.1 得

$$\varphi(m) \mid (r-\mathrm{ind}_g(a)).$$

此即

$$r \equiv \mathrm{ind}_g(a) \pmod{\varphi(m)}.$$

□

定理 4.18 设 g 是模 m 的原根，$(a_1 \cdot a_2 \cdot \cdots \cdot a_n, m) = 1$，则

$$\text{ind}_g(a_1 \cdots a_n) \equiv \text{ind}_g(a_1) + \cdots + \text{ind}_g(a_n) \pmod{\varphi(m)}.$$

特别地，

$$\text{ind}_g(a^n) \equiv n\,\text{ind}_g(a) \pmod{\varphi(m)}.$$

证明 记 $r_i = \text{ind}_g(a_i)$，$i = 1, \cdots, n$，则有

$$a_i \equiv g^{r_i} \pmod{m}, \quad i = 1, \cdots, n.$$

所以

$$a_1 \cdot \cdots \cdot a_n \equiv g^{r_1 + \cdots + r_n} \pmod{m}.$$

根据定理 4.17 有

$$\text{ind}_g(a_1 \cdots a_n) \equiv r_1 + \cdots + r_n \equiv \text{ind}_g(a_1) + \cdots + \text{ind}_g(a_n) \pmod{\varphi(m)}.$$

特别地，当 $a_1 = \cdots = a_n = a$ 时

$$\text{ind}_g(a^n) \equiv n\,\text{ind}_g(a) \pmod{\varphi(m)}.$$ □

定义 4.4 设 g 是模 m 的原根, $(a, m) = 1$, 若 n 次同余式

$$x^n \equiv a \pmod{m}$$

有解, 则称 a 为模 m 的 n 次剩余; 否则, 称 a 为模 m 的 n 次非剩余.

定理 4.19 设 g 是模 m 的原根, $(a, m) = 1$, 则 n 次同余式

$$x^n \equiv a \pmod{m} \tag{4.6}$$

有解的充分必要条件是

$$(n, \varphi(m)) \mid \text{ind}_g(a). \tag{4.7}$$

若有解, 则解的个数为 $(n, \varphi(m))$.

证明 记 $b = \text{ind}_g(a)$, 若 $x \equiv x_0 \pmod{m}$ 是方程(4.6) 的解, 由 $(a, m) = 1$ 可知 $(x_0, m) = 1$. 而 g 是模 m 的原根, 所以存在 y_0 满足

$$x_0 \equiv g^{y_0} \pmod{m}, \tag{4.8}$$

故

$$x_0^n \equiv g^{ny_0} \equiv a \pmod{m}, \tag{4.9}$$

进而由定理 4.17 可知

$$ny_0 \equiv b \pmod{\varphi(m)}.$$

这就表明 y_0 是一次同余式

$$ny \equiv b \pmod{\varphi(m)} \tag{4.10}$$

的解. 反之, 若 y_0 是一次同余式 (4.10) 的解, 则 $x_0 \equiv g^{y_0} \pmod m$ 一定是 n 次同余式 (4.6) 的解. 故 n 次同余式 (4.6) 和一次同余式 (4.10) 同时有解或无解. 此外, 任取 $x_1 \equiv g^{y_1} \pmod m$, 易知: $x_0 \equiv x_1 \pmod m$ 当且仅当 $y_0 \equiv y_1 \pmod{\varphi(m)}$, 此即同余式 (4.6) 和式 (4.10) 的解数相同, 由定理 3.2 可知: 一次同余式有解时, 式 (4.10) 恰有 $(n,\varphi(m))$ 个解. □

定理 4.19 的证明实际上给出了一种 n 次同余式 (4.6) 的求解过程: 首先, 计算 a 的指标 $b=\mathrm{ind}_g(a)$; 其次, 判断一次同余式 (4.10) 是否有解; 然后, 在一次同余式 (4.10) 有解时, 解出该同余式的 $d=(n,\varphi(m))$ 个解, 不妨记为 $y_0, y_1, \cdots, y_{d-1}$; 最后, 对于 $1 \leqslant i \leqslant d-1$, 取 $x_i \equiv g^{y_i} \pmod m$ 即为 n 次同余式 (4.6) 所有的解.

算法 4.2 n 次同余式求解算法

输入: 整数 a,m,n 且 $(a,m)=1$.

输出: x 满足 $x^n \equiv a \pmod m$.

求出模 m 的一个原根 g ;
计算 $b \leftarrow \mathrm{ind}_g(a)$;
if $(n,\varphi(m)) \nmid b$ **then**
    方程无解;
else
    $d \leftarrow (n,\varphi(m))$;
    $y_0 \leftarrow \left(\frac{n}{d}\right)^{-1} \cdot \frac{b}{d} \left(\mathrm{mod}\frac{\varphi(m)}{d}\right)$;
    return $x_i = g^{y_0+i\cdot\frac{\varphi(m)}{d}}$, $i=0,1,\cdots,d-1$;
end

例 4.9 已知 5 是模 23 的原根, 解同余方程

$$x^8 \equiv 18 \pmod{23}.$$

解 首先计算 18 的指标 $\mathrm{ind}_5(18)=12$, 因此, 同余方程 $x^8 \equiv 18 \pmod{23}$ 可转化为同余方程

$$8y \equiv 12 \pmod{22} \tag{4.11}$$

进行求解. 由于 $(8,22)=2$, 且 $2 \mid 12$, 故方程恰有两个解, 易求 $y_0=7$ 和 $y_1=18$ 是同余方程(4.11)的两个解. 因此, $x_0 \equiv 5^{y_0} \equiv 17 \pmod{23}$ 和 $x_1 \equiv 5^{y_1} \equiv 6 \pmod{23}$ 是 $x^8 \equiv 18 \pmod{23}$ 的所有解.

习题 4

4.1 计算 2, 5, 10 模 13 的指数.

4.2 设 $m=37$, 求出模 m 的最小正剩余系中所有指数为 6 的整数.

4.3 求 $\mathrm{ord}_{41}(10), \mathrm{ord}_{41}(7), \mathrm{ord}_{82}(7), \mathrm{ord}_{41}(89)$.

4.4 设素数 $p>2$. 证明: $\mathrm{ord}_p(a)=2$ 的充分必要条件是 $a \equiv -1 \pmod p$. 这结论对模是合数的情况成立吗?

4.5 设 m 和 a 为整数. 证明: 若 $\mathrm{ord}_m(a) = m - 1$, 则 m 是素数.

4.6 设 $m = 5, 11, 12, 14$.

(1) 列出模 m 的指数表;

(2) 如果模 m 有原根, 找出模 m 的最小正剩余系中的所有原根;

(3) 如果模 m 没有原根, 找出模 m 的最小正剩余系中指数最大的整数.

4.7 求模 9 的原根.

4.8 求模 81 的原根.

4.9 模 47 的原根有多少个? 求出模 47 的所有原根.

4.10 求模 113 的原根.

4.11 求模 41 的所有原根.

4.12 求模 $41^2 = 1681$ 的原根.

4.13 设 m 和 n 是整数, $m \geqslant 1$, $n \geqslant 1$ 及 $(n, \varphi(m)) = 1$. 证明: 当 x 遍历模 m 的简化剩余系时, x^n 也遍历模 m 的简化剩余系.

4.14 设素数 $p \equiv 1 \pmod 4$. 证明: 若 g 为模 p 的原根, 则 $-g$ 也为模 p 的原根.

4.15 设 $p = 5, 7, 11$, 求一个 g 为模 p 的原根, 但不是模 p^2 的原根, $p = 5, 7, 11$.

4.16 设 $p = 2^{2^k} + 1$ 为一个素数, 给出 7 是模 p 的原根的条件.

4.17 用原根求模 $m = 13 \times 23$ 的简化剩余系.

4.18 设 p 是一个奇素数, $a > 0$, 证明有 $\dfrac{\varphi(p^a)}{(\varphi(p^a), n)}$ 个模数 p^a 的 n 次剩余.

4.19 列出模 13, 17, 19, 41 以最小正原根为底的指标表.

4.20 列出模 3^5, 3^7, 3^8 的指标表.

4.21 解同余方程

$$x^{22} \equiv 5 \pmod{41}.$$

4.22 解同余方程

$$x^{22} \equiv 29 \pmod{41}.$$

4.23 解同余方程

$$x^5 \equiv 3 \pmod{61}.$$

4.24 解同余方程

$$6x^{10} \equiv 5 \pmod{17}.$$

4.25 当 a 为何值时, $ax^8 \equiv 5 \pmod{17}$ 有解?

4.26 当 b 为何值时, $7x^8 \equiv b \pmod{17}$ 有解?

4.27 设 p 为奇素数. 证明: 同余方程 $x^4 \equiv -1 \pmod p$ 有解的充分必要条件是 $p \equiv 1 \pmod 8$.

第 5 章

群

前面的章节主要介绍了初等数论的基本概念和结论. 在前续知识的基础上, 本章将介绍群的定义和相关性质. 群作为近世代数最基础的研究对象, 在密码学中有着广泛应用, 许多密码算法都是在满足特定条件的群上建立的. 本章主要介绍群、循环群、正规子群、商群的概念及其相关性质, 并介绍研究群的重要工具群同态以及群同态基本定理.

5.1 群的定义及性质

首先介绍二元运算的定义.

定义 5.1 设 S 是一个非空集合, 映射 $f: S\times S \longrightarrow S$ 称为 S 上的一个二元运算.

给定 S 上的一个二元运算, 则对于任意的 $a,b\in S$, 必然存在唯一的 $c\in S$, 使得 $c=f(a,b)$; 通常采用符号 $\cdot$ 来表示二元运算, 即 $c=a\cdot b$. 由二元运算的定义可以看出, 二元运算应该满足可计算性和封闭性.

定义 5.2 设 G 是一个非空集合, $\cdot$ 是 G 上的一个二元运算, 若

(1) 对于任意的 $a,b,c\in G$, 有

$$(a\cdot b)\cdot c=a\cdot(b\cdot c);$$

(2) 在 G 中存在一个元素 e, 它对 G 中任意元素 g, 有

$$e\cdot g=g\cdot e=g;$$

(3) 对 G 中任意元素 g, 都存在 G 中的一个元素 g' 使得

$$g\cdot g'=g'\cdot g=e,$$

那么称 G 关于运算 $\cdot$ 构成一个群, 记为 $(G,\cdot)$, 简记为 G.

定义中的第 (1) 条性质通常称为群的结合律. 第 (2) 条性质中的 e 是唯一的, 称该元素为群 G 的单位元 (或者幺元). 这是因为如果 e, e' 都是群 G 的单位元, 即都满足性质 (2), 则由

$$e=e\cdot e'=e'$$

可得二者相等. 第 (3) 条性质中, 对于 $g\in G$ 具有性质 $g\cdot g'=g'\cdot g=e$ 的元素 g' 是唯一的, 称这个元素 g' 为 g 的逆元, 记为 g^{-1}. 如果 g_1,g_2 都是元素 g 的逆元, 则由

$$g_1=g_1\cdot e=g_1\cdot(g\cdot g_2)=(g_1\cdot g)\cdot g_2=e\cdot g_2=g_2$$

即可得到 g 的逆元是唯一的.

容易验证, 任意给定 $a, b \in G$, 有

$$(a^{-1})^{-1} = a,$$

$$(a \cdot b)^{-1} = b^{-1} \cdot a^{-1}.$$

此外, 群 G 中不同元素的逆元是不同的. 这是因为如果元素 a 与 b 的逆元相等, 即 $a^{-1} = b^{-1}$, 则由逆元是唯一的可知 $(a^{-1})^{-1} = (b^{-1})^{-1}$, 从而 $a = b$.

群 $(G, \cdot)$ 满足结合律, 不一定满足交换律. 如果群 $(G, \cdot)$ 中对任意的 $a, b \in G$, 有 $a \cdot b = b \cdot a$, 则称群 $(G, \cdot)$ 为交换群, 也称为阿贝尔群; 此时 G 上的二元运算通常用 $+$ 表示, 单位元记为 0, 元素 a 的逆元也称为负元, 记为 $-a$, $a + (-b)$ 记为 $a - b$.

当 G 为交换群时, 有

(1) 对于任意的 $a, b, c \in G$,

$$(a + b) + c = a + (b + c);$$

(2) 在 G 中存在单位元 0, 它对 G 中任意元素 a, 有

$$0 + a = a;$$

(3) 对 G 中任意元素 a, 都存在 G 中的一个元素 $-a$ 使得

$$a + (-a) = 0.$$

例 5.1 全体整数关于整数加法构成交换群 $(\mathbb{Z}, +)$, 其单位元是 0, 整数 a 的逆元是 $-a$; 全体不等于零的有理数关于乘法构成一个交换群 $(Q^*, \times)$, 其单位元是 1, 有理数 a 的逆元是 $\frac{1}{a}$.

例 5.2 设 n 是一个正整数, 模 n 的最小非负完全剩余系 $\mathbb{Z}_n = \{0, 1, \cdots, n-1\}$ 对于模 n 加法构成一个交换群 $(\mathbb{Z}_n, +)$, 其单位元是 0, 除单位元外, 任意元素 a 的逆元是 $n - a$.

例 5.3 设 n 是一个正整数, 模 n 的最小正简化剩余系的全体构成的集合 $\mathbb{Z}_n^* = \{a | a \in \mathbb{Z}_n, (a, n) = 1\}$ 关于模 n 乘法构成一个交换群 $(\mathbb{Z}_n^*, \times)$. 该群的单位元是 1, 对于任意的元素 a, 由于 $(a, n) = 1$, 由辗转相除法可求得 $s, t \in \mathbb{Z}$ 使得 $sa + tn = 1$, 元素 a 的逆元是 $s\ (mod\ n)$.

例 5.4 定义在实数域 $\mathbb{R}$ 上的 n 维向量空间 $\mathbb{R}^n$ 关于向量的加法构成一个交换群 $(\mathbb{R}^n, +)$, 其单位元为零向量, $(a_1, a_2, \cdots, a_n)$ 的负元为 $(-a_1, -a_2, \cdots, -a_n)$.

例 5.5 实数域 $\mathbb{R}$ 上所有 n 阶可逆矩阵组成的集合记为 $GL_n(\mathbb{R})$, 其关于矩阵乘法构成一个群 $(GL_n(\mathbb{R}), \times)$; 该群的单位元为 n 阶单位矩阵, n 阶可逆矩阵的乘法逆元为其逆矩阵. 显然, 该群不满足交换律.

定义 5.3 给定群 $(G, \cdot)$, 如果 G 的元素个数有限, 则称该群为有限群. 否则, 称该群为无限群. 有限群 G 的元素个数称为群 G 的阶, 记为 $|G|$.

设 $a_1, a_2, \cdots, a_n$ 是群 G 中的 $n(n \geqslant 2)$ 个元素, 通常归纳地定义这 n 个元素的乘积为

$$a_1 a_2 \cdots a_n = (a_1 a_2 \cdots a_{n-1}) a_n.$$

性质 5.1 设 $a_1, a_2, \cdots, a_n$ 是群 G 中的 $n(n \geqslant 2)$ 个元素, 则对任意的 $1 \leqslant i_1 < i_2 < \cdots < i_k < n$, 有

$$a_1 a_2 \cdots a_n = (a_1 \cdots a_{i_1}) \cdots (a_{i_k+1} \cdots a_n).$$

证明留作习题 5.3.

定义 5.4 给定群 $(G, \cdot)$, $a \in G, n \in \mathbb{Z}$, 定义 a 的 n 次幂为

$$a^n = \begin{cases} a^{n-1} \cdot a, & n > 0, \\ e, & n = 0, \\ (a^{-1})^{-n}, & n < 0. \end{cases}$$

性质 5.2 给定群 $(G, \cdot)$,$a, b \in G$, $m, n \in \mathbb{Z}$, 则 G 中的幂运算满足如下性质:

(1) $a^n \cdot a^m = a^{n+m}$;

(2) $(a^n)^m = a^{nm}$;

(3) 若 G 为交换群, 则 $(a \cdot b)^n = a^n \cdot b^n$.

证明留作习题 5.4.

定义 5.5 给定群 $(G, \cdot)$, 对任意元素 $a \in G$, 若存在最小的正整数 m 使得 $a^m = e$, 则称 m 称为元素 a 的阶, 记为 $\text{ord}(a) = m$. 否则, 称 a 的阶为无限阶, 记为 $\text{ord}(a) = \infty$.

元素的阶的概念对于研究群的结构很有帮助. 下面是有关元素的阶的几个常用结论.

定理 5.1 给定群 $(G, \cdot)$, $a \in G, \text{ord}(a) = m$, 则对任意 $n \in \mathbb{Z}^+$, $a^n = e$ 当且仅当 $m \mid n$.

证明 先证充分性. 由于 $m \mid n$, 所以存在整数 k, 使得 $n = mk$. 故由性质 5.2 可知

$$a^n = a^{mk} = (a^m)^k = e^k = e.$$

再证必要性. 反证: 设 $a^n = e$, 但是 $m \nmid n$, 即 $n = km + i, 1 \leqslant i < m$. 则 $e = a^n = a^{km+i} = (a^m)^r \cdot a^i = a^i$. 由于 $1 \leqslant i < m$, 与 a 的阶为 m 矛盾. 所以 $i = 0$, 故 $n = km$, 即 $m \mid n$. □

定理5.2 给定群 $(G, \cdot), a \in G, \text{ord}(a)$ 有限,则对任意 $i \in \mathbb{Z}^+, \text{ord}(a^i) = \dfrac{\text{ord}(a)}{\gcd(\text{ord}(a), i)}$.

证明 设 $\text{ord}(a) = n, \text{ord}(a^i) = s$, $n = \gcd(n, i) n_1$, $i = \gcd(n, i) i_1$, 则 $\gcd(n_1, i_1) = 1$. 由于

$$(a^i)^{n_1} = a^{i_1 \gcd(n,i) n_1} = a^{i_1 n} = e,$$

因此 $s|n_1$. 由于 $e = (a^i)^s = a^{is}$, 因此有 $n \mid is$, 即 $n_1 \gcd(n, i) | i_1 \gcd(n, i) s$, 从而有 $n_1 \mid i_1 s$. 由于 $(n_1, i_1) = 1$, 因此 $n_1 \mid s$.

综上可知 $s = n_1 = \dfrac{n}{\gcd(n, i)}$. □

定理 5.3 给定群 $(G, \cdot)$, 设群 G 中元素 a, b 的阶分别是 m, n, 如果 $a \cdot b = b \cdot a$ 且 $\gcd(m, n) = 1$, 则 $a \cdot b$ 的阶等于 mn.

证明 不妨设 $\mathrm{ord}(a\cdot b)=s$, $a\cdot b=b\cdot a$, 因此

$$(a\cdot b)^{mn}=a^{mn}\cdot b^{mn}=(a^m)^n\cdot(b^n)^m=e.$$

由此得出, $a\cdot b$ 是有限阶元素, 并且 $a\cdot b$ 的阶 $s\mid mn$.

由于 $(a\cdot b)^s=e$, 因此

$$e=(a\cdot b)^{sm}=a^{sm}\cdot b^{sm}=b^{sm}.$$

由此得到 $n\mid sm$. 由于 $\gcd(m,n)=1$, 因此 $n\mid s$. 同理可证 $m\mid s$. 由于 $\gcd(m,n)=1$, 因此有 $mn\mid s$.

综上所述, $s=mn$. □

不难看出, 上述定理的结论是第 4 章 $\mathbb{Z}_n^*$ 上元素阶的性质在一般群上的推广.

5.2 子群和商群

在研究集合的时候, 经常需要研究集合子集的性质. 类似地, 在研究群时, 子群也是一类重要的研究对象.

定义 5.6 给定群 $(G,\cdot)$, H 是 G 的非空子集, 如果 H 关于 G 中的运算 $\cdot$ 也构成群, 则称 H 是 G 的子群, 记作 $H\leqslant G$. 若 $H\subset G$, 则称 H 是 G 的真子群, 记作 $H<G$.

给定群 G, 只要 $|G|>1$, 则 G 至少有两个子群 G 和 $\{e\}$, 称这两个子群为 G 的平凡子群, 其余子群称为 G 的非平凡子群.

子群的定义给出了子群的一个判定方法, 即给定群 $(G,\cdot)$ 的子集 H, H 关于运算 $\cdot$ 满足封闭性, H 中存在单位元并且 H 中任意元素在 G 中的逆元也在 H 中. 根据上述方法不难验证下面的例子.

例 5.6 令 n 为正整数, $n\mathbb{Z}=\{nk\mid k\in\mathbb{Z}\}$ 是整数加法群 $(\mathbb{Z},+)$ 的子群. 若 $n\neq 1$, $n\mathbb{Z}$ 是 $\mathbb{Z}$ 的真子群.

例 5.7 设 G 为有限群, $a\in G$ 且 $\mathrm{ord}(a)=n$, 令 $H=\{e,a,a^2,\cdots,a^{n-1}\}$, 则 H 是 G 的一个子群, 且 $|H|=n$.

定理 5.4 H 为群 G 的非空子集, 则 H 是 G 的子群当且仅当对任意 $a,b\in H$, 有 $a\cdot b^{-1}\in H$.

证明 必要性. 对任意 $a,b\in H$, 由于 H 是 G 的子群, 必有 $b^{-1}\in H$. 根据群中二元运算的封闭性, 必有 $a\cdot b^{-1}\in H$.

充分性. 因为 H 非空, 所以 H 至少含有一个元素 a, 根据给定条件, 有 $a\cdot a^{-1}=e\in H$. 由 $e,a\in H$ 可得 $e\cdot a^{-1}=a^{-1}\in H$. 对任意 $a,b\in H$, 有 $b^{-1}\in H$, 因此 $a\cdot(b^{-1})^{-1}=a\cdot b\in H$. □

任意一个有限群, 它的元素的阶与群的阶有什么关系呢? 为了回答这一问题, 并为了更好地研究群的结构, 将利用子群给出群的一个划分, 然后通过这个划分来研究群的结构. 为此引入陪集的概念.

定义 5.7 给定群 $(G,\cdot)$, H 是 G 的子群, $a\in G$, 称 $aH=\{a\cdot h|h\in H\}$ 为子群 H 关于 a 的左陪集; 同样地, 称 $Ha=\{h\cdot a|h\in H\}$ 为子群 H 关于 a 的右陪集.

例 5.8 给定正整数 n, $H=n\mathbb{Z}$ 为整数加法群的一个子群. 给定元素 $a\in\mathbb{Z}$, 记

$$a+H=\{a+b|b\in H\}=\{a+nk|k\in\mathbb{Z}\}$$

为 $n\mathbb{Z}$ 关于 a 的左陪集, 本质上, 左陪集 $a+H$ 是 a 模 n 所在的剩余类.

性质 5.3 设 H 为 G 的子群, $a,b\in G$, 则

(1) $eH=H$;

(2) $aH=bH\Leftrightarrow b^{-1}\cdot a\in H$;

(3) $aH=H\Leftrightarrow a\in H$.

证明 性质 (1). 一方面, 对任意 $h\in H$, 有 $e\cdot h=h\in H$, 所以 $eH\subseteq H$; 另一方面, 对任意 $h\in H$, 有 $h=e\cdot h\in eH$, 所以 $H\subseteq eH$. 故 $eH=H$ 成立.

性质 (2) 首先证明必要性, 因为 $aH=bH$, 所以存在 $h\in H$, 使得 $a=a\cdot e=b\cdot h$, 所以 $b^{-1}\cdot a=h\in H$; 接着证明充分性, 设 $b^{-1}\cdot a\in H$, 先证 $aH\subseteq bH$. 对于任意 $c\in aH$, 存在 $h_1\in H$ 使得 $c=a\cdot h_1$, 由于 $b^{-1}\cdot a\in H$, 于是存在 $h_2\in H$ 使得 $b^{-1}\cdot a=h_2$, 即 $a=b\cdot h_2$, 于是 $c=(b\cdot h_2)\cdot h_1=b\cdot(h_2\cdot h_1)$. 由于 H 是群, $h_2\cdot h_1\in H$, 于是 $c\in bH$, 所以 $aH\subseteq bH$. 同理可证 $bH\subseteq aH$, 故性质 (2) 的充分必要条件成立.

由 (2) 可得, 性质 (3). □

定理 5.5 给定群 $(G,\cdot)$, H 是 G 的子群, 则对任意 $a,b\in G$, 有 $aH=bH$ 或者 $aH\cap bH=\varnothing$.

证明 不妨设 $aH\cap bH\neq\varnothing$, 设 $c\in aH\cap bH$, 则存在 $h_1,h_2\in H$, 使得 $c=a\cdot h_1=b\cdot h_2$. 则对任意 $a\cdot h\in aH$, 有 $a\cdot h=a\cdot h_1\cdot h_1^{-1}\cdot h=b\cdot h_2\cdot h_1^{-1}\cdot h=b\cdot(h_2\cdot h_1^{-1}\cdot h)\in bH$, 故 $aH\subseteq bH$. 同理可证, $bH\subseteq aH$, 所以 $aH=bH$. □

由定理 5.5 可知, 群 G 可以表示成两两不相交的左陪集的并, 这就给出群 G 的一个划分. 同理, 对于右陪集也有同样的结论.

例 5.9 给定群 $(G,\cdot)$, H 是 G 的子群, 则 H 给出了群 G 上的一个二元关系 H 关系:

$$a\overset{H}{\sim}b\ \Leftrightarrow\ aH=bH.$$

显然, H 是一个等价关系. a 所在的等价类恰为左陪集 aH, G 可以写成若干个左陪集的不交并.

例 5.10 $(\mathbb{Z}_6,+)$ 的两个非平凡子群为

$$H_1=\{0,3\},\quad H_2=\{0,2,4\}.$$

H_1 的左陪集为

$$0+H_1=3+H_1=\{0,3\},\quad 1+H_1=4+H_1=\{1,4\},\quad 2+H_1=5+H_1=\{2,5\}.$$

$$G=(0+H_1)\cup(1+H_1)\cup(2+H_1).$$

H_2 的左陪集为

$$0+H_2=2+H_2=4+H_2=\{0,2,4\},\quad 1+H_2=3+H_2=5+H_2=\{1,3,5\}.$$

$$G=(0+H_2)\cup(1+H_2)\,.$$

定理 5.6 给定群 $(G,\cdot)$, H 是 G 的子群, 记 G 关于子群 H 的左陪集和右陪集构成的集合分别为 S_L 和 S_R, 则存在 S_L 到 S_R 的一一映射; 特别地, 如果左 (右) 陪集的个数有限, 则 $|S_L|=|S_R|$.

证明 定义 S_L 到 S_R 的映射

$$\phi: aH \longmapsto Ha^{-1}.$$

首先证明 ϕ 的定义与代表元的选取无关. 对任意 $a,b\in G$, $aH=bH$, 则 $b^{-1}\cdot a\in H$, 由于 $H\leqslant G$, 因此 $a^{-1}\cdot b\in H$, 从而有 $Ha^{-1}=Hb^{-1}$; 因此 ϕ 是映射, 并且是单射. 对任意 $Ha\in S_R$, 我们有 $\phi(a^{-1}H)=Ha$, 所以映射是满射. ϕ 是 S_L 到 S_R 的一个一一映射. □

定义 5.8 给定群 $(G,\cdot)$, H 是 G 的子群, G 关于 H 的左陪集 (或右陪集) 的个数, 称为 H 在 G 中的指标, 记作 $[G:H]$.

定理 5.7 (拉格朗日定理) 给定有限群 $(G,\cdot)$, H 是 G 的子群, 则 $|H|\,\big|\,|G|$, 且 $[G:H]=\dfrac{|G|}{|H|}$.

证明 易知有限群 G 关于子群 H 的任意左陪集包含的元素个数都相同, 因此 G 的元素被分成两两互不相交的 $[G:H]$ 个左陪集, 并且每个左陪集的元素个数都等于 H 的元素个数, 因此定理成立. □

推论 5.1 给定有限群 $(G,\cdot)$, $a\in G$, 则 $\mathrm{ord}(a)\mid |G|$, 即任意有限群元素的阶必为群的阶的因子.

证明 对任一 $a\in G$, 不妨设 $\mathrm{ord}(a)=s$, 易知 $\{a,a^2,\cdots,a^s=e\}$ 是 G 的一个阶为 s 的子群. 由定理 5.7 可知, s 整除 m, 故有 $\mathrm{ord}(a)\mid |G|$. □

根据陪集的定义可知, 对于 G 的任意子群 H, 若 G 是交换群, 则 $aH=Ha$; 但 G 不是交换群时, 左陪集 aH 未必等于右陪集 Ha. 但是 G 有一类特殊子群, 其左陪集等于右陪集.

定义 5.9 设 H 是群 G 的一个子群, 如果对任意的 $a\in G$ 都有 $aH=Ha$, 那么就称 H 是 G 的一个正规子群, 记作 $H\lhd G$.

显然, 交换群的子群均为正规子群.

定理 5.8 设 H 为群 $(G,\cdot)$ 的子群, $a,b\in G$, 记 $aHb=\{a\cdot h\cdot b\mid h\in H\}$, 则以下四个条件等价:

(1) H 是 G 的正规子群;

(2) 对任意 $a\in G$, 任意的 $h\in H$ 都有 $a\cdot h\cdot a^{-1}\in H$;

(3) 对任意 $a\in G$, 有 $aHa^{-1}\subseteq H$;

(4) 对任意 $a\in G$, 有 $aHa^{-1}=H$.

证明 (1) ⇒ (2) H 是 G 的正规子群, 对任意的 $a \in G$ 都有 $aH = Ha$, 则对任意 $h \in H$, 存在 $h' \in H$, 使得 $a \cdot h = h' \cdot a$. 所以有

$$a \cdot h \cdot a^{-1} = (a \cdot h) \cdot a^{-1} = (h' \cdot a) \cdot a^{-1} = h' \cdot (a \cdot a^{-1}) = h' \cdot e = h' \in H.$$

(2) ⇒ (3) 对于任意的 $a \in G$ 和任意的 $h \in H$ 都有 $a \cdot h \cdot a^{-1} \in H$, 即有 $aHa^{-1} \subseteq H$, 结论成立.

(3) ⇒ (4) 根据条件可知 $a^{-1}Ha \subseteq H$, 即对任意 $h \in H$, 存在 $h' \in H$, 使得 $a^{-1} \cdot h \cdot a = h'$, 故有 $h = a \cdot h' \cdot a^{-1} \in aHa^{-1}$.

(4) ⇒ (1) 对于任意的 $a \in G$ 都有 $aHa^{-1} = H$, 所以对任意 $h \in H$, 存在 $h' \in H$, 使得 $a \cdot h \cdot a^{-1} = h'$, 故 $a \cdot h = h' \cdot a \in Ha$, 即 $aH \subseteq Ha$; 同理, 根据条件可知 $a^{-1}Ha = H$, 所以对任意 $h \in H$, 存在 $h' \in H$, 使得 $a^{-1} \cdot h \cdot a = h'$, 故 $h \cdot a = a \cdot h' \in aH$, 即 $Ha \subseteq aH$. 对任意的 $a \in G$ 都有 $aH = Ha$, H 是 G 的正规子群. □

设 H 是群 G 的正规子群, 记 $G/H = \{aH | a \in G\}$ 是 G 关于 H 的所有左陪集的集合, 在 G/H 上定义一个二元运算,

$$aH \cdot bH = (a \cdot b)H.$$

下面证明该二元运算的定义与陪集代表元的选取无关. 若 $aH = a'H$, $bH = b'H$, 则存在 $h_1, h_2 \in H$ 使得 $a = a' \cdot h_1$, $b = b' \cdot h_2$. 根据正规子群定义, $b'H = Hb'$, 所以也存在 $h_3 \in H$ 使得 $h_1 \cdot b' = b' \cdot h_3$, 从而 $aH \cdot bH = (a \cdot b)H = (a' \cdot h_1 \cdot b' \cdot h_2)H = (a' \cdot b' \cdot h_3 \cdot h_2)H = (a' \cdot b')H = a'H \cdot b'H$, 故定义的二元运算是有意义的.

可以看出, 两个陪集之间的运算实际上归结为它们的代表元之间的运算, 因此, 陪集之间的运算满足结合律. 对所有的 $aH \in G/H$, 有

$$H \cdot aH = eH \cdot aH = (e \cdot a)H = aH,$$

$$aH \cdot H = aH,$$

所以 H 是 G/H 上所定义的二元运算的单位元. 由于

$$aH \cdot a^{-1}H = (a \cdot a^{-1})H = eH = H,$$

$$a^{-1}H \cdot aH = (a^{-1} \cdot a)H = eH = H.$$

因此 G/H 中每个元素 aH 都有逆元 $a^{-1}H$, 从而 G/H 关于定义的左陪集运算构成一个群, 称它为群 G 关于正规子群 H 的商群.

例 5.11 给定正整数 n, $G = (\mathbb{Z}, +)$, $H = n\mathbb{Z}$ 是 G 的正规子群, 则商群

$$\mathbb{Z}/n\mathbb{Z} = \{i + n\mathbb{Z} | 0 \leqslant i < n\},$$

记 $\overline{i} = i + n\mathbb{Z}$, $\overline{i} + \overline{j} = \overline{(i+j) \pmod n}$, 商群 $\mathbb{Z}/n\mathbb{Z}$ 中共有 n 个元素, 其每个元素都是模 n 的一个剩余类, 也称 $\mathbb{Z}/n\mathbb{Z}$ 为模 n 的剩余类加法群.

5.3 群同态与群同构

群的类型有很多. 不仅要研究群的内在性质, 还要研究群与群之间的关系, 区分哪些群本质上是一样的. 群同态、群同构是研究群之间关系的重要工具.

定义 5.10 设 $(G,\cdot)$ 和 $(G',\star)$ 是两个群, 映射 $\varphi: G \to G'$ 是从 G 到 G' 的映射. 若群 G 中任意两个元素 a, b, 有 $\varphi(a\cdot b)=\varphi(a)\star\varphi(b)$ 则称 φ 是群 G 到群 G' 的同态映射, 简称群同态. 进一步, 若 φ 是满射, 称其为满同态; 若 φ 是单射, 称其为单同态. 如果 φ 是双射, 称其为同构映射, 此时群 G 与群 G' 同构, 记为 $G\cong G'$.

例 5.12 给定 $\mathbb{Z}$ 到 $\mathbb{Z}_n$ 的映射,

$$\varphi:\begin{cases}\mathbb{Z}\longrightarrow\mathbb{Z}_n,\\ x\longmapsto x \pmod n.\end{cases}$$

容易验证, φ 是群同态, 并且是满同态.

例 5.13 给定二次单位根的乘法群 $U_2=\{-1,1\}$, $\mathbb{Z}_2=\{0,1\}$, 定义映射 $\varphi(1)=0$, $\varphi(-1)=1$. 显然, φ 是群同构.

定理 5.9 设 φ 是群 $(G,\cdot)$ 到群 $(G',\star)$ 一个同态映射, e, e' 分别是 G, G' 的单位元, 则

(1) $\varphi(e)=e'$;

(2) $\varphi(a^{-1})=\varphi(a)^{-1}$;

(3) G 的子群 H 在 φ 下的像集合 $\varphi(H)$ 是 G' 的子群.

证明 (1) $\varphi(e)\star\varphi(e)=\varphi(e\cdot e)=\varphi(e)=\varphi(e)\star e'$, 由群的消去律可知 $\varphi(e)=e'$.

(2) 任取 $a\in G$, 由

$$\varphi(a^{-1})\star\varphi(a)=\varphi(a^{-1}\cdot a)=\varphi(e)=e',$$

$$\varphi(a)\star\varphi(a^{-1})=\varphi(a\cdot a^{-1})=\varphi(e)=e'$$

可知, $\varphi(a^{-1})$ 是 $\varphi(a)$ 的逆元, 根据逆元的唯一性得 $\varphi(a^{-1})=\varphi(a)^{-1}$.

(3) 由 $\varphi(e)=e'$ 可知, $\varphi(H)$ 非空. 任取 $x,y\in\varphi(H)$, 则存在 $a,b\in H$ 使得 $x=\varphi(a), y=\varphi(b)$. 因为 H 是 G 的子群, 由定理 5.4 可知 $a\cdot b^{-1}\in H$, 故有

$$x\star y^{-1}=\varphi(a)\star\varphi(b)^{-1}=\varphi(a)\star\varphi(b^{-1})=\varphi(a\cdot b^{-1})\in\varphi(H),$$

由此可得 $\varphi(H)$ 是 G' 的子群. □

定义 5.11 设 φ 是群 $(G,\cdot)$ 到群 $(G',\star)$ 一个同态映射, G 在同态 φ 下的像 $\varphi(G)$, 记作 $\mathrm{Im}\,\varphi$, 即

$$\mathrm{Im}\,\varphi=\{\varphi(x)\mid x\in G\},$$

G' 的单位元 e' 的原像集称为同态映射 φ 的核, 记作 $\mathrm{Ker}\varphi$. 即

$$\mathrm{Ker}\varphi=\{a\in G|\varphi(a)=e'\}.$$

设 φ 是群 $(G,\cdot)$ 到群 $(G',\star)$ 一个同态映射, e, e' 分别是 G, G' 的单位元, 则

(1) φ 是满同态当且仅当 $\mathrm{Im}\,\varphi = G'$;

(2) φ 是单同态当且仅当 $\mathrm{Ker}\,\varphi = \{e\}$.

定理 5.10 设 φ 是群 $(G,\cdot)$ 到群 $(G',\star)$ 一个同态映射, 则 $\mathrm{Ker}\varphi$ 是 G 的正规子群.

证明 由 $\varphi(e) = e'$ 可知, $\mathrm{Ker}\varphi$ 非空. 任取 $a, b \in \mathrm{Ker}\varphi$, 则

$$\varphi(a \cdot b^{-1}) = \varphi(a) \star \varphi(b^{-1}) = \varphi(a) \star \varphi(b)^{-1} = e' \star e'^{-1} = e',$$

因此 $a \cdot b^{-1} \in \mathrm{Ker}\varphi$, $\mathrm{Ker}\varphi < G$.

对于任意 $a \in G$, $c \in \mathrm{Ker}\varphi$,

$$\varphi(a \cdot c \cdot a^{-1}) = \varphi(a) \star \varphi(c) \star \varphi(a)^{-1} = \varphi(a) \star e' \star \varphi(a)^{-1} = \varphi(a) \star \varphi(a)^{-1} = e',$$

因此 $a \cdot c \cdot a^{-1} \in \mathrm{Ker}\varphi$, $\mathrm{Ker}\varphi \lhd G$. □

定理 5.11 设 H 是群 G 的一个正规子群, 定义群 G 到商群 G/H 的一个映射 $\varphi: a \longrightarrow aH$, 则 φ 是群 G 到商群 G/H 的满同态, 且 $\mathrm{Ker}\varphi = H$.

证明 对于 G 中任意两个元素 a, b, 有

$$\varphi(a \cdot b) = (a \cdot b)H = (aH) \cdot (bH) = \varphi(a) \cdot \varphi(b),$$

因此 φ 是群 G 到 G/H 的一个同态. 显然 φ 是满射. 由于

$$a \in \mathrm{Ker}\varphi \Leftrightarrow \varphi(a) = H \Leftrightarrow aH = H \Leftrightarrow a \in H,$$

因此 $\mathrm{Ker}\varphi = H$. □

定理 5.11 中定义的同态 $\varphi: a \longrightarrow aH$, 称为自然同态.

定理 5.12 (群同态基本定理) 设 φ 是群 G 到群 G' 的一个同态, 则同态像同构于商群 $G/\mathrm{Ker}\varphi$, 即

$$G/\mathrm{Ker}\varphi \cong \mathrm{Im}\varphi.$$

证明 设 $H = \mathrm{Ker}\varphi$, 则 H 是 G 的正规子群, 从而有商群 G/H. 定义 G/H 到 $\mathrm{Im}\varphi$ 的一个对应 $\bar{\varphi}: aH \longrightarrow \varphi(a)$. 下面我们证 $\bar{\varphi}$ 是 G/H 到 $\mathrm{Im}\varphi$ 的一个同构映射.

$$aH = bH \Leftrightarrow b^{-1} \cdot a \in H \Leftrightarrow \varphi(b^{-1} \cdot a) = e' \Leftrightarrow \varphi(a) = \varphi(b),$$

因此 $\bar{\varphi}$ 是 G/H 到 $\mathrm{Im}\varphi$ 的一个映射, 并且是单射.

显然 $\bar{\varphi}$ 是满射. 对与任意 $aH, bH \in G/H$, 有

$$\bar{\varphi}[(aH) \cdot (bH)] = \bar{\varphi}[(a \cdot b)H] = \sigma(a \cdot b) = \sigma(a) \cdot \sigma(b) = \bar{\varphi}(aH) \cdot \bar{\varphi}(bH),$$

因此 $\bar{\varphi}$ 是 G/H 到 $\mathrm{Im}\varphi$ 的一个同构映射, 从而 $G/\mathrm{Ker}\varphi \cong \mathrm{Im}\varphi$. □

例 5.12 给出的 $\mathbb{Z}$ 到 $\mathbb{Z}_n$ 的同态 φ, 其 $\mathrm{Im}\varphi = \mathbb{Z}_n\mathrm{Ker}\varphi = n\mathbb{Z}$, 根据群同态基本定理, 得

$$\mathbb{Z}/n\mathbb{Z} \cong \mathbb{Z}_n.$$

同构映射为

$$\bar{\varphi}:\begin{cases}\mathbb{Z}/n\mathbb{Z}\longrightarrow\mathbb{Z}_n,\\ a+n\mathbb{Z}\longmapsto a \bmod n.\end{cases}$$

因此, $\mathbb{Z}/n\mathbb{Z}$ 和 $\mathbb{Z}_n$ 本质上是一样的.

5.4 循环群

循环群是一类结构最简单的群, 在密码学中有着广泛的应用.

定义 5.12 给定群 $(G,\cdot)$, 若存在 $a\in G$, 满足对任意 $b\in G$, 存在 $k\in\mathbb{Z}$, 使得 $b=a^k$, 则称 G 为循环群, 也称 G 是由 a 生成的, 记为 $G=\langle a\rangle$, 称 a 为 G 的一个生成元.

循环群 $G=\langle a\rangle$, 可以分两种情形:

情形 1, 存在正整数 s, 使得 $a^s=e$, 令 $n=\mathrm{ord}(a)$, 则 G 的结构为 $G=\{e,a,a^2,\cdots,a^{n-1}\}$, 此时, G 为 n 阶有限循环群;

情形 2, 对所有的正整数 m, 都有 $a^m\neq e$, 即对任意 $i\neq j$, 有 $a^i\neq a^j$, 则 G 的结构为 $G=\{\cdots,a^{-n},\cdots,a^{-2},a^{-1},e,a,a^2,\cdots,a^n,\cdots\}$, 此时, G 为无限循环群.

给定正整数 $n,\mathbb{Z}_n$ 关于模 n 的加法构成 n 阶循环群, 1 为其生成元; $\mathbb{Z}$ 关于整数加法构成无限循环群, 1 和 -1 均为其生成元.

例 5.14 设 p 是素数, $\mathbb{Z}_p^*$ 关于模 p 的乘法构成 $p-1$ 阶循环群, 模 p 的原根为其生成元.

定理 5.13 设循环群 $G=\langle a\rangle$,

(1) 若 G 是 n 阶循环群, 即 $G=\{e,a,a^2,\cdots,a^{n-1}\}$, 则对 $0\leqslant i\leqslant n-1$, a^i 是 G 的生成元当且仅当 $(i,n)=1$, 故 n 阶循环群的生成元的个数为 $\varphi(n)$;

(2) 若 G 是无限循环群, 则 G 只有两个生成元, 即 a 和 a^{-1}.

证明 (1) 因为 $G=\langle a\rangle$ 为 n 阶循环群, 所以对任意正整数 i 都有, $\mathrm{ord}\left(a^i\right)=\dfrac{\mathrm{ord}(a)}{\gcd(n,i)}$. 由此可知 $\mathrm{ord}\left(a^i\right)=\mathrm{ord}(a)\Leftrightarrow\gcd(n,i)=1$. 从而 G 的生成元个数为 $\varphi(n)$, 其中 $\varphi(n)$ 是欧拉函数.

(2) 显然 $G=\langle a\rangle=\langle a^{-1}\rangle$, 即 a 和 a^{-1} 都是 G 的生成元. 设 a^k 是 G 的生成元, $k\in\mathbb{Z}$, 则一定存在 $i\in\mathbb{Z}$ 使得 $\left(a^k\right)^i=a^{ki}=a$, $a^{ki-1}=e$.

由于 $|G|=\infty$, 必有 $ki-1=0$, 即 $ki=1$. 故 $k=\pm1$, 另外显然 $\langle a\rangle=\langle a^{-1}\rangle$, 即 G 只有两个生成元 a 和 a^{-1}. □

例 5.15 设 $p=17$, 则 $(Z_{17}^*,\times)$ 是 16 阶循环群, 模 17 的原根 5 是该循环群的一个生成元, 共有 $\varphi(16)=8$ 个生成元, 分别为 $5,6,14,10,12,11,3$ 和 7.

例 5.16 $\mathbb{Z}_9$ 是 9 阶循环群, 生成元有 $\varphi(9)=6$ 个, 分别为 $1,2,4,5,7,8$.

定理 5.14 素数阶群一定是循环群.

证明 设 G 为素数阶群, $|G|=p$, 因为 $p\geqslant 2$, 所以 G 中有非单位元, 任取 a 为 G 中的非单位元, 则由拉格朗日定理可知 $\mathrm{ord}(a)$ 必整除 p, 由于 a 为非单位元，因此 $\mathrm{ord}(a)\neq 1$,

可得 $\mathrm{ord}(a)=p$. 因此有 $G=\langle a\rangle$. □

定理 5.15 循环群的子群仍为循环群.

证明 设 G 为循环群, a 是 G 的生成元, H 为 G 的子群, 若 $H=\{e\}$, 结论显然成立. 若 $H\neq\{e\}$, 则存在最小的正整数 r 满足 $a^r\in H$ 的, 下面证明 $H=\langle a^r\rangle$.

任取 $a^l\in H$, 由带余除法可知, 存在 $q,\ r\in\mathbb{Z}$, $0\leqslant s<r$, 使得 $l=qr+s$. 因为 $a^l=(a^r)^q\cdot a^s$, 所以 $a^s=a^l\cdot a^{-qr}\in H$, 故 $s=0$. 因此有 $a^l=(a^r)^q$, 从而 $H=\langle a^r\rangle$. □

定理 5.16 设 $G=\langle a\rangle$ 是 n 阶循环群, 则对 n 的每个正因子 s, G 存在唯一的一个 s 阶子群, 它们构成了 G 的全部子群.

证明 先证存在性. 因为 $\mathrm{ord}(a)=n$, 且 $s\mid n$, 令 $d=\dfrac{n}{s}$, 故 $\dfrac{\mathrm{ord}(a)}{\gcd(n,d)}=\dfrac{n}{d}=s$. 因此循环子群 $\langle a^d\rangle$ 是 G 的一个 s 阶子群.

再证唯一性. 设 H 是 G 的任意一个 s 阶子群, 由于循环群的子群仍为循环群, 因此 H 是循环群, 则存在正整数 k 使得 $H=\langle a^k\rangle$, 则 $\mathrm{ord}(a^k)=s$. 又由定理 5.2 可知 $\mathrm{ord}(a^k)=\dfrac{n}{\gcd(n,k)}$, 因此 $(n,k)=d$, 从而存在整数 u,v 使得

$$un+vk=d.$$

于是

$$a^d=a^{un+vk}=a^{un}\cdot a^{vk}=(a^k)^v\in\langle a^k\rangle,$$

从而 $\langle a^d\rangle\subseteq\langle a^k\rangle$. 又由于它们的阶都等于 s, 因此 $H=\langle a^d\rangle$. □

例 5.17 $\mathbb{Z}_{12}$ 是 12 阶循环群. 12 的正因子有 $1,2,3,4,6$ 和 12, 因此该循环群的子群有 6 个, 非平凡子群有 4 个, 分别是 2 阶子群 $\langle 6\rangle=\{0,6\}$; 3 阶子群 $\langle 4\rangle=\{0,4,8\}$; 4 阶子群 $\langle 3\rangle=\{0,3,6,9\}$; 6 阶子群 $\langle 2\rangle=\{0,2,4,6,8,10\}$.

定理 5.17 任意一个无限循环群都与 $\mathbb{Z}$ 同构; 任意一个 n 阶循环群都与 $\mathbb{Z}_n$ 同构.

证明 设循环群 $G=\langle a\rangle$, 定义 $\mathbb{Z}$ 到 G 的满同态映射

$$\varphi:\begin{cases}\mathbb{Z}\longrightarrow G,\\ k\longmapsto a^k.\end{cases}$$

由群同态基本定理可知

$$\mathbb{Z}/\mathrm{Ker}\varphi\cong G,$$

当 G 是无限阶循环群时, $\mathrm{Ker}\varphi=\{0\}$, 此时 $\mathbb{Z}\cong\mathbb{Z}/\{0\}\cong G$, 由于群同构的复合仍是同构, 故 $G\cong\mathbb{Z}$.

当 G 是 n 阶循环群时, $\mathrm{Ker}\varphi=n\mathbb{Z}$, 此时 $\mathbb{Z}_n\cong\mathbb{Z}/n\mathbb{Z}\cong G$, 即 $G\cong\mathbb{Z}_n$. □

习题 5

5.1 证明: 有限群 G 中满足 $x^2\neq e$ 的元素 x 有偶数个.

5.2 证明: 如果群 G 的每一个非单位元的阶都为 2, 则 G 必为交换群.

5.3 设 $a_1, a_2, \cdots, a_n$ 是群 G 中的 $n(n \geqslant 2)$ 个元素, 则对任意的 $1 \leqslant i_1 < i_2 < \cdots < i_k < n$, 有

$$(a_1 \cdots a_{i_1}) \cdots (a_{i_k+1} \cdots a_n).$$

5.4 给定群 $(G, \cdot)$, $a, b \in G$, $m, n \in \mathbb{Z}$, 则 G 中的幂运算满足如下性质:

(1) $a^n \cdot a^m = a^{n+m}$;

(2) $(a^n)^m = a^{nm}$;

(3) 若 G 为交换群, 则 $(a \cdot b)^n = a^n \cdot b^n$.

5.5 证明: 如果群 G 的阶为偶数, 则 G 必有 2 阶元.

5.6 证明: 群 G 的子群 H 的单位元与 G 的单位元相同; 子群 H 的元素在 H 中的逆元与它在 G 中的逆元相同.

5.7 设 H 为 G 的子群, 对任意 $a \in G$, $aH = H \Leftrightarrow a \in H$.

5.8 证明: 任一群都不能表示成其两个真子群之并.

5.9 证明: 群 G 的任意多个子群的交仍是 G 的子群.

5.10 设 H 为 G 的交换群, $a, b, \in G$, 则

(1) $He = H$;

(2) $Ha = Hb$ 当且仅当 $a \cdot b^{-1} \in H$;

(3) $Ha = H$ 当且仅当 $a \in H$.

5.11 给定群 $(G, \cdot)$, H 是 G 的子群, 则对任意 $a, b \in G$, 有 $Ha = Hb$ 或者 $Ha \cap Hb = \varnothing$.

5.12 证明: 对于整数加法群 $\mathbb{Z}$ 的任一子群 H, 存在非负整数 n, 使得 $H = n\mathbb{Z}$.

5.13 设 H, K 是群 G 的子群, 令 $HK = \{hk | h \in H, k \in K\}$, 证明: HK 是 G 的子群, 当且仅当 $HK = KH$.

5.14 设 H, K 是群 G 的子群, 且 $G = HK$, 子群 L 包含 H, 证明: $L = H(K \cap L)$.

5.15 设 N 是群 G 的子群, 且 $[G : N] = 2$, 证明: N 是 G 的正规子群.

5.16 设 m 是正整数, N 是群 G 的子群, $[G : N] = m$, 且 G 内指数为 m 的子群只有一个, 证明: N 是 G 的正规子群.

5.17 设 n 是正整数, N 是群 G 的唯一 n 阶子群, 证明: N 是 G 的正规子群.

5.18 设 H 是群 G 的子群, 证明: $\bigcap\limits_{g \in G} gHg^{-1}$ 是 G 的正规子群.

5.19 试举一个反例说明正规子群不具有传递性. 即 H 是 K 的正规子群, K 是 G 的正规子群, 但是 H 不是 G 的正规子群.

5.20 设 $f : G_1 \longrightarrow G_2$ 是群同态映射, 证明: f 是单同态的充分必要条件是 $\mathrm{Ker} f = \{e\}$.

5.21 设 G 是一个群, 证明: 映射 $\sigma : x \longmapsto x^{-1}$ 是 G 到 G 的同构映射当且仅当 G 是交换群.

5.22 设 G 是实数域 $\mathbb{R}$ 上所有一次函数组成的集合, H 是一次项的系数为 1 的所有一次函数组成的集合, 证明:

(1) G 关于映射的乘法构成一个群;

(2) H 是 G 的正规子群;

(3) $G/H \cong \mathbb{R}^*$, 其中 $\mathbb{R}^*$ 是非零实数的乘法群.

5.23 设 C 表示复平面上的单位圆, 它关于复数乘法构成一个群. 证明: $\mathbb{R}/Z \cong C$.

5.24 证明: 实数加群 $\mathbb{R}$ 与正实数乘法群 $\mathbb{R}^+$ 同构.

5.25 设 C 表示复平面上的单位圆, $\mathbb{C}^*$ 是非零复数乘法群, $\mathbb{R}^+$ 是正实数加法群. 证明: $\mathbb{C}^*/\mathbb{R}^+ \cong C$.

5.26 设 $f: G \longrightarrow H$ 是群同态, 证明: 若 G 是循环群, 则 $f(G)$ 也是循环群.

5.27 设 G 是有限群, G 的任何真子群都是循环群, 请问 G 是否一定是循环群?

5.28 证明: 给定群 G 中元素 a, 证明: $\langle a\rangle = \langle a^{-1}\rangle$.

5.29 设 G 是一个群, 令 $G^{(m)} = \{a^m | a \in G\}$. 证明: 如果 G 是循环群, 则对任意正整数 m, $G^{(m)}$ 均是 G 的子群.

5.30 证明: 循环群的商群是循环群.

5.31 给定群 $(G,\cdot)$, H 是 G 的一个子群, 在 G 上关于子群 H 定义的如下二元关系: 任意 $a, b \in G$,

$$a \sim b \Leftrightarrow a^{-1} \cdot b \in H.$$

证明: (1) 该二元关系是一个等价关系;

(2) 该等价关系将 G 划分成的等价类, 实际上就是子群 H 的所有左陪集.

5.32 证明: 同构关系是一个等价关系.

第 6 章

环与域

前面介绍了群的基本性质, 这一章讨论具有两种二元运算的代数系统——环和域. 我们对具有两种二元运算的代数系统并不陌生, 如大家所熟知的整数集合关于整数加法、乘法构成的代数系统, 有理数集合关于有理数加法和乘法所构成的代数系统, 这两种代数系统分别称作整数环、有理数域.

6.1 环的定义与性质

环是一种满足某些运算规律的具有两种二元运算的代数系统, 其比群相对更加复杂, 但是其研究方法与群具有相似之处. 为了在称呼上区别一个集合上定义的两种二元运算, 分别称其为加法和乘法.

定义 6.1 设 R 是非空集合, R 上有两种二元运算: 加法 (用 $+$ 表示) 及乘法 (用 $\cdot$ 表示), 且满足:

(1) $(R,+)$ 构成交换群;

(2) 对 R 中任意元素 a, b, c, 有

$$(a\cdot b)\cdot c=a\cdot(b\cdot c),$$

即 R 关于乘法满足结合律;

(3) 对 R 中任意元素 a, b, c, 有

$$a\cdot(b+c)=a\cdot b+a\cdot c,$$

$$(b+c)\cdot a=b\cdot a+c\cdot a,$$

即 R 中乘法关于加法满足分配律, 则称代数系统 $(R,+,\cdot)$ 是一个环, 简记为 R.

在环中乘法明确且不引起混淆的情况下, 两个环元素的乘积 $a\cdot b$ 可以简记为 ab. 由于环中有两种二元运算, 为了区分两种二元运算中的单位元和逆元 (如果有的话), 一般将加法运算下的单位元记作 0, 通常称为零元; 若这个环关于乘法含有单位元 (幺元), 此时乘法运算下的单位元记作 1; 如果在乘法运算下, 环中元素 a 的逆元存在, 此时记作 a^{-1}, 称为 a 的逆元.

与在群中类似，在环中元素也存在幂运算，只不过因为存在两种运算，在记法上略有不同. 对环中的任意元素 a, 加法运算下的幂运算记为: n 为正整数时,

$$na = \underbrace{a + a + \cdots + a}_{n}.$$

进一步, $n = 0$ 时, $na = 0$; n 为负整数时, $na = (-n)(-a)$.

对于环中任意两个元素 a, b, 容易证明

$$(na)b = n(ab) = a(nb).$$

在 R 中, 通常用 $\sum\limits_{i=1}^{n} a_i$ 表示环中元素 $a_1,a_2,\cdots,a_n$ 的相加, 用 a^n 表示含有幺元的环中乘法运算下的幂运算, 其中 n 是自然数. 若在环中元素 a 存在逆元, 则此时 n 可以取任意整数.

例 6.1 全体整数 $\mathbb{Z}$ 关于整数加法、乘法构成一个环, 称为整数环, 记作 $(\mathbb{Z}, +, \cdot)$, 简记为 $\mathbb{Z}$.

例 6.2 模 n 完全剩余系 $\mathbb{Z}_n = \{0, 1, \cdots, n-1\}$ 关于模 n 加法和模 n 乘法构成一个环, 称为模 n 剩余系环, 记作 $(\mathbb{Z}_n, +, \cdot)$, 简记为 $\mathbb{Z}_n$.

例 6.3 n 阶实矩阵集合 $M_{n\times n}(\mathbb{R})$ 关于矩阵的加法和乘法构成一个环, 称为 n 阶实矩阵环, 记作 $(M_{n\times n}(\mathbb{R}), +, \cdot)$, 简记为 $M_{n\times n}(\mathbb{R})$.

例 6.4 集合 $\mathbb{Z}[\mathrm{i}] = \{a + b\mathrm{i} \mid a, b \in \mathbb{Z}\}$ 关于复数的加法和乘法构成一个环, 称为高斯整环, 其中 i 是虚数单位.

例 6.5 给定整数集合上的全体多项式集合

$$\mathbb{Z}[x] = \{f(x) = a_n x^n + a_{n-1}x^{n-1} + \cdots + a_1 x + a_0 \mid n \in \mathbb{N}, a_i \in \mathbb{Z}, 0 \leqslant i \leqslant n\}.$$

对于 $\mathbb{Z}[x]$ 中的任意两个多项式 $f(x)$, $g(x)$, 不失一般性, 可设 $f(x)$ 和 $g(x)$ 的最高次数为 n(若次数小于 n, 则可令相应的系数为 0), 即

$$f(x) = a_n x^n + a_{n-1}x^{n-1} + \cdots + a_1 x + a_0,$$

$$g(x) = b_n x^n + b_{n-1}x^{n-1} + \cdots + b_1 x + b_0.$$

定义加法为

$$f(x) + g(x) = (a_n + b_n)x^n + (a_{n-1} + b_{n-1})x^{n-1} + \cdots + (a_1 + b_1)x + (a_0 + b_0),$$

定义乘法为

$$f(x) \cdot g(x) = c_{2n}x^{2n} + c_{2n-1}x^{2n-1} + \cdots + c_1 x + c_0,$$

其中, $c_k = \sum\limits_{\substack{i+j=k \\ 0\leqslant i\leqslant n,\ 0\leqslant j\leqslant n}} a_i b_j$, $k = 0, 1, 2, \cdots, 2n$. $\mathbb{Z}[x]$ 在上面定义的加法、乘法运算下构成环.

$\mathbb{Z}[x]$ 在加法下显然满足结合律、交换律. 0 是 $\mathbb{Z}[x]$ 中的加法单位元, 多项式 $f(x)$ 的负元为

$$-f(x)=-a_nx^n-a_{n-1}x^{n-1}-\cdots-a_1x-a_0,$$

因此 $\mathbb{Z}[x]$ 是加法交换群.

$\mathbb{Z}[x]$ 在乘法下显然满足结合律, 且乘法对加法满足分配律. 因此, $\mathbb{Z}[x]$ 在加法、乘法运算下构成环, 通常称作 $\mathbb{Z}$ 上的多项式环, 记作 $(\mathbb{Z}[x],+,\cdot)$, 简记为 $\mathbb{Z}[x]$.

定义 6.2 给定环 R, 若环 R 中乘法满足交换律, 即对于 R 中的任意元素 a, b, $ab=ba$, 则称环 R 为交换环.

定义 6.3 给定环 R, 若环 R 关于乘法具有幺元 (单位元) e, 即对于 R 中的任意元素 a, $ae=ea=a$, 则称环 R 为含幺环.

例如, $\mathbb{Z}$, $\mathbb{Z}_n$, $M_{n\times n}(\mathbb{R})$, $\mathbb{Z}[x]$ 都是含幺环, $\mathbb{Z}$, $\mathbb{Z}_n$, $\mathbb{Z}[x]$ 同时还是交换环, 但 $M_{n\times n}(\mathbb{R})$ 不是交换环.

本节的最后, 讨论环中元素的基本运算性质.

性质 6.1 设 R 是环, a, b 是环中的任意元素, 0 是 R 中的加法单位元, 则

(1) $a\cdot 0=0\cdot a=0$;

(2) $a\cdot(-b)=(-a)\cdot b=-(a\cdot b)$, $(-a)\cdot(-b)=a\cdot b$.

证明 (1) 由于

$$a\cdot 0=a\cdot(0+0)=a\cdot 0+a\cdot 0,$$

因此 $a\cdot 0=0$. 同理可证 $0\cdot a=0$.

(2) 由于

$$a\cdot b+a\cdot(-b)=a\cdot(b-b)=a\cdot 0=0,$$

因此 $a\cdot(-b)=-(a\cdot b)$. 同理可证 $(-a)\cdot b=-(a\cdot b)$, $(-a)\cdot(-b)=a\cdot b$. □

性质 6.2 设 R 是环, a, b, c 是环中的任意元素, 则

$$a\cdot(b-c)=a\cdot b-a\cdot c,$$

$$(b-c)\cdot a=b\cdot a-c\cdot a.$$

进一步, 有

性质 6.3 对环 R 中任意元素 $a_1, a_2, \cdots, a_n, b_1, b_2, \cdots, b_m$,

$$\left(\sum_{i=1}^{n}a_i\right)\cdot\left(\sum_{j=1}^{m}b_j\right)=\sum_{i=1}^{n}\sum_{j=1}^{m}a_i\cdot b_j.$$

性质 6.2、性质 6.3 可由环的定义直接推出.

6.2 理想和商环

与群中类似, 本节讨论子环和商环.

定义 6.4 设 $(R,+,\cdot)$ 是环, S 是 R 的非空子集, 若 S 在 $+$ 和 $\cdot$ 下也构成环, 则称 $(S,+,\cdot)$ 是 $(R,+,\cdot)$ 的子环, $(R,+,\cdot)$ 为 $(S,+,\cdot)$ 的扩环.

由子环定义可知, $\{0\}$ 和 R 都是环 R 的子环, 这两个环称为 R 的平凡子环.

定理 6.1 设 R 是环, S 是 R 的非空子集, 则 S 为 R 的子环当且仅当对于 S 中的任意元素 a, b, 有 $a-b\in S$, $ab\in S$.

定理 6.1 可由定理 5.4 及环定义直接推导得出.

例 6.6 给定整数环 $\mathbb{Z}$ 及任意正整数 n, $n\mathbb{Z}$ 是 $\mathbb{Z}$ 的子环.

需要注意的是, 在群理论中, 若群 H 是群 G 的子群, 则 H 和 G 一定都有单位元, 且这两个群的单位元是一样的, 因此子环和扩环的零元是一样的. 然而, 对于幺元则不然. 如在整数环 $\mathbb{Z}$ 中, 幺元是 1, 而在其子环 $n\mathbb{Z}$ 中 $(n>1)$, 则无幺元. 不仅如此, 在有些情况下, 子环中有幺元, 而扩环中反而没有幺元.

例 6.7 给定实数上的二阶矩阵环 $\left\{\begin{pmatrix} a & 0 \\ b & 0 \end{pmatrix}\middle| a,b\in\mathbb{R}\right\}$, 在实数矩阵加法和矩阵乘法下 $\left\{\begin{pmatrix} a & 0 \\ 0 & 0 \end{pmatrix}\middle| a\in\mathbb{R}\right\}$ 是 $\left\{\begin{pmatrix} a & 0 \\ b & 0 \end{pmatrix}\middle| a,b\in\mathbb{R}\right\}$ 的子环.

在这个例子中, 子环 $\left\{\begin{pmatrix} a & 0 \\ 0 & 0 \end{pmatrix}\middle| a\in\mathbb{R}\right\}$ 有幺元 $\begin{pmatrix} 1 & 0 \\ 0 & 0 \end{pmatrix}$, 而其扩环 $\left\{\begin{pmatrix} a & 0 \\ b & 0 \end{pmatrix}\middle| a,b\in\mathbb{R}\right\}$ 则没有幺元. 更进一步, 可以看出, $\left\{\begin{pmatrix} a & 0 \\ b & 0 \end{pmatrix}\middle| a,b\in\mathbb{R}\right\}$ 是 $\left\{\begin{pmatrix} a & c \\ b & d \end{pmatrix}\middle| a,b,c,d\in\mathbb{R}\right\}$ 的子环, 而环 $\left\{\begin{pmatrix} a & c \\ b & d \end{pmatrix}\middle| a,b,c,d\in\mathbb{R}\right\}$ 也有幺元 $\begin{pmatrix} 1 & 0 \\ 0 & 1 \end{pmatrix}$. 显然, $\left\{\begin{pmatrix} a & 0 \\ 0 & 0 \end{pmatrix}\middle| a\in\mathbb{R}\right\}$ 也是 $\left\{\begin{pmatrix} a & c \\ b & d \end{pmatrix}\middle| a,b,c,d\in\mathbb{R}\right\}$ 的子环, 而这两个环的幺元是不一致的.

例 6.8 求模 12 剩余系环 $\mathbb{Z}_{12}$ 的所有子环.

解 若 S 是 $\mathbb{Z}_{12}$ 的子环, 则 S 必是 $\mathbb{Z}_{12}$ 的加法子群. 由于 $\mathbb{Z}_{12}$ 在加法下是循环群, 根据循环群理论可知, $\mathbb{Z}_{12}$ 有 1, 2, 3, 4, 6, 12 阶子群, 分别为 $\{0\}$, $\{0,6\}$, $\{0,4,8\}$, $\{0,3,6,9\}$, $\{0,2,4,6,8,10\}$ 及其自身 $\mathbb{Z}_{12}$. 进一步可验证, 上面所列的群对模 12 乘法封闭. 因此, 上面所列集合即为 $\mathbb{Z}_{12}$ 的所有子环.

在这个例子中, 环 $\mathbb{Z}_{12}$ 的幺元是 1, 其子环 $\{0,6\}$ 无幺元, $\{0,4,8\}$ 的幺元是 4, $\{0,3,6,9\}$ 的幺元是 9, $\{0,2,4,6,8,10\}$ 中无幺元, 这几个子环有些没有幺元, 即便幺元存在也未必相同.

给定环 R 及其子环 H, 则 H 在加法运算下一定是 R 的正规子群, 因此有商群 $R/H=$

$\{a+H \mid a \in R\}$. 在集合 $R/H=\{a+H \mid a \in R\}$ 上自然可进一步引入 "乘法":

$$(a+H) \otimes (b+H) = ab+H.$$

按照上面的方法引入的 "乘法" 在一般情况下并不是二元运算. 例如: 整数环 $\mathbb{Z}$ 是有理数环 $\mathbb{Q}$ 的子环, $\frac{1}{2}+\mathbb{Z}=\frac{3}{2}+\mathbb{Z}$, 然而

$$\left(\frac{1}{2}+\mathbb{Z}\right) \otimes \left(\frac{1}{3}+\mathbb{Z}\right) = \frac{1}{6}+\mathbb{Z},$$

$$\left(\frac{3}{2}+\mathbb{Z}\right) \otimes \left(\frac{1}{3}+\mathbb{Z}\right) = \frac{1}{2}+\mathbb{Z}.$$

二者对 "乘法" 的计算结果不等. 因此, 要使乘法有意义, 必须对子环 H 做进一步的要求. 类似 $a+H$, 以下记 $aH=\{ah|h \in H\}$, $Ha=\{ha|h \in H\}$.

定义 6.5 设 R 是环, H 是 R 的非空子集, 若 $(H,+)$ 是 $(R,+)$ 的子群, 且对于 R 中的任意元素 a, 都有 $aH \subseteq H$, 则称 H 是 R 的左理想. 若对于 R 中的任意元素 a, 都有 $Ha \subseteq H$, 则称 H 是 R 的右理想. 若 H 既是 R 的左理想, 又是 R 的右理想, 则称 H 是 R 的理想.

由理想的定义可知, 环 R 的理想 H 一定是其子环. 而反过来则不一定成立. 例如, 对于任意一个有理数 $\frac{a}{b}$, 其中 a 不是 b 的倍数, $\frac{a}{b}\mathbb{Z}$ 不包含在 $\mathbb{Z}$ 中, 即 $\mathbb{Z}$ 不是 $\mathbb{Q}$ 的理想, 但 $\mathbb{Z}$ 是 $\mathbb{Q}$ 的子环.

任意一个环 R 的平凡子环 R, $\{0\}$ 一定是其理想, 这两个理想称为环 R 的平凡理想. 环 R 除了平凡理想外的其他理想 (如果有的话) 称为真理想或非平凡理想.

例 6.9 给定整数环 $\mathbb{Z}$, 其任意子环 $n\mathbb{Z}$ 都是 $\mathbb{Z}$ 的理想.

例6.10 给定二阶整数矩阵环 $R=\left\{\begin{pmatrix} a & b \\ c & d \end{pmatrix} \middle| a,b,c,d \in \mathbb{Z}\right\}$, $H_1=\left\{\begin{pmatrix} a & 0 \\ c & 0 \end{pmatrix} \middle| a,c \in \mathbb{Z}\right\}$, $H_2=\left\{\begin{pmatrix} a & b \\ 0 & 0 \end{pmatrix} \middle| a,b \in \mathbb{Z}\right\}$. 证明: H_1 是 R 的左理想, H_2 是 R 的右理想.

证明 对 H_1 中的任意两个元素 $\begin{pmatrix} a_1 & 0 \\ c_1 & 0 \end{pmatrix}$, $\begin{pmatrix} a_2 & 0 \\ c_2 & 0 \end{pmatrix}$, 显然有 $\begin{pmatrix} a_1 & 0 \\ c_1 & 0 \end{pmatrix} - \begin{pmatrix} a_2 & 0 \\ c_2 & 0 \end{pmatrix} = \begin{pmatrix} a_1-a_2 & 0 \\ c_1-c_2 & 0 \end{pmatrix} \in H_1$, 因此 H_1 是 R 的加法子群. 对环 R 中的任意二阶整数矩阵 $\begin{pmatrix} a & b \\ c & d \end{pmatrix}$, 由矩阵乘法可知, $\begin{pmatrix} a & b \\ c & d \end{pmatrix}$ 与 H_1 中的任意矩阵从左边相乘仍然属于 H_1. 因此 H_1 是 R 的左理想.

同理可证 H_2 是 R 的右理想. □

更一般地, 对于任意环 R 上的 n 阶矩阵集合

$$M_{n\times n}(R)=\left\{\left.\begin{pmatrix}a_{11}&a_{12}&\cdots&a_{1n}\\a_{21}&a_{22}&\cdots&a_{2n}\\\vdots&\vdots&&\vdots\\a_{n1}&a_{n2}&\cdots&a_{nn}\end{pmatrix}\right|a_{ij}\in R\right\},$$

$M_{n\times n}(R)$ 在矩阵加法和乘法下都构成环. 集合

$$H_1=\left\{\left.\begin{pmatrix}a_{11}&0&\cdots&0\\a_{21}&0&\cdots&0\\\vdots&\vdots&&\vdots\\a_{n1}&0&\cdots&0\end{pmatrix}\right|a_{i1}\in R\right\}$$

是环 $M_{n\times n}(R)$ 的左理想, 集合

$$H_2=\left\{\left.\begin{pmatrix}a_{11}&a_{12}&\cdots&a_{1n}\\0&0&\cdots&0\\\vdots&\vdots&&\vdots\\0&0&\cdots&0\end{pmatrix}\right|a_{1j}\in R\right\}$$

是 $M_{n\times n}(R)$ 的右理想.

给定环 R 及其非空子集 H, 如何判定 H 是否为 R 的左 (右) 理想呢?

定理 6.2 设 R 是环, H 是 R 的非空子集, 则 H 为 R 的左 (右) 理想的充分必要条件是

(1) 对集合 H 中的任意元素 a, b, 有 $a-b\in H$;

(2) 对环 R 中的任意元素 r 及 H 中的任意元素 a, 有 $ra\in H(ar\in H)$.

证明 必要性显然. 下面证明充分性.

若 H 满足条件 (1), 则 H 是 R 的加法子群, 进一步若满足条件 (2), 则对环 R 中的任意元素 r, $rH\subseteq H(Hr\subseteq H)$. 因此, 根据定义可知 H 是 R 的左 (右) 理想. □

例 6.11 给定集合

$$H=\{h(x)=a_nx^n+a_{n-1}x^{n-1}+\cdots+a_1x\mid n\in\mathbb{N},a_i\in\mathbb{Z},1\leqslant i\leqslant n\}.$$

证明: 集合 H 是整系数多项式环 $\mathbb{Z}[x]$ 的理想.

证明 对于集合 H 中的任意两个元素 $h_1(x)$, $h_2(x)$, $h_1(x)-h_2(x)$ 仍然是一个常数项系数为 0 的多项式, 即 $h_1(x)-h_2(x)\in H$. 另一方面, 对于 $\mathbb{Z}[x]$ 中的任意元素 $f(x)$, $f(x)h_1(x)\in H$, $h_1(x)f(x)\in H$. 因此, H 既是 $\mathbb{Z}[x]$ 的左理想, 又是 $\mathbb{Z}[x]$ 的右理想, H 是 $\mathbb{Z}[x]$ 的理想. □

定理 6.3 设 $H_1, H_2, \cdots, H_n$ 是环 R 的理想, 则

$$H_1+H_2+\cdots+H_n,\quad H_1\cap H_2\cap\cdots\cap H_n$$

也是 R 的理想, 其中 $H_1+H_2+\cdots+H_n=\{h_1+h_2+\cdots+h_n \mid h_i\in H_i, i=1,2,\cdots,n\}$.

证明 设 $a,b\in H_1\cap H_2\cap\cdots\cap H_n$, r 是 R 中的任意元素. 显然有

$$a-b\in H_i,\quad i=1,2,\cdots,n,$$

$$ar\in H_i,\quad ra\in H_i,\quad i=1,2,\cdots,n,$$

因此 $H_1\cap H_2\cap\cdots\cap H_n$ 是 R 的理想.

设 $c,d\in H_1+H_2+\cdots+H_n$, 则必存在 $h_{i1},h_{i2}\in H_i$, $i=1,2,\cdots,n$, 使得

$$c=h_{11}+h_{21}+\cdots+h_{n1},$$

$$d=h_{12}+h_{22}+\cdots+h_{n2},$$

因此

$$c-d=(h_{11}-h_{12})+(h_{21}-h_{22})+\cdots+(h_{n1}-h_{n2})\in H_1+H_2+\cdots+H_n.$$

对于 R 中的任意元素 r, 有

$$cr=h_{11}r+h_{21}r+\cdots+h_{n1}r\in H_1+H_2+\cdots+H_n,$$

$$rc=rh_{11}+rh_{21}+\cdots+rh_{n1}\in H_1+H_2+\cdots+H_n,$$

因此 $H_1+H_2+\cdots+H_n$ 也是 R 的理想. □

$H_1+H_2+\cdots+H_n$ 也称为 H_1, H_2, $\cdots$, H_n 的和.

定义 6.6 设 R 是环, $A\subseteq R$. 所有包含 A 的理想的交集, 称为由 A 生成的理想, 记为 $\langle A\rangle$. A 中的元素称为理想 $\langle A\rangle$ 的生成元. 如果 A 中只包含一个元素 a, 则称其为主理想, 记为 $\langle a\rangle$.

主理想 $\langle a\rangle$ 中的元素都有哪些呢? 由于 $a\in\langle a\rangle$, 因此对于任意整数 n, $na\in\langle a\rangle$; 另一方面, 由于 $\langle a\rangle$ 是理想, 因此对于 R 中的任意元素 x,y,x_i,y_i, $\langle a\rangle$ 中必包含 xa,ay,x_iay_i, 以及所有这些元素的和.

定理 6.4 设 R 是环, $a\in R$, 则主理想

$$\langle a\rangle=\left\{xa+ay+na+\sum_{i=1}^{m}x_iay_i\,\middle|\,x,y,x_i,y_i\in R,n\in\mathbb{Z},m\in\mathbb{Z}^+\right\}.$$

证明 令

$$H=\left\{xa+ay+na+\sum_{i=1}^{m}x_iay_i\,\middle|\,x,y,x_i,y_i\in R,n\in\mathbb{Z},m\in\mathbb{Z}^+\right\}.$$

首先证明 H 是包含 a 的理想. a 属于 H 是显然的, 另外对于 H 中的任意两个元素

$$h_1=xa+ay+na+\sum_{i=1}^{m}x_iay_i,$$

$$h_2 = x'a + ay' + ka + \sum_{i=1}^{m'} x_i' a y_i'$$

有

$$h_1 - h_2 = (x - x')a + a(y - y') + (n - k)a + \sum_{i=1}^{m} x_i a y_i + \sum_{i=1}^{m'} x_i' a y_i',$$

显然 $h_1 - h_2 \in H$; 对于 R 中的任意元素 r, 有

$$rh_1 = (rx)a + ray + (nr)a + \sum_{i=1}^{m}(rx_i)ay_i = (rx + nr)a + \sum_{i=1}^{m}(rx_i)ay_i + ray \in H,$$

$$h_1 r = xar + a(yr) + n(ar) + \sum_{i=1}^{m} x_i a(y_i r) = a(yr) + n(ar) + \sum_{i=1}^{m} x_i a(y_i r) + xar \in H,$$

因此 H 是包含 a 的理想.

其次, 证明对于包含 a 的任意理想 H', 都有 $H \subseteq H'$. 事实上, 对于任意包含 a 的理想 H', 必有 $na, xa, ya, x_i a y_i \in H'$, 故而这些元素的和也属于 H'. 这就意味着, 对于 H 中的任意元素

$$h_1 = xa + ay + na + \sum_{i=1}^{m} x_i a y_i,$$

显然 $h_1 \in H'$, 因此 $H \subseteq H'$. 故 $H = \langle a \rangle$. □

对于任意环 R, $\langle 0 \rangle = \{0\}$, $\langle 1 \rangle = R$ 显然都是环 R 的主理想. 进一步, 由定理 6.4 可知, 当 R 是交换环时,

$$\langle a \rangle = \{xa + na \mid x \in R, n \in \mathbb{Z}\}.$$

当 R 是含幺环时, 由于

$$xa + ay + na = x \cdot a \cdot 1 + 1 \cdot a \cdot y + (n1) \cdot a \cdot 1,$$

因此

$$\langle a \rangle = \left\{ \sum_{i=1}^{m} x_i a y_i \middle| x_i, y_i \in R, m \in \mathbb{Z}^+ \right\}.$$

最后, 当 R 是交换含幺环时

$$\langle a \rangle = \{xa \mid x \in R\}.$$

定义 6.7 设 R 是环, 若 R 的所有理想都是主理想, 则称 R 为主理想环.

例 6.12 整数环 $\mathbb{Z}$ 是主理想环.

整数环的两个平凡理想 $\{0\}$, $\mathbb{Z}$ 显然是主理想. 当 H 是 $\mathbb{Z}$ 的非平凡理想时, 假定 a 是 H 中的最小正整数, 则对于 H 中的任意元素 b, 可以利用带余除法将 b 写成 $b = aq + r$, $0 \leqslant r < a$, 显然 $r \in H$. 因为 a 是 H 中的最小正整数, 所以 $r = 0$, 即 $a \mid b$, 所以 $H = \langle a \rangle$.

对于环 R 及其理想 H, 接下来在 R/H 上定义乘法

$$(a+H)\otimes(b+H)=ab+H.$$

其合理性是要验证上述定义和代表元选取无关, 即证明若 $a+H=c+H$, $b+H=d+H$, 则乘法的计算结果应是相等的,

$$ab+H=cd+H,$$

事实上, $a+H=c+H$, $b+H=d+H$ 时, 有 $a-c, b-d\in H$. 由于 H 是 R 的理想, 因此有

$$(a-c)b, c(b-d)\in H,$$

进一步有

$$(a-c)b+c(b-d)=ab-cd\in H,$$

即

$$ab+H=cd+H,$$

因此, 这里定义的乘法是 R/H 集合上的二元运算.

定理 6.5 设 R 是环, $a\in R$, H 是 R 的理想, 则 R/H 关于加法运算

$$(a+H)\oplus(b+H)=(a+b)+H$$

和乘法运算

$$(a+H)\otimes(b+H)=ab+H$$

构成一个环, 称为 R 关于 H 的商环.

证明 由第 5 章内容可知 R/H 关于定义的加法 $\oplus$ 作成交换群. 接下来只需验证 R/H 关于乘法的运算规律.

R/H 关于乘法 $\otimes$ 显然满足结合律, 下面只需验证分配律成立. 因为

$$\begin{aligned}(a+H)\otimes((b+H)\oplus(c+H))&=(a+H)\otimes((b+c)+H)\\&=a(b+c)+H\\&=(ab+H)+(ac+H)\\&=(a+H)\otimes(b+H)\oplus(a+H)\otimes(c+H),\end{aligned}$$

所以乘法 $\otimes$ 对加法 $\oplus$ 满足左分配律. 同理可证乘法 $\otimes$ 对加法 $\oplus$ 也满足右分配律. 因此 R/H 关于 $\oplus$ 和 $\otimes$ 构成环. □

显然, 如果 R 是交换环, 则商环 R/H 也是交换环; 若环 R 是含幺环, 则商环 R/H 也是含幺环.

例 6.13 给定整数环 $\mathbb{Z}$ 及由正整数 n 生成的理想 $n\mathbb{Z}$. 则商环 $\mathbb{Z}/n\mathbb{Z}$ 为

$$\{0+n\mathbb{Z}, 1+n\mathbb{Z}, \cdots, (n-1)+n\mathbb{Z}\},$$

商环 $\mathbb{Z}/n\mathbb{Z}$ 也称为模 n 剩余类环, 集合中的元素 $i+n\mathbb{Z}$ 通常记为 $\bar{i}$. 因此 $\mathbb{Z}/n\mathbb{Z}$ 通常也记为

$$\{\bar{0}, \bar{1}, \cdots, \overline{n-1}\}.$$

6.3 环同态与环同构

视频

正如在群中一样, 同态映射和同构映射在研究环时也具有重要的作用.

定义 6.8 设 $(R,+,\cdot)$ 和 $(S,\oplus,\otimes)$ 是两个环, $\varphi: R \longrightarrow S$ 是从 R 到 S 的映射. 若对环 R 中的任意两个元素 a, b, 有

$$\varphi(a+b)=\varphi(a)\oplus\varphi(b)$$

及

$$\varphi(a\cdot b)=\varphi(a)\otimes\varphi(b),$$

则称 φ 是环 R 到环 S 的同态映射, 简称环同态.

进一步, 若 φ 是单射, 称其为单同态; 若 φ 是满射, 称其为满同态; 若 φ 是双射, 称其为同构映射, 此时 R 与 S 同构, 记为 $R\cong S$, 特别地, 当 $R=S$ 时, 称 φ 是环 R 上的一个自同构.

由环同态定义可知, 若 φ 是环 R 到环 S 的同态映射, 其必定是加法群 R 到加法群 S 的同态映射, 因此下面的性质自然成立.

性质 6.4 设 $\varphi: R \longrightarrow S$ 是从环 R 到环 S 的同态映射, 则

(1) $\varphi(0)$ 是环 S 的零元, 其中 0 是 R 中的零元, 即 φ 将环 R 中的零元映射为环 S 中的零元;

(2) $\varphi(-a)=-\varphi(a)$, 其中 $a\in R$, 即 φ 将 R 中任意元素 a 的负元映射为环 S 中 $\varphi(a)$ 的负元.

进一步, 容易证明:

性质 6.5 设 $\varphi: R \longrightarrow S$ 是从环 R 到环 S 的满同态, 则

(1) 环 R 是交换环时, 环 S 也是交换环;

(2) 环 R 是含幺环时, 环 S 也是含幺环, 其幺元为 $\varphi(1)$.

证明 因为 φ 是满同态, 所以对于 S 中的任意元素 s, t, 必有 $a,b\in R$, 使得

$$\varphi(a)=s,\quad \varphi(b)=t,$$

因此当 R 是交换环时, 有

$$s\otimes t=\varphi(a)\otimes\varphi(b)=\varphi(a\cdot b)=\varphi(b\cdot a)=\varphi(b)\otimes\varphi(a)=t\otimes s,$$

即环 S 也是交换环.

当环 R 是含幺环时, 记 R 中的单位元为 1, 此时有

$$\begin{aligned}\varphi(1)\otimes s&=\varphi(1\cdot a)\\&=\varphi(a\cdot 1)=s\otimes\varphi(1)=s,\end{aligned}$$

因此, 环 S 也是含幺环, 其幺元为 $\varphi(1)$.

定理 6.6 设 R 是环, H 是 R 的理想, 则映射

$$\varphi:\begin{cases}R\longrightarrow R/H,\\ a\longmapsto a+H\end{cases}$$

是环 R 到商环 R/H 的满同态.

证明 φ 显然是满射, 且有

$$\varphi(a+b)=(a+b)+H=(a+H)\oplus(b+H)=\varphi(a)\oplus\varphi(b)$$

及

$$\varphi(ab)=(ab)+H=(a+H)\otimes(b+H)=\varphi(a)\otimes\varphi(b),$$

因此 φ 是满同态. □

称 φ 为环 R 到商环 R/H 的自然同态.

与群同态中类似, 若存在环 R 到环 S 的同态映射 φ, 则可以定义 φ 的同态核 $\mathrm{Ker}\varphi$、同态像 $\mathrm{Im}\varphi$, 即

$$\mathrm{Ker}\varphi=\{a\mid a\in R,\varphi(a)=0\},$$

$$\mathrm{Im}\varphi=\{\varphi(a)\mid a\in R\},$$

容易证明, $\mathrm{Ker}\varphi$ 是环 R 的理想, $\mathrm{Im}\varphi$ 是 S 的子环.

定理 6.7 设 $\varphi:R\longrightarrow S$ 是环 R 到环 S 的同态映射, 则同态像 $\mathrm{Im}\varphi$ 同构于商环 $R/\mathrm{Ker}\varphi$, 即

$$R/\mathrm{Ker}\varphi\cong\mathrm{Im}\varphi$$

特别地, 若 φ 是满同态, 则 $R/\mathrm{Ker}\varphi\cong S$.

证明 因为 $\mathrm{Ker}\varphi$ 是环 R 的理想, 所以 $R/\mathrm{Ker}\varphi$ 是商环, 因此可基于同态 φ 进一步引入同态

$$\bar{\varphi}:\begin{cases}R/\mathrm{Ker}\varphi\to S,\\ a+\mathrm{Ker}\varphi\mapsto\varphi(a).\end{cases}$$

由群同态基本定理可知, 商群 $R/\mathrm{Ker}\varphi$ 与同态像 $\mathrm{Im}\varphi$ 是同构的. 因而只需证明 $\bar{\varphi}$ 保持乘法运算即可.

事实上,

$$\begin{aligned}\bar{\varphi}((a+\mathrm{Ker}\varphi)(b+\mathrm{Ker}\varphi))&=\bar{\varphi}(ab+\mathrm{Ker}\varphi)=\varphi(ab)=\varphi(a)\otimes\varphi(b)\\&=\bar{\varphi}(a+\mathrm{Ker}\varphi)\otimes\bar{\varphi}(b+\mathrm{Ker}\varphi),\end{aligned}$$

因此 $\bar{\varphi}$ 是商环 $R/\mathrm{Ker}\varphi$ 到环 S 的同态映射, 故而 $R/\mathrm{Ker}\varphi\cong\mathrm{Im}\varphi$.

进一步若 φ 是满同态, 则 $\mathrm{Im}\varphi=S$, 显然 $R/\mathrm{Ker}\varphi\cong S$. □

例 6.14 设 φ 是整数环 $\mathbb{Z}$ 到模 n 剩余系环 $\mathbb{Z}_n$ 的映射, 其中

$$\varphi : x \longmapsto x \pmod n,$$

易知 φ 是同态映射, 且是满射, 同态核 $\mathrm{Ker}\varphi = n\mathbb{Z}$. 进一步容易验证

$$\bar{\varphi} : \begin{cases} \mathbb{Z}/n\mathbb{Z} \longrightarrow \mathbb{Z}_n, \\ \bar{i} \longmapsto i \pmod n) \end{cases}$$

是 $\mathbb{Z}/n\mathbb{Z}$ 到 $\mathbb{Z}_n$ 的同构映射. 因此 $\mathbb{Z}/n\mathbb{Z}$ 与模 n 剩余系环 $\mathbb{Z}_n$ 是同构的, 故而通常将二者视为同一个环.

6.4 整环和域

由前面三节的介绍可知, 环中元素的运算与数的运算很类似, 但是数中的有些运算规律, 环中并不一定成立. 例如:

(1) 在数的运算中, 如果 $a, b \neq 0$, 则一定有 $ab \neq 0$. 而在环中, 则不一定成立. 比如在 2 阶整数矩阵环中, 矩阵 $\begin{pmatrix} 1 & 0 \\ 0 & 0 \end{pmatrix}$, $\begin{pmatrix} 0 & 0 \\ 0 & 1 \end{pmatrix}$ 都是非零矩阵, 但是

$$\begin{pmatrix} 1 & 0 \\ 0 & 0 \end{pmatrix}\begin{pmatrix} 0 & 0 \\ 0 & 1 \end{pmatrix} = \begin{pmatrix} 0 & 0 \\ 0 & 0 \end{pmatrix}.$$

(2) 在数的运算中, 如果 $a \neq 0$, 则 a 的任意次幂 $a^n \neq 0$. 这一规律在环中也不一定成立. 比如在 2 阶整数矩阵环中, 矩阵 $\begin{pmatrix} 0 & 1 \\ 0 & 0 \end{pmatrix}$ 为非零矩阵, 但是

$$\begin{pmatrix} 0 & 1 \\ 0 & 0 \end{pmatrix}\begin{pmatrix} 0 & 1 \\ 0 & 0 \end{pmatrix} = \begin{pmatrix} 0 & 0 \\ 0 & 0 \end{pmatrix}.$$

(3) 在数的运算中, $a \neq 0$, 若 $ab = ac$, 则有 $b = c$. 这一规律在环中也不一定成立. 比如在 $\mathbb{Z}_{12}$ 中, $\bar{2} \times \bar{3} = \bar{2} \times \bar{9}$, 但是 $\bar{3} \neq \bar{9}$.

定义 6.9 设 R 是环, a 是 R 中的非零元素, 若在 R 中存在非零元素 b 使得 $a \cdot b = 0$, 则称 a 是环 R 中的一个左零因子, b 是环 R 中的一个右零因子.

例如, $\begin{pmatrix} 1 & 0 \\ 0 & 0 \end{pmatrix}$ 是 2 阶整数矩阵环中的一个左零因子, $\begin{pmatrix} 0 & 0 \\ 0 & 1 \end{pmatrix}$ 是 2 阶整数矩阵环中的一个右零因子. $\bar{3}$ 既是模 12 剩余类环中的左零因子, 又是右零因子.

左、右零因子一般统称零因子, 只有在特别需要区分时才加左右. 一个环中可以存在左零因子, 也可以存在右零因子, 有可能既存在左零因子, 又存在右零因子, 也有可能不存在零因子. 不存在零因子的环称为无零因子环.

定理 6.8 设 R 是环, 则 R 是无零因子环的充分必要条件是环中乘法消去律成立.

证明 先证明必要性. 环 R 是无零因子环, 则对于环中非零元素 a, b, c, 若

$$a \cdot b = a \cdot c,$$

则有 $a \cdot (b-c) = 0$. 由于环 R 是无零因子环, 因此可推出 $b - c = 0$, 即 $b = c$, 环中左消去律成立. 同理可证右消去律成立.

再证明充分性. 利用反证法, 环 R 中消去律成立, 若其中存在零因子, 即存在非零元 a, b 使得 $a \cdot b = 0$, 则由于

$$a \cdot b = a \cdot 0 = 0,$$

由环中消去律成立, 可得到 $b = 0$, 与 b 是非零元矛盾. 因此环 R 是无零因子环. □

进一步可以证明, 若 R 是无零因子环, 则对 R 中任意非零元 a, a 的任意正整数次幂都不等于 R 中的零元.

定义 6.10 称含幺、交换且无零因子的环为整环.

例如, $\mathbb{Z}$ 是整环. 除此之外, $\mathbb{Q}$、$\mathbb{R}$、$\mathbb{C}$ 都是整环.

例 6.15 证明: $\mathbb{Z}_n$ 是整环当且仅当 n 为素数.

证明 先证充分性. 当 n 为素数时, 对 $\mathbb{Z}_n$ 中的任意两个元素 a, b, 若 $ab = 0$, 可得

$$n \mid ab.$$

由于 n 为素数, 则有 $n \mid a$ 或 $n \mid b$, 即 $a = 0$ 或 $b = 0$, 因此 n 为素数时 $\mathbb{Z}_n$ 是无零因子环. 另一方面, 由于 $\mathbb{Z}_n$ 中模 n 乘法可交换且存在幺元, 因此 $\mathbb{Z}_n$ 是整环.

再证必要性. 利用反证法, $\mathbb{Z}_n$ 是整环, 假定 n 为合数, 则在 $\mathbb{Z}_n$ 中一定存在非零元 a, b 使得 $ab = n$, 因此

$$ab = 0,$$

即环中存在零因子, 矛盾. 所以 n 是素数. □

定义 6.11 设 F 是环, 且 $|F| \geqslant 2$. 若 F 满足下列条件:

(1) 环 F 是整环;

(2) 环 F 中每一个非零元都存在逆元;

则称 F 是域.

从域的定义可以看出, 所有非零元构成的集合 $F - \{0\}$(通常用 F^* 表示) 关于乘法构成交换群. 因此, 整数环 $\mathbb{Z}$ 不是域, 因为除 ± 1 外, 其他非零元都没有逆元. 有理数环 $\mathbb{Q}$、实数环 $\mathbb{R}$、复数环 $\mathbb{C}$ 都是域, 分别称为有理数域、实数域、复数域.

例 6.16 给定集合 $\mathbb{Q}(\sqrt{2}) = \{a + b\sqrt{2} \mid a, b \in \mathbb{Q}\}$. 证明: $\mathbb{Q}(\sqrt{2})$ 关于普通加法和乘法构成域.

证明 首先证明普通加法和乘法是集合 $\mathbb{Q}(\sqrt{2})$ 上的二元运算. 对于集合 $\mathbb{Q}(\sqrt{2})$ 中的任意两个元素 $a + b\sqrt{2}$, $c + d\sqrt{2}$,

$$(a + b\sqrt{2}) + (c + d\sqrt{2}) = (a + c) + (b + d)\sqrt{2} \in \mathbb{Q}(\sqrt{2}),$$

$$(a + b\sqrt{2})(c + d\sqrt{2}) = (ac + 2bd) + (bc + ad)\sqrt{2} \in \mathbb{Q}(\sqrt{2}),$$

因此普通加法和乘法是集合 $\mathbb{Q}(\sqrt{2})$ 上的二元运算.

容易验证 $\mathbb{Q}(\sqrt{2})$ 关于加法、乘法构成整环且对任意非零元 $a+b\sqrt{2}$, 其逆元为

$$(a+b\sqrt{2})^{-1}=\frac{a-b\sqrt{2}}{a^2-2b^2}=\frac{a}{a^2-2b^2}-\frac{b}{a^2-2b^2}\sqrt{2}\in\mathbb{Q}(\sqrt{2}),$$

因此 $\mathbb{Q}(\sqrt{2})$ 关于普通加法和乘法构成域. □

例 6.17 设 p 为素数, 则 $\mathbb{Z}_p$ 是域.

由例 6.15 可知, p 为素数时, $\mathbb{Z}_p$ 是整环. 另一方面, p 为素数, 因此 $\mathbb{Z}_p$ 中的任意非零元 a 都与 p 互素, 由贝祖定理可知存在整数 s, t 使得

$$sa+tp=1,$$

故 $sa\equiv 1 \pmod p$, 即任意非零元的逆元都存在, 因此 p 为素数时, $\mathbb{Z}_p$ 是域.

更一般地, 可以证明:

定理 6.9 有限整环必是域.

证明 设 F 是有限整环, $|F|=n\geqslant 2$. a 是 F^* 中的任意元素, 则

$$a,a^2,\cdots,a^n,\cdots\in F^*.$$

由于 F 是有限的, 因此必存在正整数 i, j 使得 $a^i=a^j$. 不妨设 $i<j$, 因此有

$$a^i(a^{j-i}-1)=0.$$

由于 F 是整环, 故而

$$a^{j-i}=1,$$

其中, 1 是整环中的单位元. 因此对于 F^* 中的任意元素 a, 其逆元都存在, 故有限整环必是域. □

设 $(F,+,\cdot)$ 是域, a, b 是域中的任意元素, c, d 是域中的任意非零元素, 通常将 $a\cdot c^{-1}$ 记为 $\frac{a}{c}$. 因此, 平时熟悉的分数运算规则在域中也有类似的形式:

(1) $\frac{1}{c\cdot d}=\frac{1}{c}\cdot\frac{1}{d}$;

(2) $\frac{a}{c}+\frac{b}{d}=\frac{a\cdot d+b\cdot c}{c\cdot d}$;

(3) 若 $\frac{a}{c}=\frac{b}{d}$, 则有 $a\cdot d=b\cdot c$;

(4) $\frac{a}{c}\cdot\frac{b}{d}=\frac{a\cdot b}{c\cdot d}$.

与在群、环理论中类似, 在域中, 同样有子域的概念.

定义 6.12 设 $(F,+,\cdot)$ 是域, $K\subseteq F$, 若 $(K,+,\cdot)$ 也作成域, 则称 K 是 F 的子域, F 是 K 的扩域. 进一步, 如果 $K\subset F$, 则称 K 是 F 的真子域.

例如, 有理数域 $\mathbb{Q}$ 是实数域 $\mathbb{R}$ 的子域, 实数域 $\mathbb{R}$ 是复数域 $\mathbb{C}$ 的子域, 当然, 有理数域 $\mathbb{Q}$ 也是复数域 $\mathbb{C}$ 的子域.

当 K 是 F 的子域时, F 可以看作 K 上的线性空间. 通常用 $[F:K]$ 表示 F 在 K 上的维数. 当 $[F:K]$ 有限时, 称 F 是 K 的有限扩张.

定理 6.10 设 F 是 K 的扩域, K 是 E 的扩域, 且 $[F:K]$, $[K:E]$ 都是有限的, 则有

$$[F:E]=[F:K][K:E].$$

证明 设 $[F:K]=m$, $[K:E]=n$,

$$\alpha_1,\alpha_2,\cdots,\alpha_m$$

为 F 在 K 上的一组基,

$$\beta_1,\beta_2,\cdots,\beta_n$$

为 K 在 E 上的一组基, 这里, $\alpha_i\in F$, $\beta_j\in K$, $1\leqslant i\leqslant m$, $1\leqslant j\leqslant n$. 接下来证明 F 中的元素

$$\alpha_i\beta_j,\quad 1\leqslant i\leqslant m, 1\leqslant j\leqslant n$$

是 F 在 E 上的一组基.

事实上, 对于 F 中的任意元素 a, 有

$$a=k_1\alpha_1+k_2\alpha_2+\cdots+k_m\alpha_m,$$

其中, $k_i\in K$, $1\leqslant i\leqslant m$. 另一方面, k_i 可以进一步表示为

$$k_i=e_{i1}\beta_1+e_{i2}\beta_2+\cdots+e_{in}\beta_n,$$

其中, $e_{ij}\in E$, $1\leqslant i\leqslant m$, $1\leqslant j\leqslant n$. 因此, 对于 F 中的任意元素 a, 有

$$a=\sum_{i=1}^{m}\sum_{j=1}^{n}e_{ij}\alpha_i\beta_j,$$

即 F 中的任意元素 a 都可以表示为 $\alpha_i\beta_j$ 的线性组合. 接下来证明 $\alpha_i\beta_j$ 是线性无关的.

假定存在一组系数 $w_{ij}\in E$ 使得

$$\sum_{i=1}^{m}\sum_{j=1}^{n}w_{ij}\alpha_i\beta_j=0,$$

则有

$$\sum_{j=1}^{n}\sum_{i=1}^{m}(w_{ij}\alpha_i)\beta_j=0.$$

由于 β_j 是线性无关的, 因此其每一项前的系数都为 0, 即

$$\sum_{i=1}^{m}(w_{ij}\alpha_i)=0.$$

同理, 由于 α_i 是线性无关的, 因此有

$$w_{ij}=0,$$

即 $\alpha_i\beta_j$ 是线性无关的, 因此可得 $[F:E]=[F:K][K:E]$. □

定义 6.13 设 F 是域, 若 F 无真子域, 则称 F 是素域.

例 6.18 有理数域 $\mathbb{Q}$ 是素域.

事实上, 若 K 是 $\mathbb{Q}$ 的子域, 则由域的定义可知, K 中至少有数 0, 1, 因此由加法的封闭性可得出: 任意整数都包含在 K 中, 即 $\mathbb{Z}\subseteq K$; 进一步, 由于 K 中非零元的逆元都存在, 即对于任意非零整数 b, $\dfrac{1}{b}\in K$, 根据乘法的封闭性可进一步得到: 任意一个有理数 $\dfrac{a}{b}$ 都包含在 K 中, 即 $\mathbb{Q}\subseteq K$. 因此, $\mathbb{Q}$ 无真子域, $\mathbb{Q}$ 是素域.

例 6.19 $\mathbb{Z}_p$ 是素域, 其中 p 是素数.

事实上, 若 K 是 $\mathbb{Z}_p$ 的子域, 则 K 中至少有 0 和 1, 因此由加法的封闭性可得出 $\{0,1,\cdots,$
$p-1\}\in K$, 即 $\mathbb{Z}_p\in K$. 因此, $\mathbb{Z}_p$ 无真子域, $\mathbb{Z}_p$ 是素域.

定义 6.14 设 F 是域, 0 是 F 中的零元, e 是 F 中的幺元 (为了和数 1 区分, 这里记域 F 中的幺元为 e), 如果存在正整数 n, 使得

$$ne=0$$

且对于所有小于 n 的正整数 n_1, $n_1e\neq 0$, 则称 n 为域的特征, 记作 $\mathrm{Char}(F)=n$. 否则, 称 F 的特征为 0.

例如, 有理数域 $\mathbb{Q}$ 的特征 $\mathrm{Char}(\mathbb{Q})=0$, 模 p 剩余类环 $\mathbb{Z}_p$ 的特征 $\mathrm{Char}(\mathbb{Z}_p)=p$.

定理 6.11 设 F 是域, 且其特征是有限的, 则其特征一定是素数. 特别地, 当 $|F|=m$, 则 $\mathrm{Char}(F)$ 一定是素数.

证明 由已知条件可知, F 的特征有限, 因此可令 $\mathrm{Char}(F)=n$, 若 n 是合数, 不妨设 $n=n_1n_2$, 则有

$$ne=(n_1n_2)e=(n_1e)(n_2e)=0.$$

由特征定义可知, $n_1e\neq 0$, $n_2e\neq 0$, 因此上式说明域 F 中存在零因子, 而这与域的定义矛盾. 故而特征有限的域, 其特征 $\mathrm{Char}(F)$ 一定是素数.

当 $|F|=m$ 时, 其特征一定是有限的, 此时其特征自然也是素数. □

进一步可以证明任意特征 $\mathrm{Char}(F)=p$ 的域 F, 其必有一个子域与 $\mathbb{Z}_p$ 是同构的. 事实上, 可以构造从整数环 $\mathbb{Z}$ 到域 F 的映射

$$\varphi:\begin{cases}\mathbb{Z}\longrightarrow F,\\ n\longmapsto ne.\end{cases}$$

显然, $\mathrm{Ker}\varphi=p\mathbb{Z}$. 令

$$\mathrm{Im}\varphi=K=\{e,2e,\cdots,(p-1)e,0\},$$

易知 K 关于域 F 中的加法、乘法作成域, 零元为 0, ne 的负元为 $(p-n)e$, 幺元为 e, 非零元 ne 的逆元为 $(n^{-1}\ (\mathrm{mod}\ p))e$, 即 K 为 F 的子域.

进一步由定理 6.17 可知

$$\mathbb{Z}_p \cong \mathbb{Z}/p\mathbb{Z} \cong K.$$

最后, 还可以进一步证明任何一个特征为 0 的域, 必有一个子域与 $\mathbb{Q}$ 同构, 即任意域 F 的素域在同构意义下为 $\mathbb{Q}$ 或 $\mathbb{Z}_p$.

6.5 多项式环

本节介绍一种具有重要密码学应用的环——多项式环.

人们对多项式并不陌生, 如高等代数中介绍的一元多项式是形如

$$f(x) = a_n x^n + a_{n-1}x^{n-1} + \cdots + a_0$$

的表达式, 其中系数 $a_i(0 \leqslant i \leqslant n)$ 属于 $\mathbb{Q}$ 或 $\mathbb{R}$ 等一些具体的数域, n 是非负整数, 这样的多项式分别称为有理数域或实数域上的一元多项式. 如果 $a_n \neq 0$, 则称 a_n 是 $f(x)$ 的首项系数, n 是 $f(x)$ 的次数, 记作 $\deg(f(x)) = n$; 通常规定 0 的次数为 $\deg(0) = -\infty$. 在不引起混淆的情况下, 也可将 $f(x)$ 简记为 f. 进一步, 若存在数 c 使得 $f(c) = 0$, 则称 c 是多项式 $f(x)$ 的根.

本节介绍的一元多项式也是形如上式的表达式, 但其系数 a_i 不再局限于有理数域、实数域, 而是推广到更一般的域 F, 式中涉及的加法、乘法是 F 中的加法、乘法, 在不引起混淆的情况下, 仍然用 $+$ 和 $\cdot$ 表示, 称这样的多项式为域 F 上的一元多项式, 将 F 上所有这种多项式的集合记作

$$F[x] = \{f(x) = a_n x^n + a_{n-1}x^{n-1} + \cdots + a_0 \mid a_i \in F, 0 \leqslant i \leqslant n, a_n \neq 0, n \in \mathbb{N}\},$$

$F[x]$ 中多项式的首项系数、次数、根等概念和数域上的类似.

对于 $F[x]$ 中的任意两个多项式 $f(x), g(x)$, 其中

$$f(x) = a_n x^n + a_{n-1}x^{n-1} + \cdots + a_1 x + a_0,$$

$$g(x) = b_m x^m + b_{m-1}x^{m-1} + \cdots + b_1 x + b_0.$$

不失一般性, 设多项式 $f(x)$ 的次数 n 大于多项式 $g(x)$ 的次数 m, 将 $g(x)$ 可以改写为

$$g\,(x) = b_n x^n + b_{n-1}x^{n-1} + \cdots + b_1 x + b_0,$$

其中, $b_i = 0, m < i \leqslant n$. $f(x) + g(x)$, $f(x)g(x)$ 与数域中多项式的加法、乘法运算规则类似, 即

$$f(x) + g\,(x) = (a_n + b_n)x^n + (a_{n-1} + b_{n-1})x^{n-1} + \cdots + (a_1 + b_1)x + (a_0 + b_0),$$

$$f(x) \cdot g\,(x) = c_{2n}x^{2n} + c_{2n-1}x^{2n-1} + \cdots + c_1 x + c_0,$$

其中, $c_k = \sum\limits_{\substack{i+j=k \\ 0\leqslant i\leqslant n,\ 0\leqslant j\leqslant n}} a_i b_j$, $k = 0, 1, 2, \cdots, 2n$. 这里式子中涉及系数的加法、乘法是 F 中的加法、乘法.

例 6.20 $f(x)=5x^3+3x^2+2x+1$, $g(x)=8x^3+7x^2+5x+11$ 为域 $\mathbb{Z}_{13}[x]$ 中的两个多项式, 计算 $f(x)+g(x)$ 和 $f(x)g(x)$.

解

$$\begin{aligned}f(x)+g(x)&=(5+8)x^3+(3+7)x^2+(2+5)x+(1+11)\\&=0\cdot x^3+10x^2+7x+12\\&=10x^2+7x+12,\end{aligned}$$

$$\begin{aligned}f(x)g(x)=&(5\times 8)x^6+(5\times 7+3\times 8)x^5\\&+(5\times 5+3\times 7+2\times 8)x^4+(5\times 11+3\times 5+2\times 7+1\times 8)x^3\\&+(3\times 11+2\times 5+1\times 7)x^2+(2\times 11+1\times 5)x+(1\times 11)\\=&x^6+7x^5+10x^4+x^3+11x^2+x+11.\end{aligned}$$

可以验证, $F[x]$ 在多项式加法、乘法下作成环, 通常将其称作 F 上的一元多项式环. $F[x]$ 中的零元是 0, 即每一项系数都是 F 中的零元, 任意元素 $f(x)=a_nx^n+a_{n-1}x^{n-1}+\cdots+a_0$ 的负元就是

$$-f(x)=(-a_n)x^n+(-a_{n-1})x^{n-1}+\cdots+(-a_0).$$

更一般地, 记

$$R[x]=\{f(x)=a_nx^n+a_{n-1}x^{n-1}+\cdots+a_0\mid a_i\in R, 0\leqslant i\leqslant n, a_n\neq 0, n\in\mathbb{N}\},$$

其中, R 是环. $R[x]$ 在多项式加法、乘法下也构成环, 称其为 R 上的一元多项式环, 例如前面介绍过的整数集合上的一元多项式环 $\mathbb{Z}[x]$. 进一步, 若 R 是交换环, $R[x]$ 也是交换环; R 是含幺环时, $R[x]$ 也是含幺环; R 是整环时, $R[x]$ 也是整环.

本节重点讨论域 F 上的一元多项式环 $F[x]$.

定理 6.12 设 $F[x]$ 是域 F 上的一元多项式环, $f(x)$、$g(x)$ 是 $F[x]$ 中的任意两个多项式, 其中 $g(x)\neq 0$,

$$\begin{aligned}f(x)&=a_nx^n+a_{n-1}x^{n-1}+\cdots+a_0,\\g(x)&=b_mx^m+b_{m-1}x^{m-1}+\cdots+b_0,\end{aligned}$$

则在 $F[x]$ 中一定存在多项式 $q(x)$, $r(x)$ 使得

$$f(x)=q(x)g(x)+r(x),$$

其中, $r(x)=0$ 或 $0\leqslant\deg(r(x))<\deg(g(x))$. 特别地, $r(x)=0$ 时称 $g(x)$ 整除 $f(x)$, 记作 $g(x)\mid f(x)$, 此时称 $g(x)$ 为 $f(x)$ 的因式, $f(x)$ 为 $g(x)$ 的倍式; $0\leqslant\deg(r(x))<\deg(g(x))$ 时称 $g(x)$ 不整除 $f(x)$.

该定理可以利用数学归纳法证明.

显然, 对于 $F[x]$ 中的非零多项式 $f(x)$, 任意非零常数 c 及 $cf(x)$ 都是 $f(x)$ 的因式, 称这些因式为 $f(x)$ 的平凡因式. 若 $f(x)$ 还有其他因式 $g(x)$, 则必有 $0 < \deg(g(x)) < n$, 称这类因式为 $f(x)$ 的非平凡因式.

例 6.21 $\mathbb{Z}_3[x]$ 上的多项式 $f(x) = 2x^3 + x^2 + 1$、$g(x) = x + 1$,

$$f(x) = 2x^3 + x^2 + 1 = (x+1)(2x^2 + 2x + 1),$$

即 $g(x) \mid f(x)$.

定义 6.15 *设 $f(x)$ 是域 F 上的多项式, 若 $f(x)$ 无非平凡因式, 则称 $f(x)$ 是不可约多项式. 否则称 $f(x)$ 为可约多项式.*

例如 $\mathbb{Z}_3[x]$ 上的多项式 $2x^3 + x^2 + 1$ 是可约多项式, $x + 1$, $2x^2 + 2x + 1$ 是不可约多项式. 需要指出的是, 多项式是否不可约与其所在的环 $F[x]$ 紧密相关. 例如 $x^2 + x + 1$ 在 $\mathbb{Z}_2[x]$ 中是不可约多项式, 但在 $\mathbb{Z}_3[x]$ 中,

$$x^2 + x + 1 = (x+2)(x+2),$$

即 $x^2 + x + 1$ 在 $\mathbb{Z}_3[x]$ 中是可约多项式.

与整数中的整除类似, 多项式环 $F[x]$ 中的整除也具有下列性质:

(1) 设 $f(x)$, $g(x)$, $h(x)$ 是 $F[x]$ 中的任意三个多项式, 其中 $g(x) \neq 0$, $h(x) \neq 0$, 若 $h(x) \mid g(x)$, $g(x) \mid f(x)$, 则有 $h(x) \mid f(x)$;

(2) 若 $h(x) \mid g(x)$, $h(x) \mid f(x)$, 则对 $F[x]$ 中的任意多项式 $s(x)$, $t(x)$, 有

$$h(x) \mid s(x)f(x) + t(x)g(x).$$

这两条性质可以由定理 6.12 直接得到.

定理 6.13 *域 F 上的一元多项式环 $F[x]$ 是主理想整环.*

证明 由习题 6.20 结论可知, 整环上的一元多项式环是整环, 域 F 上的一元多项式环 $F[x]$ 自然是整环. 下面证明其是主理想整环.

设 H 是 $F[x]$ 的任一理想, $\langle 0 \rangle$ 显然是 $F[x]$ 的主理想, 因此可进一步假定 $H \neq \langle 0 \rangle$. 进一步, 设 $h(x)$ 为 H 中一个次数最小的非零多项式, b 是 $h(x)$ 最高次项的系数, 令 $g(x) = b^{-1}h(x)$, 显然有 $g(x) \in H$, 即 $g(x)$ 是 H 中一个次数最小的首一多项式. 于是有

$$\langle g(x) \rangle \subset H$$

另一方面, 对于 H 中的任意一个多项式 $f(x)$, 由多项式的欧几里得除法可知, 必存在 $F[x]$ 中的多项式 $q(x)$, $r(x)$ 使得

$$f(x) = q(x)g(x) + r(x),$$

且 $\deg(r(x)) < \deg(g(x))$. 由于 H 是 $F[x]$ 的理想, 因此 $q(x)g(x) \in H$, 从而有 $r(x) \in H$.

由于已经假定了 $g(x)$ 是 H 中一个次数最小的多项式, 于是 $r(x) = 0$, 即 $g(x) \mid f(x)$, $f(x) \in \langle g(x) \rangle$. 从而有

$$H \subset \langle g(x) \rangle,$$

即 $H=\langle g(x)\rangle$. □

由上面的证明过程可进一步得出, 对于 $F[x]$ 上的任一非零理想 H, H 首项系数为 1 的生成元是唯一的. 事实上, 不妨设 $g_1(x)$ 也是 H 的首项系数为 1 的生成元, 即

$$H=\langle g(x)\rangle=\langle g_1(x)\rangle.$$

于是有 $g(x)\mid g_1(x)$, $g_1(x)\mid g(x)$. 另一方面, 由于生成元是 H 中次数最小的非零多项式, 因此有 $\deg(g(x))=\deg(g_1(x))$, 从而 $g_1(x)=g(x)$.

可以验证: 给定 $F[x]$ 中的任意两个不全为零的多项式 $f(x)$, $g(x)$, 其生成的主理想之和

$$\langle f(x)\rangle+\langle g(x)\rangle=\{s(x)f(x)+t(x)g(x)\mid s(x),t(x)\in F[x]\}$$

也是 $F[x]$ 的理想. 由定理 6.13可知: 一定存在唯一的首一多项式 $d(x)$ 使得

$$\langle d(x)\rangle=\{s(x)f(x)+t(x)g(x)\mid s(x),t(x)\in F[x]\},$$

称 $d(x)$ 为 $f(x)$ 与 $g(x)$ 的最大公因式, 记作 $d(x)=(f(x),g(x))$. $d(x)=1$ 时, 称 $f(x)$ 与 $g(x)$ 是互素（互质）的. 显然, 此时必存在 $F[x]$ 中的多项式 $s(x)$, $t(x)$ 使得

$$s(x)f(x)+t(x)g(x)=1.$$

定理 6.14 设 $d(x)$, $f(x)$, $g(x)$ 是 $F[x]$ 中的多项式, 且 $d(x)=(f(x),g(x))$, 则

(1) $d(x)\mid f(x)$, $d(x)\mid g(x)$;

(2) 对于 $F[x]$ 中的任意多项式 $h(x)$, 若 $h(x)\mid f(x)$, $h(x)\mid g(x)$ 成立, 必有 $h(x)\mid d(x)$ 成立.

证明 对于 $F[x]$ 中的任意多项式 $s(x)$, $t(x)$, 显然有

$$d(x)\mid f(x)s(x)+t(x)g(x)$$

取 $s(x)=1$, $t(x)=0$ 时有

$$d(x)\mid f(x)$$

成立. 同理可得 $d(x)\mid g(x)$, 因此性质 (1) 成立.

对于性质 (2), 由于存在 $s(x)$, $t(x)$ 使得

$$d(x)=f(x)s(x)+t(x)g(x),$$

因此当 $h(x)\mid f(x)$, $h(x)\mid g(x)$ 成立时, 自然有

$$h(x)\mid d(x)$$

成立. □

例 6.22 设 $p(x)$ 是 $F[x]$ 中的不可约多项式, 若

$$p(x)\mid f(x)g(x),$$

证明: 必有 $p(x)\mid f(x)$ 或 $p(x)\mid g(x)$.

证明 设 $d(x)=(f(x),p(x))$, 由定理 6.14 及不可约多项式的定义可知, $d(x)=p(x)$ 或 $d(x)=1$. 当 $d(x)=p(x)$ 时, 有 $p(x)\mid f(x)$; 当 $d(x)=1$ 时, 必存在 $F[x]$ 中的多项式 $s(x)$, $t(x)$ 使得

$$s(x)f(x)+t(x)p(x)=1.$$

由于 $p(x)\mid f(x)g(x)$ 且必有 $p(x)\mid p(x)g(x)$, 因此

$$p(x)\mid g(x).$$

定理 6.15 设 $f(x)$, $g(x)$ 是 $F[x]$ 中两个多项式, $g(x)\neq 0$, 若

$$f(x)=q(x)g(x)+r(x),$$

其中, $q(x),r(x)\in F[x]$, 则

$$(f(x),g(x))=(g(x),r(x)).$$

证明 令 $d(x)=(f(x),g(x))$, $d_1(x)=(g(x),r(x))$. 于是

$$d(x)\mid f(x),\quad d(x)\mid g(x).$$

由多项式整除的性质可得

$$d(x)\mid f(x)-q(x)g(x),$$

即 $d(x)\mid r(x)$, 从而根据最大公因式性质有 $d(x)\mid d_1(x)$.

同理可得 $d_1(x)\mid d(x)$, 因此 $(f(x),g(x))=(g(x),r(x))$. □

由定理 6.15 可知, 计算 $(f(x),g(x))$ 可以约化为求两个次数更低的多项式 $g(x)$, $r(x)$ 的最大公因式, 循环约化可以在有限步数内计算出 $(f(x),g(x))$, 这与计算两个整数最大公因数的辗转相除法类似.

下面考虑给定 $F[x]$ 中的任意两个不全为零的多项式 $f(x)$, $g(x)$, 可以验证其生成的主理想之交

$$\langle f(x)\rangle\cap\langle g(x)\rangle=\{s(x)\mid \text{其中} f(x)\mid s(x),g(x)\mid s(x),s(x)\in F[x]\}$$

也是 $F[x]$ 的理想. 由定理 6.13可知: 一定存在唯一的首一多项式 $m(x)$ 使得

$$\langle m(x)\rangle=\langle f(x)\rangle\cap\langle g(x)\rangle,$$

称 $m(x)$ 为 $f(x)$ 与 $g(x)$ 的最小公倍式, 记作 $m(x)=[f(x),g(x)]$.

定理 6.16 设 $f(x)$, $g(x)$, $m(x)$ 是域 F 上一元多项式环 $F[x]$ 中的多项式, 且 $m(x)=[f(x),g(x)]$. 则

(1) 对于任意非零多项式 $h(x)$, 若 $f(x)\mid h(x)$, $g(x)\mid h(x)$, 有 $m(x)\mid h(x)$;

(2)

$$m(x)=\frac{a^{-1}b^{-1}f(x)g(x)}{(f(x),g(x))},$$

其中, a 和 b 分别是 $f(x)$ 与 $g(x)$ 的首项系数.

证明 结论 (1) 可由定义直接得出. 下面证明结论 (2). 显然有

$$\frac{a^{-1}b^{-1}f(x)g(x)}{(f(x),g(x))} \in \langle f(x)\rangle \cap \langle g(x)\rangle.$$

因此

$$m(x)\left|\frac{a^{-1}b^{-1}f(x)g(x)}{(f(x),g(x))}\right..$$

另一方面, 由于 $m(x) \in \langle m(x)\rangle$, 因此有 $f(x) \mid m(x)$, $g(x) \mid m(x)$, 进一步有

$$\frac{a^{-1}b^{-1}f(x)g(x)}{(f(x),g(x))}\left| m(x)\frac{a^{-1}b^{-1}g(x)}{(f(x),g(x))}\right.,$$

$$\frac{a^{-1}b^{-1}f(x)g(x)}{(f(x),g(x))}\left| m(x)\frac{a^{-1}b^{-1}f(x)}{(f(x),g(x))}\right..$$

由于

$$\left(\frac{a^{-1}b^{-1}f(x)}{(f(x),g(x))}, \frac{a^{-1}b^{-1}g(x)}{(f(x),g(x))}\right) = 1,$$

因此

$$\frac{a^{-1}b^{-1}f(x)g(x)}{(f(x),g(x))}\left| m(x)\right.,$$

即

$$m(x) = \frac{a^{-1}b^{-1}f(x)g(x)}{(f(x),g(x))}.$$

□

例 6.23 设 $f(x) = x^6 + 5x^5 + 4x^4 + 3x^3 + x + 3$, $g(x) = x^6 + 3x^5 + 5x^4 + 6x^3 + 2x + 1$ 是 $\mathbb{Z}_7[x]$ 上的多项式, 计算 $(f(x), g(x))$, $[f(x), g(x)]$.

解 利用辗转相除法计算 $(f(x), g(x))$, 有

$$f(x) = q(x)g(x) + r(x), \quad q(x) = 1, \quad r(x) = 2x^5 + 6x^4 + 4x^3 + 6x + 2,$$

$$g(x) = q_1(x)r(x) + r_1(x), \quad q_1(x) = 4x, \quad r_1(x) = 3x^4 + 6x^3 + 3x^2 + x + 1,$$

$$r(x) = q_2(x)r_1(x) + r_2(x), \quad q_2(x) = 3x + 3, \quad r_2(x) = 5x^3 + 2x^2 + 6,$$

$$r_1(x) = q_3(x)r_2(x) + r_3(x), \quad q_3(x) = 2x + 6, \quad r_3(x) = 5x^2 + 3x,$$

$$r_2(x) = q_4(x)r_3(x) + r_4(x), \quad q_4(x) = x + 4, \quad r_4(x) = 2x + 6,$$

$$r_3(x) = q_5(x)r_4(x) + r_5(x), \quad q_5(x) = 6x + 1, \quad r_5(x) = 1.$$

因此 $(f(x), g(x)) = 1$. 再计算 $a^{-1}b^{-1}f(x)g(x)$, 本题中 $a = b = 1$, 因此

$$f(x)g(x) = x^{12} + x^{11} + 4x^9 + 3x^8 + 6x^5 + 3x^4 + 2x^2 + 3,$$

故而

$$[f(x), g(x)] = \frac{a^{-1}b^{-1}f(x)g(x)}{(f(x), g(x))} = f(x)g(x) = x^{12} + x^{11} + 4x^9 + 3x^8 + 6x^5 + 3x^4 + 2x^2 + 3.$$

定理 6.17 设 F 是域, $f(x)$ 是 $F[x]$ 中的任意非零多项式, 则 $f(x)$ 可以写成

$$f(x) = ap_1^{e_1} \cdots p_k^{e_k},$$

其中, $a \in F^*$, $p_1, \cdots, p_k$ 是 $F[x]$ 中不同的首一不可约多项式, $e_1, \cdots, e_k$ 是正整数, 上式在不考虑不可约多项式次序的情况下是唯一的.

证明 利用数学归纳法证明. 若 $\deg(f(x)) = 1$, $f(x)$ 就是不可约多项式, 自然可以写作

$$f(x) = a(a^{-1}f(x)),$$

其中, a 是 $f(x)$ 的首项系数.

假定对于次数小于等于 k($k \geqslant 1$) 的多项式时结论成立, 则对于 $k+1$ 次的多项式 $f(x)$, 若 $f(x)$ 是不可约多项式, 自然也满足结论; 若 $f(x)$ 是可约多项式, 则其可写成两个次数小于 $k+1$ 的多项式 $f_1(x)$, $f_2(x)$ 的乘积, 当然可以进一步写成定理中的形式, 结论也成立.

下面证明分解是唯一的. 事实上, 若

$$f(x) = ap_1^{e_1} \cdots p_k^{e_k} = bq_1^{d_1} \cdots q_r^{d_r},$$

其中, $b \in F$, $q_1, \cdots, q_r$ 是 $F[x]$ 中不同的首一不可约多项式, 由于 $p_1, \cdots, p_k$ 也是 $F[x]$ 中的首一不可约多项式, 则必有 $a = b$. 另一方面, 由不可约多项式的性质可知, p_1 必整除某个 q_i ($1 \leqslant i \leqslant r$). 由于 q_i 也是首一不可约多项式, 因此 $p_1 = q_i$, 于是等式两边可以同时消去 p_1, 经过有限步消除可得: 等式两边的不可约多项式及相应的次数在不考虑次序的情况下是唯一的. □

给定 $F[x]$ 中的两个多项式 $f(x)$ 与 $g(x)$, 如果其分解式已知, 不妨设

$$f(x) = ap_1^{e_1} \cdots p_k^{e_k},$$

$$g(x) = bp_1^{d_1} \cdots p_k^{d_k},$$

其中, $e_i, d_i \geqslant 0$, $1 \leqslant i \leqslant k$. 则

$$(f(x), g(x)) = p_1^{\beta_1} \cdots p_k^{\beta_k},$$

$$[f(x), g(x)] = p_1^{\gamma_1} \cdots p_k^{\gamma_k},$$

其中, $\beta_i = \min\{e_i, d_i\}$, $\gamma_i = \max\{e_i, d_i\}$, $1 \leqslant i \leqslant k$.

最后, 讨论一下 $F[x]$ 关于主理想 $\langle m(x) \rangle$ 的商环 $F[x]/\langle m(x) \rangle$ 中的元素与运算.

由 6.2 节内容可知, 商环

$$F[x]/\langle m(x) \rangle = \{\overline{f(x)} = f(x) + \langle m(x) \rangle \mid f(x) \in F[x]\},$$

对商环 $F[x]/\langle m(x)\rangle$ 中的任意两个元素 $\overline{f(x)}, \overline{g(x)}$, 有

$$\overline{f(x)} \oplus \overline{g(x)} = \overline{f(x)+g(x)},$$

$$\overline{f(x)} \otimes \overline{g(x)} = \overline{f(x)g(x)}.$$

令集合

$$R = \{f(x) \mid f(x) \in F[x], \deg(f(x)) < \deg(m(x))\},$$

即 R 是由 $F[x]$ 中所有不超过 $m(x)$ 次数的多项式的集合. 构造 $R \longrightarrow F[x]/\langle m(x)\rangle$ 的映射

$$\varphi: \begin{cases} R \longrightarrow F[x]/\langle m(x)\rangle, \\ f(x) \longrightarrow \overline{f(x)}. \end{cases}$$

可以证明, φ 是双射. R 中的加法和乘法定义为

$$f(x)+g(x) = \varphi^{-1}(\overline{f(x)} \oplus \overline{g(x)}),$$

$$f(x)g(x) = \varphi^{-1}(\overline{f(x)} \otimes \overline{g(x)}).$$

由习题 6.16 可知, $R \cong F[x]/\langle m(x)\rangle$.

事实上, R 中的加法、乘法运算类似于整数环上的模运算, 不过这里 "模" 的是多项式 $m(x)$.

定理 6.18 设 F 是域, $m(x)$ 是 $F[x]$ 中的不可约多项式, 则商环 $F[x]/\langle m(x)\rangle$ 是域.

证明 由于 $F[x]$ 是主理想整环, 因此, 只要说明 $F[x]/\langle m(x)\rangle$ 中的非零元具有乘法逆元即可证明其为域.

为简便起见, 用剩余类中的多项式次数最低的代表元来表示该剩余类. 对于 $F[x]/\langle m(x)\rangle$ 中的任意非零元 $f(x)$, 由于 $m(x)$ 是 $F[x]$ 上的不可约多项式, 则 $(f(x), m(x)) = 1$. 由扩展欧几里得算法可知, 必存在两个多项式 $g(x), h(x) \in F[x]$ 满足 $g(x)f(x) + h(x)m(x) = 1$, $g(x)$ 即为非零元 $f(x)$ 的乘法逆元.

因此, 对于 $F[x]/\langle m(x)\rangle$ 中的任意非零元 $f(x)$ 均存在乘法逆元, 即 $F[x]/\langle m(x)\rangle$ 构成域. □

习题 6

6.1 证明: $\mathbb{Z}$ 对以下两种运算构成环:

(1) $a, b \in \mathbb{Z}$, $a \oplus b = a + b - 1$;

(2) $a, b \in \mathbb{Z}$, $a \otimes b = a + b - a \cdot b$,

其中, $+$、$-$、$\cdot$ 为整数中的加法、减法和乘法.

6.2 证明: $\mathbb{Z}(\sqrt{p}) = \{a + b\sqrt{p} \mid a, b \in \mathbb{Z}\}$ 关于数的加法和乘法构成环. 其中, p 为某个给定素数.

6.3　设 R, R' 是环, a, b 是 R 中的两个元素, a', b' 是 R' 中的两个元素. 证明: 具有分量加法和乘法

$$(a,a')+(b,b')=(a+b,a'+b'),\quad (a,a')(b,b')=(ab,a'b')$$

的两个环的积集 $R\times R'$ 是一个环, 其中 $a+b, ab$ 中的加法是环 R 中的加法和乘法, $a'+b'$, $a'b'$ 中的加法是环 R' 中的加法和乘法. 这个环称为积环.

6.4　设 $S_1, S_2, \cdots, S_n$ 是环 R 的 n 个子环. $S_1\cup S_2\cup\cdots\cup S_n$ 是 R 的子环吗? 如果是, 证明之; 否则, 给出一个反例.

6.5　写出模 25 剩余系环 $\mathbb{Z}_{25}$ 的所有子环.

6.6　设 R 为含幺环, 且对任何 $r\in R$ 都有 $r^2=r$. 证明: R 为交换环.

6.7　设 R 是一个环, $a, b\in R$, 且 $ab=ba$. 证明:

(1) a 与 $-b$, a 与 $-ab$ 可交换;

(2) 若 a 与 b, c 可交换, 则 a 与 $b+c, a+c$ 也可交换.

6.8　设 R 是含幺交换环, a, b 是环 R 上的任意两个元素. 证明: 对于任意正整数 n, 有

$$(a+b)^n=\sum_{k=0}^{n}\binom{n}{k}a^k\cdot b^{n-k}.$$

6.9　给定 n 阶实数矩阵环 $M_{n\times n}(\mathbb{R})=\{A\in\mathbb{R}^{n\times n}\}$, 证明: $H_1=\left\{\begin{pmatrix}0&0&\cdots&0\\0&0&\cdots&0\\\vdots&\vdots&&\vdots\\a_{n1}&a_{n2}&\cdots&a_{nn}\end{pmatrix}\middle|\, a_{ni}\in\mathbb{R},1\leqslant i\leqslant n\right\}$是$M_{n\times n}(\mathbb{R})$的右理想, $H_2=\left\{\begin{pmatrix}0&0&\cdots&a_{1n}\\0&0&\cdots&a_{2n}\\\vdots&\vdots&&\vdots\\0&0&\cdots&a_{nn}\end{pmatrix}\middle|\, a_{in}\in\mathbb{R},1\leqslant i\leqslant n\right\}$是 $M_{n\times n}(\mathbb{R})$ 的左理想.

6.10　设 $R=2\mathbb{Z}$. 证明: $H=\{4r\mid r\in R\}$ 是 R 的一个理想.

6.11　设 R 是交换环, I, J 是 R 的两个理想, $I\cap J=\{0\}$. 定义

$$I+J=\{i+j\mid i\in I, j\in J\},$$

证明 $I+J$ 也是 R 的理想.

6.12　证明: 模 n 剩余系环 $\mathbb{Z}_n$ 为单环当且仅当 n 为素数.

6.13　设 φ 为 R 到 R' 的环同态, J 是 R' 的理想. 问: $J\cap\varphi(R)$ 的原像集是否为 R 的理想? 试证明之.

6.14　证明: $\mathbb{Q}(\sqrt{p})=\{a+b\sqrt{p}\mid a,b\in\mathbb{Q}\}$ 关于数的加法和乘法作成域. 其中, p 为某个给定素数.

6.15　设 $R=\{a+b\mathrm{i}\mid a,b\in\mathbb{Q}\}$, 证明: $\langle R,+,\cdot\rangle$ 是域, 其中 $+$、$\cdot$ 是 $\mathbb{Q}$ 中的加法和乘法.

6.16　设 $(R,+,\cdot)$ 是一个环, $x\in R$. 证明:

(1) R 对以下两种运算作成一个环,

$$a\oplus b=a+b-x,$$

$$a\otimes b=a\cdot b-a\cdot x-x\cdot b+x^2+x;$$

(2) $(R,+,\cdot)\cong(R,\oplus,\otimes)$.

6.17　φ 是环 $(R,+,*)$ 到环 $(S,\oplus,\otimes)$ 上的同态映射. 证明: 同态核 $\mathrm{Ker}\varphi$ 是 R 的理想.

6.18　设 $\varphi: R\longrightarrow S$ 是集合 R 到环 $(S,\oplus,\otimes)$ 的双射, $a,b\in R$, R 上的加法和乘法分别定义为

$$a+b=\varphi^{-1}(\varphi(a)\oplus\varphi(b)),$$

$$a*b=\varphi^{-1}(\varphi(a)\otimes\varphi(b)),$$

证明: $R\cong S$.

6.19　设域 F 的特征 $\mathrm{Char}(F)=0$. 证明: F 包含一个子域与有理数域 $\mathbb{Q}$ 同构.

6.20　设 R 是环, 证明: $R[x]$ 在多项式加法、乘法下作成环, 且有

(1) R 是交换环时, $R[x]$ 为交换环;

(2) R 是含幺环时, $R[x]$ 为含幺环;

(3) R 是整环时, $R[x]$ 为整环.

6.21　设 $R[x]$ 是环 R 上的一元多项式环, 记

$$R[x][y]=\{f(y)=a_ny^n+a_{n-1}y^{n-1}+\cdots+a_0\mid a_i\in R[x],0\leqslant i\leqslant n,n\in\mathbb{N}\}.$$

证明: $R[x][y]$ 在多项式加法、乘法下作成环, 且有

(1) R 是交换环时, $R[x][y]$ 为交换环;

(2) R 是含幺环时, $R[x][y]$ 为含幺环;

(3) R 是整环时, $R[x][y]$ 为整环.

6.22　证明: 多项式整环 $R[x]$ 中的多项式欧几里得除法成立.

6.23　证明: 若环 R 与环 R' 同构, 则一元多项式环 $R[x]$ 与 $R'[x]$ 也同构.

6.24　设 R 是交换环, H 是环 R 的理想. 令

$$\sqrt{H}=\{h\in R\mid \exists n\in\mathbb{N},\ 使得h^n\in H\}.$$

证明: $\sqrt{H}$ 也是环 R 的理想.

6.25　设 $F_2[x]$ 中有

$$f(x)=x^{13}+x^{11}+x^9+x^8+x^6+x^5+x^4+x^3+1,\quad g(x)=x^8+x^4+x^3+x+1,$$

求多项式 $s(x),t(x)$ 使得

$$s(x)\cdot f(x)+t(x)\cdot g(x)=(f(x),g(x)).$$

6.26 设 $m(x), f(x), g(x)$ 是域 F 上的一元多项式环 $F[x]$ 中的多项式, 其中 $m(x)$ 的首项系数为 1. 若

$$m(x) \mid f(x)-g(x),$$

则称 $f(x)$ 与 $g(x)$ 关于模 $m(x)$ 同余, 记为 $f(x) \equiv g(x) \pmod{m(x)}$. 证明下列性质成立:

(1) $f(x) \equiv f(x) \pmod{m(x)}$;

(2) 若 $f(x) \equiv g(x) \pmod{m(x)}$, 则 $g(x) \equiv f(x) \pmod{m(x)}$;

(3) 若 $f(x) \equiv g(x) \pmod{m(x)}$, $g(x) \equiv h(x) \pmod{m(x)}$, 则 $f(x) \equiv h(x) \pmod{m(x)}$;

(4) 对多项式环 $F[x]$ 中的任意多项式 $c(x), d(x), f(x), g(x)$, 若 $c(x) \equiv d(x) \pmod{m(x)}$, $f(x) \equiv g(x) \pmod{m(x)}$, 则有

$$c(x) \pm f(x) \equiv d(x) \pm g(x) \pmod{m(x)}$$

与

$$c(x)f(x) \equiv d(x)d(x) \pmod{m(x)}.$$

第 7 章

有 限 域

顾名思义, 有限域就是元素个数有限的域. 有限域是一种具有良好性质且精致有趣的代数结构, 在编码学、密码学、计算机理论等领域有广泛应用. 本章将在域的基础上进一步学习有限域的结构和相关性质. 为了纪念法国数学家伽罗瓦[①]在有限域理论中的突出贡献, 有时也称有限域为伽罗瓦域 (Galois field).

7.1 域的扩张

对有限域的研究主要方法有两个: 一是通过域的扩张来研究有限域; 二是通过研究域上多项式的根的性质来研究有限域. 这两种方法是相互交叉的. 为此, 在学习有限域之前, 先介绍域扩张的相关结论.

定义 7.1 设 K 是 F 的子域, $M \subseteq F$, $K(M)$ 定义为所有包含 M 和 K 的子域的交, 称之为添加 M 中的元素得到的 K 的扩域. 显然 $K(M)$ 是包含 K 和 M 的最小的子域. 当 $M = \{\theta_1, \theta_2, \cdots, \theta_n\}$ 时, 记 $K(M) = K(\theta_1, \theta_2, \cdots, \theta_n)$. 特别地, 称 $K(\theta)$ 为单扩域或单扩张, θ 称为 $K(\theta)$ 在 K 上的生成元.

定义 7.2 设 K 是 F 的子域, $f(x) \in K[x]$, $\theta \in F$, 如果 $f(\theta) = 0$, 称 θ 是多项式 $f(x)$ 的一个根, $f(x)$ 是 θ 的一个零化多项式.

定理 7.1 (余数定理) 设 K 是 F 的子域, $f(x) \in K[x]$, $\theta \in F$, 则 θ 是 $f(x)$ 的一个根的充分必要条件是在 $F[x]$ 中 $(x-\theta)|f(x)$.

证明 先证必要性. 假设 $\theta \in F$ 是 $f(x)$ 的一个根, 根据 $F[x]$ 中多项式的带余除法, 存在 $q(x), r(x) \in F[x]$, 使得

$$f(x) = q(x)(x-\theta) + r(x),$$

且 $\deg(r(x)) < \deg(x-\theta) = 1$, 即 $r(x)$ 是常数. 将 $x = \theta$ 代入上式得可得 $r(\theta) = f(\theta) = 0$, 即 $r(x) = 0$, 因此 $(x-\theta)|f(x)$.

现证充分性, 因为 $(x-\theta)|f(x)$, 则存在 $q(x) \in F[x]$, 使 $f(x) = q(x)(x-\theta)$, 所以 $f(\theta) = 0$, 因此 θ 是 $f(x)$ 的一个根. □

从上述定理可以看出 θ 是 $f(x)$ 的一个根和多项式 $x - \theta$ 能整除 $f(x)$ 是等价的. 如果存在整数 $m \geqslant 2$ 使 $(x-\theta)^m|f(x)$, 但 $(x-\theta)^{m+1} \nmid f(x)$, 则称 θ 是 $f(x)$ 的 m 次重根, 否

① 埃瓦里斯特・伽罗瓦 (Évariste Galois, 1811—1832), 法国数学家, 群论的创立者. 利用群论彻底解决了根式求解代数方程的问题, 并由此发展了一整套关于群和域的理论, 人们称之为伽罗瓦理论, 并把其创造的 "群" 叫作伽罗瓦群 (Galois group). 伽罗瓦对有限域理论同样具有突出贡献.

则称 θ 为 $f(x)$ 的单根.

定理 7.2 设 K 是 F 的子域, $f(x)\in K[x]$, $\deg(f(x))=n$, 则 $f(x)$ 在 F 中根的个数(重根按照重数算) 不超过 n.

证明 反证, 若 $f(x)$ 在 F 上根的个数超过 n 个. 不妨设 $\theta_i(i=1,2,\cdots,k)$ 是 $f(x)$ 在 F 上的所有根, 其中 θ_i 的重数是 m_i 且有 $\sum\limits_{i=1}^{k} m_i>n$. 则由定理 7.1 可知在 $F[x]$ 中

$$(x-\theta_i)^{m_i}|f(x)\quad (i=1,2,\cdots,k),$$

由于 $((x-\theta_i)^{m_i},(x-\theta_j)^{m_j})=1\ (1\leqslant i\neq j\leqslant k)$, 因此有 $\prod\limits_{i=1}^{k}(x-\theta_i)^{m_i}|f(x)$, 与 $\deg(f(x))=n$ 矛盾. □

定义 7.3 设 K 是 F 的一个子域, $\theta\in F$, 如果 θ 是 K 上的一个非零多项式的根, 则称 θ 为 K 上的代数元, 否则称 θ 为超越元. 如果 F 中的每个元素都是 K 上的代数元, 则称 F 为 K 的代数扩张.

定义 7.4 (极小多项式) 设 K 是 F 的一个子域, $\theta\in F$ 是域 K 上的一个代数元, 称 $K[x]$ 中满足 $g(\theta)=0$ 的次数最小的首一零化多项式为 θ 在 K 上的极小多项式, $\deg(g(x))$ 称为代数元 θ 的次数.

定理 7.3 设 K 是 F 的一个子域, $\theta\in F$ 是 K 上的代数元, 其极小多项式为 $g(x)$, 则

(1) $g(x)$ 是不可约的;

(2) 令 $J=\{f(x)\in K[x]|f(\theta)=0\}$, 则 J 是 $K[x]$ 中的一个理想, 且 $J=\langle g(x)\rangle$. 从而,$K[x]$ 中多项式 $f(x)$ 是 θ 的零化多项式当且仅当 $g(x)|f(x)$.

证明 (1) 若 $g(x)$ 可约, 即 $g(x)=h_1(x)h_2(x)$, 其中 $1<\deg(h_1(x)),\deg(h_2(x))<\deg(g(x))$. 那么 $h_1(\theta)h_2(\theta)=g(\theta)=0$, 所以有 $h_1(\theta)=0$ 或 $h_2(\theta)=0$, 这与 $g(x)$ 是 θ 的极小多项式相矛盾, 故 $g(x)$ 是不可约的.

(2) 任意的 $f_1(x),f_2(x)\in J$, 显然有 $f_1(x)-f_2(x)\in J$. 若 $f(x)$ 是 θ 的一个零化多项式, 则对任意的 $h(x)\in K[x]$,$f(x)h(x)$ 也是 θ 的零化多项式, 从而 J 是 $K[x]$ 中的理想.

对任意的 $f(x)\in J$, 由定理 6.12 可知

$$f(x)=q(x)g(x)+r(x),$$

其中, $q(x),r(x)\in K[x]$, 并且 $r(x)=0$ 或 $0\leqslant\deg(r(x))<\deg(g(x))$.

若 $r(x)\neq 0$, 则 $r(x)$ 是 θ 的零化多项式且 $\deg(r)<\deg(g)$, 这与 $g(x)$ 是 θ 的极小多项式矛盾. 因此, $r(x)=0$, 从而 $g(x)|f(x)$. 若 $g(x)|f(x)$, 显然 $f(\theta)=0$, 从而 $f(x)$ 是 θ 的零化多项式. □

定理 7.4 设 F 是 K 的有限扩张, 则 F 是 K 的代数扩张.

证明 不妨设 $[F:K]=n$, 则 $\forall\theta\in F$, $n+1$ 个元素 $1,\theta,\theta^2,\cdots,\theta^n$ 必线性相关. 因此, 存在不全为零的 $a_i\in K(i=0,1,\cdots,n)$ 使得 $\sum\limits_{i=0}^{n}a_i\theta^i=0$, 因此令 $f(x)=\sum\limits_{i=0}^{n}a_ix^i$, 显然 $f(\theta)=0$, 即 θ 是多项式 $f(x)$ 的根, 所以 θ 是代数元, 从而 F 是 K 上的代数扩张. □

定理 7.5 设 K 是 F 的一个子域, $\theta\in F$ 是域 K 上的代数元, 其极小多项式是 $g(x)$, $\deg(g(x))=n$. 则

(1) $K[x]/\langle g(x)\rangle \cong K(\theta)$.

(2) $[K(\theta):K]=n$, 且 $\{1,\theta,\cdots,\theta^{n-1}\}$ 是 $K(\theta)$ 在 K 上的一组基.

(3) 任意的 $\alpha\in K(\theta)$ 都是 K 上的代数元, 并且 α 的次数是 n 的因子.

证明 (1) 定义映射

$$\varphi:\begin{cases}K[x]\longrightarrow K(\theta),\\ f(x)\longmapsto f(\theta).\end{cases}$$

易验证 φ 是一个同态映射, 并且 $\mathrm{Ker}\varphi=\langle g(x)\rangle$. 所以

$$K[x]/\langle g(x)\rangle \cong \mathrm{Im}\varphi,$$

故 $\mathrm{Im}\varphi=\varphi(K[x])\subseteq K(\theta)$ 是 $K(\theta)$ 的一个子域. 又因为 $\theta\in\varphi(K[x])$, 所以有 $K(\theta)\subseteq\varphi(K[x])$, 故 $K(\theta)=\varphi(K[x])$, 从而 $K[x]/\langle g(x)\rangle\cong K(\theta)$.

(2) 若 $1,\theta\cdots,\theta^{n-1}$ 是 K-线性相关的, 则存在不全为零的 $a_i\in K(i=0,2,\cdots,n-1)$, 使得 $a_0+a_1\theta+\cdots+a_{n-1}\theta^{n-1}=0$, 则 θ 是多项式 $f(x)=a_0+a_1x+\cdots+a_{n-1}x^{n-1}$ 的根, 这与 θ 的次数是 n 矛盾, 因此 $1,\theta\cdots,\theta^{n-1}$ 线性无关.

$\forall\alpha\in K(\theta)$, 由于 $\varphi(K[x])=K(\theta)$, 故存在 $f(x)\in K[x]$, 使得 $f(\theta)=\alpha$. 由定理 6.12 可知

$$f(x)=q(x)g(x)+r(x),$$

其中, $q(x),r(x)\in K[x]$, 并且 $0\leqslant\deg(r(x))<\deg(g(x))=n$, 从而 $f(\theta)=r(\theta)$, 所以 α 可以写成 $1,\theta\cdots,\theta^{n-1}$ 的 K 线性组合, 故 $[K(\theta):K]=n$ 且 $1,\theta\cdots,\theta^{n-1}$ 是 $K(\theta)$ 在 K 上的一组基.

(3) 因为 $K(\theta)$ 是 K 的有限扩张, 由定理 7.4 可知 $K(\theta)$ 也是 K 的代数扩张, 故 $\forall\alpha\in K(\theta)$ 是 K 上的代数元, 并且 $K\subseteq K(\alpha)\subseteq K(\theta)$, 所以由定理 6.10 可知, $[K(\theta):K]=[K(\theta):K(\alpha)]\cdot[K(\alpha):K]$, 即 α 的次数 $[K(\alpha):K]$ 是 θ 的次数 $[K(\theta):K]=n$ 的因子. □

7.2 有限域的结构

定义 7.5 设 $\langle F,+,\cdot\rangle$ 是一个域, 如果 F 为有限集, 则称 F 为有限域.

视频

设 F 是有限域, 由定理 6.11 可知 $\mathrm{Char}(F)=p$, 其中 p 是素数, 且 F 的素域同构于 $\mathbb{Z}_p$, 常记作 F_p. 为方便起见, 后续 F_p 和 $\mathbb{Z}_p$ 不加区别.

定理 7.6 设 F 是一个 q 阶有限域, $\mathrm{Char}(F)=p$, 则有 $q=p^n$, 其中 $n=[F:F_p]$.

证明 因为 $F_p\subseteq F$, 则 F 是 F_p 的扩域且扩展次数有限, 不妨设 $[F:F_p]=n$, 由定理 6.10 可知 $q=p^n$. □

上述结论表明, 任意一个有限域的阶必为素数的方幂. 反之, 对于任意素数的方幂 p^n, 阶为 p^n 的有限域是否存在?

例 7.1 设 $m(x)$ 是 $\mathbb{Z}_p[x]$ 上的一个 n 次不可约多项式, 则 $F=\mathbb{Z}_p[x]/\langle m(x)\rangle$ 是一个阶为 p^n 的有限域, 且若令 $\theta=\overline{x}\in F$, 则 $F=\mathbb{Z}_p(\theta)$.

证明 由定理 6.18 可知, $F=\mathbb{Z}_p[x]/\langle m(x)\rangle$ 是域. 由定理 7.5 可知, 若令 $\theta=\overline{x}\in F$, 则 $F=\mathbb{Z}_p(\theta)$ 且 $[F:\mathbb{Z}_p]=n$, 故 $|F|=p^n$.

由例 7.1 可知, 若 $\mathbb{Z}_p[x]$ 上的 n 次不可约多项式存在, 则阶为 p^n 的有限域存在, 并且该有限域是其素域 $\mathbb{Z}_p$ 的单代数扩张. 后续常记阶为 $q=p^n$ 的有限域为 F_q.

定理 7.7 设 F_q 是一个阶为 $q=p^n$ 的有限域, 则 F_q 由 F_p 上多项式 x^q-x 的所有根构成.

证明 $\forall a\in F_q$, 若 $a=0$, 则易知 $a^q=a$; 若 $a\in F_q^*$, 由推论 5.1 可知, $\mathrm{ord}(a)\mid(q-1)$, 故 $a^{q-1}=1$. 因此, $\forall a\in F_q$ 都有 $a^q=a$, 即 F_q 中的元素均是多项式 $x^q-x\in F_p[x]$ 的根, 由定理 7.2 可知 x^q-x 在 F_q 中至多有 q 个根, 从而 F_q 就是由 x^q-x 的 q 个不同的根构成. □

性质 7.1 设 F_q 是一个阶为 $q=p^n$ 的有限域, 则对于任意的 $a\in F_q$, 元素 $p\cdot a=0$.

证明 $p\cdot a=p\cdot(1\cdot a)=(p\cdot 1)\cdot a=0\cdot a=0$. □

性质 7.2 设 F_q 是一个阶为 $q=p^n$ 的有限域, 则对于任意的 $a,b\in F_q$ 和任意的正整数 e, 有

$$(a+b)^{p^e}=a^{p^e}+b^{p^e}.$$

证明 显然只需证 $(a+b)^p=a^p+b^p$.

由二项式定理展开可知

$$(a+b)^p=\binom{p}{0}a^p+\binom{p}{1}ab^{p-1}+\binom{p}{2}a^2b^{p-2}+\cdots+\binom{p}{p-1}a^{p-1}b+\binom{p}{p}b^p.$$

由于素数 p 为 F_q 的特征, 并且 p 是每一个 $\binom{p}{k}=\dfrac{p!}{k!(p-k)!}(k=1,2,\cdots,p-1)$ 的因子, 由性质 7.1 的结论可知

$$(a+b)^p=a^p+b^p.$$ □

定理 7.8 设 F_q 是 q 阶有限域, 则 F_q 的乘法群 F_q^* 是一个循环群.

证明 F_q^* 的阶为 $q-1$, 不妨设 $q-1$ 的标准分解式为 $q-1={p_1}^{r_1}{p_2}^{r_2}\cdots{p_t}^{r_t}$, 其中 $p_i(i=1,2,\cdots,t)$ 为不同的素数, $r_i(i=1,2,\cdots,t)$ 为正整数.

对任意 $i(1\leqslant i\leqslant t)$, 多项式 $x^{(q-1)/p_i}-1$ 至多有 $\dfrac{q-1}{p_i}$ 个根. 而 $\dfrac{q-1}{p_i}<q-1$, 所以存在非零元 $a_i\in F_q$, 使 ${a_i}^{(q-1)/p_i}\neq 1$. 令 $\theta_i={a_i}^{(q-1)/{p_i}^{r_i}}$, 则

$${\theta_i}^{{p_i}^{r_i}}=1.$$

上式说明 $\mathrm{ord}(\theta_i)$ 是 ${p_i}^{r_i}$ 的因子, θ_i 的阶形如 ${p_i}^{s_i},0\leqslant s_i\leqslant r_i$. 但

$${\theta_i}^{{p_i}^{r_i-1}}={a_i}^{\frac{q-1}{p_i}}\neq 1,$$

所以 θ_i 的阶为 ${p_i}^{r_i}$.

令 $\theta=\theta_1\theta_2\cdots\theta_t$, 由定理 5.3 可知, $\mathrm{ord}(\theta)={p_1}^{r_1}{p_2}^{r_2}\cdots{p_t}^{r_t}=q-1$, 因此 F_q^* 是循环群, θ 为其一个生成元. □

由定理 7.8 可知, 若 θ 为循环群 F_q^* 的生成元, 则 $F_q = F_p(\theta)$, 从而任意有限域是其素域上的单代数扩张. 通常将循环群 F_q^* 的生成元称为 F_q 的本原元, 本原元在 F_p 上的极小多项式称为本原多项式. 显然, 有限域 F_q 的本原元的个数为 $\varphi(q-1)$. 如何求有限域 F_q 中的本原元? 下面的算法给出了解答.

算法 7.1 求有限域的本原元

输入: q.

输出: θ 是 F_q 的本原元.

分解 $q-1 = p_1^{r_1} p_2^{r_2} \cdots p_l^{r_l}$, 其中 $p_i(i=1,2,\cdots,l)$ 为不同的素数, $r_j(j=1,2,\cdots,l)$ 为正整数;

for $i = 1, \cdots, l$ **do**

  找到一个 $a_i \in F_q$ 满足 $a_i^{\frac{q-1}{p_i}} \neq 1$;

  $\theta_i \leftarrow a_i^{(q-1)/p_i^{r_i}}$;

end

$\theta \leftarrow \theta_1 \cdots \theta_l$;

return θ;

显然, 上述算法的有效性归结为 $q-1$ 的分解的有效性和 F_q 中元素指数幂运算的有效性.

定理 7.9 设 F_q 为 $q = p^n$ 阶有限域, 则 F_q 的每个子域是 p^m 阶的有限域, 其中 $m \mid n$. 反之, 若 $m \mid n$, 则 F_q 含有唯一的一个 p^m 阶子域.

证明 若 K 是 F_q 的一个子域, 则 $F_p \subseteq K \subseteq F_q$, 故由定理 6.10 知

$$[F_q : F_p] = [F_q : K][K : F_p].$$

设 $[K : F_p] = m$, 则有 $|K| = p^m$ 并且 $m \mid n$.

反之, 若 $m|n$, 设 $n = m \cdot d$, 则

$$\begin{aligned} x^{p^n-1} - 1 &= x^{p^{md}-1} - 1 \\ &= x^{(p^m-1)(p^{m(d-1)}+\cdots+p^m+1)} - 1 \\ &= (x^{p^m-1} - 1)(x^{(p^m-1)(k-1)} + \cdots + x^{p^m-1} + 1), \end{aligned}$$

其中, $k = p^{m(d-1)} + \cdots + p^m + 1$, 所以 $(x^{p^m-1} - 1) \mid (x^{p^n-1} - 1)$, 从而 $x^{p^m} - x$ 是 $x^{p^n} - x$ 的因子. 则 $x^{p^m} - x$ 的所有根构成 F_q 的一个 p^m 阶子域 L, 并且 L^* 是循环群 F_q^* 的一个子群. 由循环群子群的唯一性可知, L 是 F_q 唯一的 p^m 阶子群. □

由定理 7.9 可知, 若 $m \mid n$, 则 F_{p^m} 是 F_{p^n} 的子域; 进一步, 设 $q = p^m$, d 是正整数, 则 F_q 是 F_{q^d} 的子域, 即可以将 F_{q^d} 看成 F_q 上的 d 次扩张.

7.3 有限域的构造

定理 7.10 设 F_q 是 p^n 阶有限域, 则存在 F_p 上的 n 次不可约多项式 $m(x)$ 使得

$$F_q \cong F_p[x]/\langle m(x) \rangle.$$

证明 由定理 7.8 可知, F_q^* 是循环群, 则存在本原元 θ 使得 $F_q = F_p(\theta)$. 设 $m(x)$ 是 θ 的极小多项式, 则由定理 7.5 可知

$$F_q \cong F_p[x]/\langle m(x)\rangle.$$ □

由定理 7.10 可知, 要构造阶为 $p^n(n>1)$ 的有限域, 关键是要找到一个 $F_p[x]$ 上的一个 n 次不可约多项式.

定理 7.11 对任一素数 p 和任一正整数 n, 在 $F_p[x]$ 中有

$$x^{p^n} - x = \prod_{d|n} f_d(x),$$

其中, $f_d(x)$ 是 $F_p[x]$ 中所有 d 次首一不可约多项式的乘积.

证明 将 $f(x) = x^{p^n} - x$ 分解为 $F_p[x]$ 中不可约多项式的乘积. 设 $g(x)$ 是 $f(x)$ 在 $F_p[x]$ 中的任一 d 次首一的不可约因式, θ 是 $g(x)$ 的一个根, 则 $F_p(\theta)$ 是 F_{p^n} 的 p^d 阶子域, 由定理 7.9 可知 $d|n$.

设 $g(x)$ 是 $F_p[x]$ 中的任一 d 次首一不可约多项式, 其中 $d|n$. 设 θ 是 $g(x)$ 的一个根, 则 $F_p(\theta)$ 是 F_{p^n} 的 p^d 阶子域, 故 $g(x) \mid x^{p^d} - x$, 由于 $d|n$, 因此 $(x^{p^d} - x) \mid (x^{p^n} - x)$, 故 $g(x) \mid (x^{p^n} - x)$.

最后, 因为 $f(x)$ 无重根, 故 $f(x)$ 在 $F_p[x]$ 中的任意不可约因子的重数均为 1. 故命题得证. □

推论 7.1 令 $N_p(d)$ 表示 F_p 上次数为 d 的首一不可约多项式的个数, 则

$$p^n = \sum_{d|n} dN_p(d).$$

证明 考虑 $x^{p^n} - x$ 的分解式中不可约因式的次数即可. □

定义 7.6 在正整数集上定义默比乌斯 (Mobius) 函数 μ 如下:

$$\mu(n) = \begin{cases} 1, & n = 1, \\ (-1)^k, & \text{如果 } n \text{ 是 } k \text{ 个互异素数的乘积}, \\ 0, & \text{如果 } n \text{ 可以被某素数的平方整除}. \end{cases}$$

引理 7.1 对任意的正整数 n, 有

$$\sum_{d|n} \mu(d) = \begin{cases} 1, & \text{如果 } n = 1, \\ 0, & \text{如果 } n > 1. \end{cases}$$

证明 $n = 1$ 时结论显然. 对 $n > 1$, 只要考虑使 $\mu(d) \neq 0$ 的 n 的那些因子 d 即可, 即只考虑 $d = 1$ 或 d 是 n 的不同素因子的乘积. 设 $p_1, p_2, \cdots, p_k$ 是 n 的所有不同的素因子, 则

$$\sum_{d|n} \mu(d) = \mu(1) + \sum_{i=1}^{k} \mu(p_i) + \sum_{1 \leqslant i_1 \leqslant i_2 \leqslant k} \mu(p_{i_1}, p_{i_2}) + \cdots + \mu(p_1 p_2 \cdots p_k)$$

$$= 1 + \binom{k}{1} \cdot (-1) + \binom{k}{2} \cdot (-1)^2 + \cdots + \binom{k}{k} \cdot (-1)^k$$
$$= (1 + (-1))^k = 0.$$
□

引理 7.2 设函数 $f(n)$ 和 $g(n)$ 是从自然数集 $\mathbb{N}$ 到加法群 G 的两个函数, 则

$$f(n) = \sum_{d|n} g(d)$$

当且仅当

$$g(n) = \sum_{d|n} \mu(d) f\left(\frac{n}{d}\right).$$

证明 若 $f(n)$ 和 $g(n)$ 满足

$$f(n) = \sum_{d|n} g(d),$$

则有

$$\sum_{d|n} \mu(d) f\left(\frac{n}{d}\right) = \sum_{d|n} \mu(d) \sum_{d'|\frac{n}{d}} g(d') = \sum_{dd'|n} \mu(d) g(d')$$
$$= \sum_{d'|n} \sum_{d|\frac{n}{d'}} \mu(d) g(d') = \sum_{d'|n} g(d') \sum_{d|\frac{n}{d'}} \mu(d).$$

由引理 7.1可得 $\sum\limits_{d|\frac{n}{d'}} \mu(d) = g(n)$, 故有

$$g(n) = \sum_{d|n} \mu(d) f\left(\frac{n}{d}\right).$$

反过来, 设 $f(n)$ 和 $g(n)$ 满足

$$g(n) = \sum_{d|n} \mu(d) f\left(\frac{n}{d}\right).$$

则同法可证

$$\sum_{d|n} g(d) = \sum_{d|n} g\left(\frac{n}{d}\right) = \sum_{d|n} \sum_{d'|\frac{n}{d}} \mu\left(\frac{n}{dd'}\right) f(d')$$
$$= \sum_{dd'|n} \mu\left(\frac{n}{dd'}\right) f(d') = \sum_{d'|n} f(d') \sum_{d|\frac{n}{d'}} \mu\left(\frac{n}{dd'}\right)$$
$$= f(n).$$
□

定理 7.12 设 p 为素数, n 为正整数, 则 $F_p[x]$ 中的 n 次首一不可约多项式的个数 $N_p(n)$ 为

$$N_p(n) = \frac{1}{n}\sum_{d|n}\mu(d)p^{\frac{n}{d}}.$$

证明 在引理 7.2 中, 取 $G = (\mathbb{Z}, +)$, 并令 $f(n) = nN_p(n)$, $g(n) = p^n$.

由推论 7.1 可知

$$g(n) = p^n = \sum_{d|n} dN_p(d) = \sum_{d|n} f(d),$$

因此

$$nN_p(n) = \sum_{d|n}\mu(d)p^{\frac{n}{d}},$$

故有

$$N_p(n) = \frac{1}{n}\sum_{d|n}\mu(d)p^{\frac{n}{d}}.$$

□

由定理 7.12 可知, $F_p[x]$ 中的 n 次首一不可约多项式的个数约为 $N_p(n) \sim \frac{1}{n}p^n$, $n \to \infty$. 上述定理解决了 $F_p[x]$ 中的 n 次首一不可约多项式的存在性和计数问题. 下面给出判断 $F_p[x]$ 中的一个首一多项式是否为不可约多项式的算法.

算法 7.2 不可约多项式的判别

输入: 素数 p 和正整数 n, $q = p^n$, $f(x) \in F_q[x]$.

输出: Yes 或 No.

$d \leftarrow \deg f(x)$;
$u(x) \leftarrow x$;
for $i = 1$ to $\left\lfloor \frac{d}{2} \right\rfloor$ **do**
    for $j = 1$ to i **do**
        $u(x) \leftarrow u(x)^p \bmod f(x)$;
        $j \leftarrow j + 1$;
    end
    $\varphi(x) \leftarrow \gcd(u(x) - x, f(x))$;
    if $\varphi(x) \neq 1$ **then**
        return “No”;
    end
end
return “Yes”;

该算法的正确性是由于若 $f(x)$ 可约, 当且仅当存在一个次数为 $i \leqslant \left\lfloor \frac{\deg f(x)}{2} \right\rfloor$ 的不可约多项式 $g(x)$ 作为其因子, 而此时 $\gcd(x^{q^i} - x, f(x)) \neq 1$.

例 7.2 求出 $F_2[x]$ 中的所有 2 次和 3 次的不可约多项式.

解 (1) $F_2[x]$ 中的二次多项式有 $x^2+1, x^2, x^2+x, x^2+x+1$, 显然 $x^2, x^2+x=x(x+1), x^2+1=(x+1)^2$ 都可约. 而 0, 1 均不是 x^2+x+1 的根, 因此 $F_2[x]$ 中的二次不可约多项式仅有 x^2+x+1.

(2) 容易验证 0, 1 均不是 $F_2[x]$ 中的多项式 x^3+x^2+1, x^3+x+1 的根, 因此 x^3+x^2+1, x^3+x+1 是 $F_2[x]$ 中的三次不可约多项式. 又由定理 7.12 可知 $N_2(3)=\dfrac{1}{3}(2^3-2)=2$, 因此 $F_2[x]$ 中的三次不可约多项式只有 x^3+x^2+1, x^3+x+1.

例 7.3 证明 $f(x)=x^4+x+1$ 是 $F_2[x]$ 中的不可约多项式, 求 F_{2^4} 的所有本原元.

解 因为 $f(0)=1$ 且 $f(1)=1$, 所以 $f(x)$ 无一次因子. $F_2[x]$ 中的二次不可约多项式只有 x^2+x+1, 且 $x^4+x+1=(x^2+x+1)(x^2+x)+1$, 所以 $x^2+x+1\nmid x^4+x+1$, 这说明 x^4+x+1 是 $F_2[x]$ 中的不可约多项式.

因此, $F_{2^4}=\{a_0+a_1\theta+a_2\theta^2+a_3\theta^3|a_0,a_1,a_2,a_3\in F_2\}$, 其中 $\theta^4+\theta+1=0$.

因为 $|F_{2^4}^*|=15=3\times 5$, 有

$$\theta^3\neq 1, \quad \theta^5\equiv\theta^2+\theta\neq 1,$$

所以 θ 是 F_{2^4} 的一个本原元.

F_{2^4} 的所有本原元为 θ^t, $(t,15)=1$:

$$\theta^1=\theta, \quad \theta^2=\theta^2, \quad \theta^4=\theta+1, \quad \theta^7=\theta^3+\theta+1,$$

$$\theta^8=\theta^2+1, \quad \theta^{11}=\theta^3+\theta^2+\theta, \quad \theta^{13}=\theta^3+\theta^2+1, \quad \theta^{14}=\theta^3+1.$$

7.4 迹和范数

设 $K=F_q, F=F_{q^n}$, 则 F 可以看作 K 上的 n 维向量空间, 并且如果 $(\alpha_1,\cdots,\alpha_n)$ 是 F 在 K 上的一组基, 则任意的元素 $\alpha\in F$ 可以被唯一地表示为如下形式:

$$\alpha=c_1\alpha_1+\cdots+c_n\alpha_n,$$

其中, $c_j\in K, 1\leqslant j\leqslant n$. 下面定义一个从 F 到 K 的重要映射, 称为迹 (Trace).

定义 7.7 对于 $\alpha\in F=F_{q^n}, K=F_q$, 定义 α 在 K 上的迹 $\mathrm{Tr}_{F/K}(\alpha)$ 为

$$\mathrm{Tr}_{F/K}(\alpha)=\alpha+\alpha^q+\cdots+\alpha^{q^{n-1}},$$

如果 K 是 F 的素域, 则称 $\mathrm{Tr}_{F/K}(\alpha)$ 为 α 的绝对迹, 简记为 $\mathrm{Tr}_F(\alpha)$.

由迹的定义容易验证, $(\mathrm{Tr}_{F/K}(\alpha))^q=\mathrm{Tr}_{F/K}(\alpha)$, 故 $\mathrm{Tr}_{F/K}(\alpha)$ 是 K 的一个元素, 因此迹是从 F 到 K 的一个映射. 在不引起混淆的情况下, $\mathrm{Tr}_{F/K}(\alpha)$ 可简记为 $\mathrm{Tr}(\alpha)$.

定理 7.13 设 $K=F_q, F=F_{q^n}, \alpha,\beta\in F, a\in K$, 则迹函数 $\mathrm{Tr}_{F/K}$ 满足:

(1) $\mathrm{Tr}_{F/K}(\alpha+\beta)=\mathrm{Tr}_{F/K}(\alpha)+\mathrm{Tr}_{F/K}(\beta)$;

(2) $\mathrm{Tr}_{F/K}(a\alpha)=a\mathrm{Tr}_{F/K}(\alpha)$;

(3) $\mathrm{Tr}_{F/K}(a)=na$;

(4) $\mathrm{Tr}_{F/K}(\alpha^q)=\mathrm{Tr}_{F/K}(\alpha)$.

证明 (1) $\forall \alpha, \beta \in F$, 由性质 7.2 可知

$$\begin{aligned}\mathrm{Tr}_{F/K}(\alpha+\beta) &= \alpha+\beta+(\alpha+\beta)^q+\cdots+(\alpha+\beta)^{q^{n-1}} \\ &= \alpha+\beta+\alpha^q+\beta^q+\cdots+\alpha^{q^{n-1}}+\beta^{q^{n-1}} \\ &= \mathrm{Tr}_{F/K}(\alpha)+\mathrm{Tr}_{F/K}(\beta).\end{aligned}$$

(2) 由定理 7.8 可知, $\forall c \in K$, 有 $c^{q^j}=c\ (j \geqslant 0)$ 成立, 因此对于 $\forall \alpha \in F$ 有

$$\begin{aligned}\mathrm{Tr}_{F/K}(c\alpha) &= c\alpha+c^q\alpha^q+\cdots+c^{q^{n-1}}\alpha^{q^{n-1}} \\ &= c\alpha+c\alpha^q+\cdots+c\alpha^{q^{n-1}} \\ &= c\mathrm{Tr}_{F/K}(\alpha).\end{aligned}$$

(3) 由 $a \in K$ 可知 $a^{q^j}=a\ (j \geqslant 0)$, 因此

$$\begin{aligned}\mathrm{Tr}_{F/K}(a) &= a+a^q+\cdots+a^{q^{n-1}} \\ &= a+a+\cdots+a \\ &= na.\end{aligned}$$

(4) $\forall \alpha \in F$, 由定理 7.8 可知 $\alpha^{q^n}=\alpha$, 因此 $\mathrm{Tr}_{F/K}(\alpha^q)=\alpha^q+\alpha^{q^2}+\cdots+\alpha^{q^n}=\mathrm{Tr}_{F/K}(\alpha)$. □

定理 7.14 设 $K=F_q$, $F=F_{q^n}$, $\alpha \in F$, 则 $\mathrm{Tr}_{F/K}(\alpha)=0$ 当且仅当存在 $\beta \in F$ 使得 $\alpha=\beta^q-\beta$.

证明 由定理 7.13, 充分性显然. 下面证明必要性, 假设 $\alpha \in F$ 且满足 $\mathrm{Tr}_{F/K}(\alpha)=0$, 并且令 β 是 F 的 $x^q-x-\alpha$ 在某个扩域中的根, 则 $\beta^q-\beta=\alpha$ 并且

$$\begin{aligned}0=\mathrm{Tr}_{F/K}(\alpha) &= \alpha+\alpha^q+\cdots+\alpha^{q^{n-1}} \\ &= (\beta^q-\beta)+(\beta^q-\beta)^q+\cdots+(\beta^q-\beta)^{q^{n-1}} \\ &= (\beta^q-\beta)+(\beta^{q^2}-\beta^q)+\cdots+(\beta^{q^n}-\beta^{q^{n-1}}) \\ &= \beta^{q^n}-\beta.\end{aligned}$$

因此 $\beta \in F$. □

推论 7.2 设 $a, b \in F_{2^n}, a \neq 0$, 则有限域 F_{2^n} 上的方程 $x^2+ax+b=0$ 在 F_{2^n} 中有解的充分必要条件是 $\mathrm{Tr}(a^{-2}b)=0$.

证明 令 $y=a^{-1}x$, 方程 $x^2+ax+b=0$ 可转化为 $y^2+y=a^{-2}b$. 令 $\alpha=a^{-2}b$, 则证明 $y^2+y=\alpha$ 在 F_{2^n} 中有解的充分必要条件是 $\mathrm{Tr}(\alpha)=0$ 即可. 由定理 7.14 易知结论成立. □

当 $a \neq 0$ 且 $\mathrm{Tr}(a^{-2}b)=0$ 时, 如何求方程 $x^2+ax+b=0$ 的解?

(1) 若 n 是奇数, 令

$$\beta=\alpha+\alpha^{2^2}+\alpha^{2^4}+\cdots+\alpha^{2^{n-1}},$$

则有

$$\beta^2+\beta=\alpha^2+\alpha^{2^3}+\alpha^{2^5}+\cdots+\alpha^{2^n}+\alpha+\alpha^{2^2}+\alpha^{2^4}+\cdots+\alpha^{2^{n-1}}=\mathrm{Tr}(\alpha)+\alpha=\alpha,$$

因此 β 是方程 $y^2+y=\alpha$ 的解, 且容易验证 $\beta+1$ 是该方程的另一个解, 故方程 $x^2+ax+b=0$ 的解是 $a\beta$ 和 $a(\beta+1)$.

(2) 若 n 是偶数, 首先寻找 $\rho\in F_{2^n}$ 满足 $\rho\neq 1$ 并且 $\mathrm{Tr}(\rho)=1$, 令

$$\beta=(\rho^2+\rho^{2^2}+\rho^{2^3}+\cdots+\rho^{2^{n-1}})\alpha+(\rho^{2^2}+\rho^{2^3}+\cdots+\rho^{2^{n-1}})\alpha^2+\cdots+\rho^{2^{n-1}}\alpha^{2^{n-2}},$$

则有

$$\begin{aligned}\beta^2+\beta&=\rho^{2^n}(\alpha^2+\alpha^{2^2}+\cdots+\alpha^{2^{n-1}})+(\rho^2+\rho^{2^2}+\cdots+\rho^{2^{n-1}})\alpha\\&=\rho^{2^n}(\alpha+\mathrm{Tr}(\alpha))+(\rho+\mathrm{Tr}(\rho))\alpha\\&=\rho\alpha+(\rho+1)\alpha\\&=\alpha.\end{aligned}$$

因此 β 是方程的解, 且容易验证 $\beta+1$ 是方程的另一个解. □

算法 7.3 求有限域 F_{2^n} 上二次方程 $x^2+ax=b$ 的解

输入: $a,b\in F_{2^n}$.

输出: $x^2+ax=b$ 的解或 $\varnothing$.

if $a=0$ **then**
  return $b^{2^{n-1}}$;
else if $\mathrm{Tr}(a^{-1}b)=0$ **then**
  return $\varnothing$;
else
  随机选择 $\rho\in F_{2^n}$ 使得 $\mathrm{Tr}(\rho)\neq 1$; // 有大约 1/2 的概率
  $\beta\leftarrow\sum\limits_{i=0}^{n-2}\left(\sum\limits_{j=i+1}^{n-1}\rho^{2^j}\right)\alpha^{2^i}$;
  return β, $\beta+1$;
end

定义 7.8 设 $\alpha\in F=F_{q^n}$, $K=F_q$, 定义 α 在 K 上的范数 $N_{F/K}(\alpha)$ 为

$$N_{F/K}(\alpha)=\alpha\cdot\alpha^q\cdot\cdots\cdot\alpha^{q^{n-1}}=\alpha^{(q^n-1)/(q-1)}.$$

由范数的定义易知 $N_{F/K}(\alpha)$ 是 K 的一个元素.

定理 7.15 设 $K=F_q$, $F=F_{q^n}$, $\alpha,\beta\in F$, $a\in K$, 范数函数 $N_{F/K}$ 满足以下性质:

(1) $N_{F/K}(\alpha\beta)=N_{F/K}(\alpha)N_{F/K}(\beta)$;

(2) $N_{F/K}(a)=a^n$;

(3) $N_{F/K}(\alpha^q)=N_{F/K}(\alpha)$.

证明 性质 (1) 可由范数的定义直接得出.

(2) $\forall a \in K$, 有 $a^q = a$ 成立, 因此有 $N_{F/K}(a) = a \cdot a^q \cdot \cdots \cdot a^{q^{n-1}} = a^n$.

(3) 由于性质 (1) 和 $N_{F/K}(\alpha) \in K$, 有 $N_{F/K}(\alpha^q) = N_{F/K}(\alpha)^q = N_{F/K}(\alpha)$, 得证. □

7.5 有限域的表示

有限域的应用中需要对有限域中的元素进行运算, 而运算的速度与有限域中元素的表示方法有紧密的关系. 本节介绍有限域中元素的几种表示方法.

7.5.1 多项式基表示

设有限域 F_q 的特征为素数 p, 且 $q = p^n$, n 为正整数, 由定理 7.10 可知, 存在 n 次不可约多项式 $m(x)$ 使得 $F_q \simeq F_p[x]/\langle m(x)\rangle$, 即存在 $\theta \in F_q$ 使得 $m(\theta) = 0$. 显然, $1, \theta, \cdots, \theta^{n-1}$ 是 F_p 上 n 维线性空间 F_q 的一组基, F_q 中的元素在这组基下的表示称为多项式基表示.

例 7.4 给出 F_9 中元素的多项式表示.

将 F_9 看作 F_3 的 2 次单代数扩张. 易知 $m(x) = x^2 + 1$ 是 $F_3[x]$ 中的二次不可约多项式, 设 θ 是 $f(x)$ 在 F_9 中的一个根, 则在 F_9 中有 $f(\theta) = \theta^2 + 1 = 0$. $\{1, \theta\}$ 是 F_q 的一组自然基, 因此, F_9 中的元素可如下表示:

$$F_9 = \{a_0 + a_1\theta | a_0, a_1 \in F_3\} = \{0, 1, 2, \theta, 1+\theta, 2+\theta, 2\theta, 1+2\theta, 2+2\theta\},$$

其中, 加法运算容易得出, 乘法运算如表 7.1 所示.

表 7.1 F_9 中元素乘法表

	0	1	2	θ	$1+\theta$	$2+\theta$	2θ	$1+2\theta$	$2+2\theta$
0	0	0	0	0	0	0	0	0	0
1	0	1	2	θ	$1+\theta$	$2+\theta$	2θ	$1+2\theta$	$2+2\theta$
2	0	2	1	2θ	$2+2\theta$	$1+2\theta$	θ	$2+\theta$	$1+\theta$
θ	0	θ	2θ	2	$2+\theta$	$2+2\theta$	1	$1+\theta$	$1+2\theta$
$1+\theta$	0	$1+\theta$	$2+\theta$	$2+\theta$	2θ	1	$1+2\theta$	2	θ
$2+\theta$	0	$2+\theta$	$1+2\theta$	$2+2\theta$	1	θ	$1+\theta$	2θ	2
2θ	0	2θ	θ	1	$1+2\theta$	$1+\theta$	2	$2+2\theta$	$2+\theta$
$1+2\theta$	0	$1+2\theta$	$2+\theta$	$1+\theta$	2	2θ	$2+2\theta$	θ	1
$2+2\theta$	0	$2+2\theta$	$1+\theta$	$1+2\theta$	θ	2	$2+\theta$	1	2θ

例 7.5 $f(x) = x^8 + x^4 + x^3 + x + 1$ 是 $F_2[x]$ 中的一个 8 次不可约多项式, 则 $F_{2^8} = F_2[x]/\langle f(x)\rangle$ 是一个阶为 2^8 的有限域, 且 F_{2^8} 的每个元素可表示为 F_2 上的多项式 $a(x) = a_7x^7 + a_6x^6 + a_5x^5 + a_4x^4 + a_3x^3 + a_2x^2 + a_1x + a_0$, 其中 $a_i \in F_2 (i = 0, 1, \cdots, 7)$. 则 $a(x)$ 可用字节 $a_7a_6a_5a_4a_3a_2a_1a_0$ 来表示. 对于 F_{2^8} 中的每个元素 $a(x)$, 定义如下的变换:

1. 将 $a(x)$ 的字节表示映射为其乘法逆元的字节表示, 零元映射到自身;
2. 在第一步的基础上进行 F_2 上的仿射变换, 由以下矩阵变换表示:

$$\begin{pmatrix} y_0 \\ y_1 \\ y_2 \\ y_3 \\ y_4 \\ y_5 \\ y_6 \\ y_7 \end{pmatrix} = \begin{pmatrix} 1 & 0 & 0 & 0 & 1 & 1 & 1 & 1 \\ 1 & 1 & 0 & 0 & 0 & 1 & 1 & 1 \\ 1 & 1 & 1 & 0 & 0 & 0 & 1 & 1 \\ 1 & 1 & 1 & 1 & 0 & 0 & 0 & 1 \\ 1 & 1 & 1 & 1 & 1 & 0 & 0 & 0 \\ 0 & 1 & 1 & 1 & 1 & 1 & 0 & 0 \\ 0 & 0 & 1 & 1 & 1 & 1 & 1 & 0 \\ 0 & 0 & 0 & 1 & 1 & 1 & 1 & 1 \end{pmatrix} \begin{pmatrix} x_0 \\ x_1 \\ x_2 \\ x_3 \\ x_4 \\ x_5 \\ x_6 \\ x_7 \end{pmatrix} + \begin{pmatrix} 1 \\ 1 \\ 0 \\ 0 \\ 0 \\ 1 \\ 1 \\ 0 \end{pmatrix}.$$

给出上述变换的对照表.

解 若 $a(x) = 0$, 则其字节表示 00000000 通过变换后对应 1100110, 用 16 进制表示可知 00 对应 63.

若 $a(x) = x^7 + x^4 + x^2 + 1$, 则利用辗转相除法求得其乘法逆元为 $x^7 + x^3 + x$, 则仿射变换

$$\begin{pmatrix} 0 \\ 1 \\ 0 \\ 1 \\ 0 \\ 1 \\ 0 \\ 0 \end{pmatrix} = \begin{pmatrix} 1 & 0 & 0 & 0 & 1 & 1 & 1 & 1 \\ 1 & 1 & 0 & 0 & 0 & 1 & 1 & 1 \\ 1 & 1 & 1 & 0 & 0 & 0 & 1 & 1 \\ 1 & 1 & 1 & 1 & 0 & 0 & 0 & 1 \\ 1 & 1 & 1 & 1 & 1 & 0 & 0 & 0 \\ 0 & 1 & 1 & 1 & 1 & 1 & 0 & 0 \\ 0 & 0 & 1 & 1 & 1 & 1 & 1 & 0 \\ 0 & 0 & 0 & 1 & 1 & 1 & 1 & 1 \end{pmatrix} \begin{pmatrix} 0 \\ 1 \\ 0 \\ 1 \\ 0 \\ 0 \\ 0 \\ 1 \end{pmatrix} + \begin{pmatrix} 1 \\ 1 \\ 0 \\ 0 \\ 0 \\ 1 \\ 1 \\ 0 \end{pmatrix}.$$

用 16 进制表示可知 95 对应 2A.

以此类推, 求得对照表如下:

	0	1	2	3	4	5	6	7	8	9	A	B	C	D	E	F
0	63	7C	77	7B	F2	6B	6F	C5	30	01	67	2B	FE	D7	AB	76
1	CA	82	C9	7D	FA	59	47	F0	AD	D4	A2	AE	9C	A4	72	C0
2	B7	FD	93	26	36	3F	F7	CC	34	A5	E5	F1	71	D8	31	15
3	04	C7	23	C3	18	96	05	9A	07	12	80	E2	EB	27	B2	75
4	09	83	2C	1A	1B	6E	5A	A0	52	3B	D6	B3	29	E3	2F	84
5	53	D1	00	ED	20	FC	B1	5B	6A	CB	BE	39	4A	4C	58	CF
6	D0	EF	AA	FB	43	4D	33	85	45	F9	02	7F	50	3C	9F	A8
7	51	A3	40	8F	92	9D	38	F5	BC	B6	DA	21	10	FF	F3	D2
8	CD	0C	13	EC	5F	97	44	17	C4	A7	7E	3D	64	5D	19	73
9	60	81	4F	DC	22	2A	90	88	46	EE	B8	14	DE	5E	0B	DB
A	E0	32	3A	0A	49	06	24	5C	C2	D3	AC	62	91	95	E4	79
B	E7	C8	37	6D	8D	D5	4E	A9	6C	56	F4	EA	65	7A	AE	08
C	BA	78	25	2E	1C	A6	B4	C6	E8	DD	74	1F	4B	BD	8B	8A
D	70	3E	B5	66	48	03	F6	0E	61	35	57	B9	86	C1	1D	9E
E	E1	F8	98	11	69	D9	8E	94	9B	1E	87	E9	CE	55	28	DF
F	8C	A1	89	0D	BF	E6	42	68	41	99	2D	0F	B0	54	BB	16

7.5.2 自然基和正规基表示

从线性空间的角度来看, 特征为 p 的有限域 F_{p^n} 可看作其素域 F_p 上的 n 维线性空间. 而有限域 F_{p^n} 必存在本原元. 不妨设 θ 是 F_{p^n} 的一个本原元, 则 F_{p^n} 的所有非零元都可由 θ 的幂次表示, 同时 θ 又是一个 n 次不可约多项式的根. 因此, F_{p^n} 中的所有元素可以由 $1,\theta,\cdots,\theta^{n-1}$ 线性表示. 从线性空间的角度, 易知 $1,\theta,\cdots,\theta^{n-1}$ 是线性无关的, 并且构成了 F_p 上的线性空间 F_{p^n} 的一组基, 把这组基称为有限域 F_{p^n} 的一组自然基. 一个线性空间的基有很多组, 根据不同的需要可以用不同的基表示向量空间中的元素. 对有限域而言, 其元素除了自然基表示外, 正规基表示也是一类常用表示方法.

定义 7.9 设 θ 是特征为 p 的有限域 F_{p^n} 的一个本原元, 如果向量组 $\{\theta,\theta^p,\theta^{p^2},\cdots,\theta^{p^{n-1}}\}$ 是线性无关的, 则称它为 F_{p^n} 的一组正规基.

例 7.6 设 θ 是 $F_2[x]$ 上的三次不可约多项式 x^3+x^2+1 的一个根, 求 F_8 的一组自然基和正规基.

解 由 θ 满足 $\theta^3+\theta^2+1=0$ 可知 $\theta^3=\theta^2+1$. 可验证, θ 是 F_8 的一个本原元. 因此, $1,\theta,\theta^2$ 构成 F_8 的一组自然基.

下面验证 $\{\theta,\theta^2,\theta^4\}$ 是否构成 F_8 的一组正规基.

θ,θ^2,θ^4 所有 7 种系数不全为零的线性组合如下:

$\theta,\quad \theta^2,\quad \theta+\theta^2,\quad \theta^4=1+\theta+\theta^2,\quad \theta+\theta^4=1+\theta^2,\quad \theta^2+\theta^4=1+\theta,\quad \theta+\theta^2+\theta^4=1.$
因此 $\{\theta,\theta^2,\theta^4\}$ 是线性无关的, 它是 F_8 的一组正规基.

由上面的例子可以看出, 在特征为 p 的有限域 F_{p^n} 中, 用自然基和正规基都可以表示域元素, 这两种表示方法各有其优势. 用自然基表示可使域中的任一元素 θ^i 乘 θ 的计算变得非常简单, 而用正规基表示可使域中任意元素的 p 次幂的计算非常容易. 如在 F_8 中, 用三次不可约多项式 $h(x)=x^3+x^2+1$ 的根 θ 导出的自然基和正规基, 可将域元素表示为表 7.2.

表 7.2 F_8 中元素的自然基和正规基表示对比

域元素	自然基表示	在自然基 $\theta^2,\theta,1$ 下的坐标	正规基表示	在正规基 θ^4,θ^2,θ 下的坐标
0	0	000	0	000
1	1	001	$\theta^4+\theta^2+\theta$	111
θ	θ	010	θ	001
θ^2	θ^2	100	θ^2	010
θ^3	θ^2+1	101	$\theta^4+\theta$	101
θ^4	$\theta^2+\theta+1$	111	θ^4	100
θ^5	$\theta+1$	011	$\theta^4+\theta^2$	110
θ^6	$\theta^2+\theta$	110	$\theta^2+\theta$	011

在自然基下, $\theta^i=a_2\theta^2+a_1\theta+a_0, \theta\theta^i=a_1\theta^2+a_0\theta+a_2\theta^3=a_1\theta^2+a_0\theta+a_2(\theta^2+1)=(a_1\theta^2+a_0\theta+a_2)+a_2\theta^2$, 用坐标表示为

$$\theta\theta^i=a_1a_0a_2+a_200,$$

可由一次循环移位和一次加法实现.

在正规基下, 特征为 p 的有限域 F_{p^n} 中的元素

$$u = b_{n-1}\theta^{p^{n-1}} + b_{n-2}\theta^{p^{n-2}} + \cdots + b_1\theta^p + b_0\theta$$

的 p 次幂

$$\begin{aligned} u^p &= b_{n-1}\theta^{p^n} + b_{n-2}\theta^{p^{n-1}} + \cdots + b_1\theta^{p^2} + b_0\theta^p \\ &= b_{n-2}\theta^{p^{n-1}} + b_{n-3}\theta^{p^{n-2}} + \cdots + b_1\theta^{p^2} + b_0\theta^p + b_{n-1}\theta \end{aligned}$$

用坐标表示为

$$(b_{n-1}b_{n-2}\cdots b_2b_1b_0)^p = (b_{n-2}b_{n-3}\cdots b_2b_1b_0b_{n-1}),$$

即只需一次左循环移位.

7.5.3 伴随矩阵表示

一个 n 次首一多项式 $f(x) = x^n + a_{n-1}x^{n-1} + \cdots + a_1x + a_0$ 的伴随矩阵定义为

$$A = \begin{pmatrix} 0 & 0 & 0 & \cdots & 0 & -a_0 \\ 1 & 0 & 0 & \cdots & 0 & -a_1 \\ 0 & 1 & 0 & \cdots & 0 & -a_2 \\ \vdots & \vdots & \vdots & & \vdots & \vdots \\ 0 & 0 & 0 & \cdots & 1 & -a_{n-1} \end{pmatrix}.$$

由线性代数的知识可知 $|xI - A| = x^n + a_{n-1}x^{n-1} + \cdots + a_1x + a_0 = f(x)$, 即 $f(x)$ 是矩阵 A 的特征多项式; 因此 $A^n + a_{n-1}A^{n-1} + \cdots + a_2A^2 + a_1A + a_0I = 0$, 这里 I 是 n 阶单位矩阵.

因此矩阵 A 可以看成 $f(x)$ 的一个根, 结合多项式表示法可知, 利用上述结果可以给出有限域中元素的伴随矩阵表示法. 有限域元素的矩阵表示法的优势是可利用矩阵的加法和乘法来实现有限域上元素的加法和乘法运算. 但是当不可约多项式 $f(x)$ 的次数较高时, 矩阵规模较大, 计算和存储资源消耗较大.

例 7.7 设 $f(x) = x^2 + 1 \in F_3[x]$, $f(x)$ 的伴随矩阵为

$$A = \begin{pmatrix} 0 & 2 \\ 1 & 0 \end{pmatrix},$$

因此 $F_9 = \{\mathbf{0}, I, 2I, A, I + A, 2I + A, 2A, I + 2A, 2I + 2A\}$. F_9 中元素的加法以及乘法为矩阵的加法和乘法, 如

$$(A) + (I + A) = I + 2A = \begin{pmatrix} 1 & 1 \\ 2 & 1 \end{pmatrix},$$

$$A \cdot (I + A) = A + A^2 = \begin{pmatrix} 2 & 2 \\ 1 & 2 \end{pmatrix} = 2I + A.$$

例 7.8 $f(x)=x^2+x+2\in F_3[x]$, 其中 $f(x)$ 是 $F_3[x]$ 中的本原多项式, $f(x)$ 的伴随矩阵为

$$A=\begin{pmatrix}0&1\\1&2\end{pmatrix},$$

因此

$$F_9=\{0,A,A^2,A^3,A^4,A^5,A^6,A^7,A^8\},$$

F_9 中元素的加法按照矩阵的加法, 如

$$A^6+A=\begin{pmatrix}2&1\\1&1\end{pmatrix}+\begin{pmatrix}0&1\\1&2\end{pmatrix}=\begin{pmatrix}2&2\\2&0\end{pmatrix}=A^3,$$

$$A^3+A^4=\begin{pmatrix}2&2\\2&0\end{pmatrix}+\begin{pmatrix}2&0\\0&2\end{pmatrix}=\begin{pmatrix}1&2\\2&2\end{pmatrix}=A^2.$$

习题 7

7.1 给出 F_2 上全部 4 次不可约多项式, 给出 F_3 上全部 2 次不可约多项式.

7.2 设 $f(x)$ 是 $F_p[x]$ 中首一不可约多项式. 若 u 为 $f(x)$ 的一个根, 则 $f(x)$ 共有 n 个彼此不同的根, 并且它们为 $u, u^p, u^{p^2}, \cdots, u^{p^{n-1}}$.

7.3 设 F 为 p^n 元域 (p 为素数), $F=F_p(u)$. 试问 u 是否一定为乘法循环群 $F^*=F-\{0\}$ 的生成元?

7.4 求 F_{23}, F_{29} 的所有本原元.

7.5 求 F_q 是有限域且 $q\neq 2$, 证明 F_q 中所有元素之和为 0.

7.6 设 F 是任意域, 证明若 F^* 是循环群, 则 F 一定是有限域.

7.7 试构造一个 9 元域, 并给出其加法和乘法规则.

7.8 将 $F_2[x]$ 中的多项式 x^7+x+1 分解为 $F_2[x]$ 中不可约多项式的乘积.

7.9 求 $F_2[x]/(x^8+x^4+x^3+x+1)$ 的所有生成元.

7.10 (1) 证明 x^2+1 是 F_{11} 上的二次不可约多项式, 并证明 $F_{11}[x]/(x^2+1)$ 是 121 阶的有限域.

(2) 证明 x^2+x+4 是 F_{11} 上的二次不可约多项式, 并证明 $F_{11}[x]/(x^2+x+4)$ 是 121 阶的有限域.

(3) 证明 $F_{11}[x]/(x^2+1)$ 和 $F_{11}[x]/(x^2+x+4)$ 同构.

7.11 (1) 证明 x^4+x+1 是 $F_2[x]$ 中的本原多项式.

(2) 证明 $x^4+x^3+x^2+x+1$ 是 $F_2[x]$ 中的四次不可约多项式, 但不是本原多项式.

(3) 令 u 为 $x^4+x^3+x^2+x+1\in F_2[x]$ 的一个根, 试问 $F_{16}=F_2(u)$ 中哪些元素是 $F_{16}-\{0\}$ 的乘法生成元?

7.12 给出 $F_2[x]/(x^4+x+1)$ 的一种正规基表示.

第 8 章

椭 圆 曲 线

椭圆曲线 (elliptic curve) 是一门古老而内容丰富的数学分支, 涉及较多深奥的算术理论. 最早的椭圆曲线方程可追溯到古希腊时期丢番图 (Diophantus, 约 200—300) 出版的著作《算术》一书, 书中讨论的基本问题就是整数多项式方程的有理数解.

8.1 椭圆曲线的有理点

设 $a, b \in \mathbb{Q}$, $\mathbb{Q}$ 上的二元三次方程

$$y^2 = x^3 + ax + b \tag{8.1}$$

称为 $\mathbb{Q}$ 上的魏尔斯特拉斯 (Weierstrass) 方程.

式(8.1)的方程对应实平面上的一条曲线, 可证其是光滑的等价于 $x^3 + ax + b = 0$ 没有重根, 即判别式 $4a^3 + 27b^2 \neq 0$. 后续称 $\mathbb{Q}$ 上光滑的 Weierstrass 方程为 $\mathbb{Q}$ 上的椭圆曲线, 其在实平面上的几何图形如图 8.1 所示. 其中, 图形上坐标为有理数的点称为椭圆曲线上的有理点.

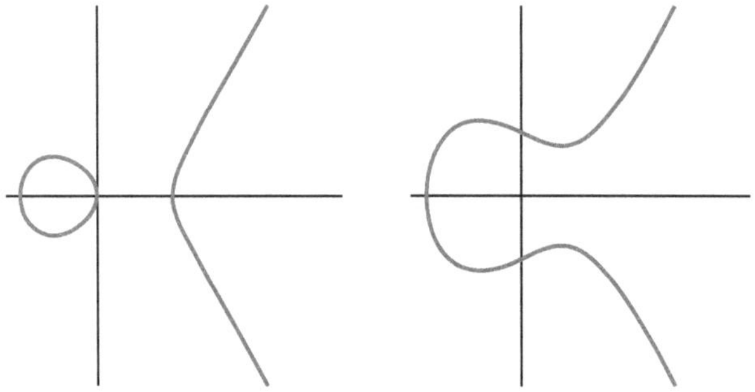

(a) $y^2 = x^3 - x$　　(b) $y^2 = x^3 - x + 1$

图 8.1　椭圆曲线的两个例子

例 8.1 (Bacht 问题)　*考虑将一个非零的有理数 a 写成一个有理平方数和一个有理立方数之差, 即可描述成 Bacht 方程:*

$$y^2 - x^3 = a \tag{8.2}$$

是否有有理解? 显然, Bacht 方程是 $\mathbb{Q}$ 上的椭圆曲线.

1621 年, Bacht 证明了若 (x,y) 是一个解且 $y\neq 0$, 则

$$\left(\frac{x^4-8ax}{4y^2},\frac{-x^6-20ax^3+8a^2}{8y^3}\right)$$

也是一个解.

上述 Bacht 问题的求解是从椭圆曲线上的一个有理点生成一个新的有理点. 令人惊讶的是, Bacht 如何找到这样的非平凡的解呢? 后人使用直线与方程相交的思想给出了一种解释. 需要说明的是, 笛卡儿①在 1637 年出版的《几何学》才引入坐标系, 用符号代数来研究轨迹等几何问题, 而 Bacht 生活在笛卡儿之前, 难道那时 Bacht 的思维里已有坐标系的概念了吗?

更一般地, 利用几何弦切法, 可以从椭圆曲线上的两个有理点生成更多个有理点. 具体地:

设 $\mathbb{Q}$ 上椭圆曲线 $E: y^2=x^3+ax+b$ 上的两个有理点 $P=(x_1,y_1)$ 和 $Q=(x_2,y_2)$, 即 ${y_i}^2={x_i}^3+ax_i+b$, $i=1,2$. 弦切法具体过程如下: 过 P 和 Q 的直线 (当 $P=Q$ 时, 取过 P 的切线) 与椭圆曲线 E 相交于第三点 $R=(x_3,y_3)$, 过 R 做 x 轴的垂线, 与椭圆曲线 E 相交于 R', 将 R' 记作 $P+Q$. 由椭圆曲线的对称性, 可知 $P+Q=(x_3,-y_3)$. 后续计算可以得出 $P+Q$ 也是有理点.

在实平面上, 上述过程如图 8.2 所示.

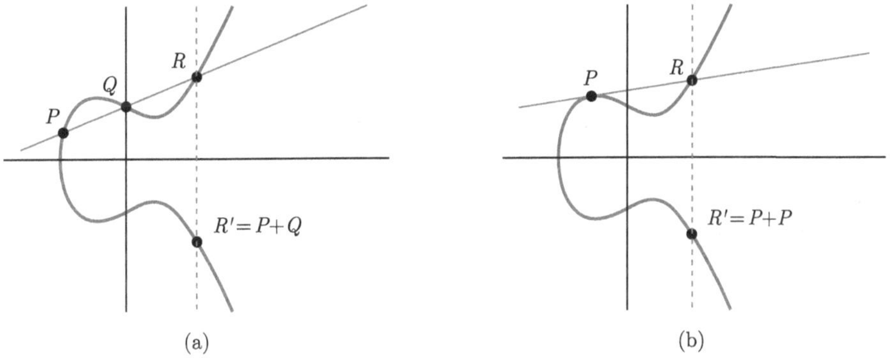

图 8.2　椭圆曲线的弦切法

例 8.2　利用弦切法给出例 8.1中 Bacht 的计算结果.

解　给定有理点 $P=(x,y)$ 满足 Bacht 问题, 即 $y^2-x^3=a$, 过 P 点的切线方程为

$$Y=k(X-x)+y,$$

其中, $k=\dfrac{3x^2}{2y}$ 为斜率, 下面求此切线与 Bacht 方程相交的另一个点 $(\bar{x},\bar{y})$. 将切线方程代入式(8.2),

① 勒内 • 笛卡儿 (René Descartes, 1596—1650), 法国哲学家、数学家. 创新性地引入了坐标系, 成功地将几何问题转化为代数问题, 从而创立了解析几何学, 为近代数学的发展开启了新的篇章. 此外其在物理、哲学等众多领域都有杰出贡献, 被誉为 "近代科学的始祖".

$$X^3 - (k(X - x) + y)^2 + a = 0,$$

利用韦达定理, 由多项式的系数与其根 (三次多项式的三个根分别为 $x_1 = x_2 = x, x_3 = \bar{x}$) 之间的关系可得

$$\begin{aligned}\bar{x} &= (k)^2 - 2x \\ &= \frac{9x^4}{4y^2} - 2x \\ &= \frac{9x^4 - 8x(x^3 + a)}{4y^2} \\ &= \frac{x^4 - 8ax}{4y^2},\end{aligned}$$

$$\begin{aligned}\bar{y} &= k(\bar{x} - x) + y \\ &= \frac{3x^2}{2y}(\frac{x^4 - 8ax}{4y^2} - x) + y \\ &= \frac{3x^2(x^4 - 8ax - 4x(x^3 + a)) + 8y^4}{8y^3} \\ &= \frac{3x^2(-3x^4 - 12ax) + 8(x^6 + 2ax^3 + a^2)}{8y^3} \\ &= \frac{-x^6 - 20ax^3 + 8a^2}{8y^3},\end{aligned}$$

故

$$(\bar{x}, \bar{y}) = \left(\frac{x^4 - 8ax}{4y^2}, \frac{-x^6 - 20ax^3 + 8a^2}{8y^3}\right)$$

恰是 Bacht 问题的一个解. □

例 8.3 设椭圆曲线 $E: y^2 = x^3 + 17$, $P = (-2, 3)$ 和 $Q = (2, 5)$ 是 E 上的两个有理点, 计算 $P + Q$ 和 $P + P$.

解 (1) 首先计算 $P + Q$. 由 P 和 Q 所决定的直线的斜率

$$k = \frac{5 - 3}{2 - (-2)} = \frac{1}{2},$$

直线方程为

$$y = \frac{1}{2}x + 4,$$

代入 E 的方程化简得到

$$x^3 - \frac{1}{4}x^2 - 4x + 1 = 0.$$

因为 $x_1 = -2, x_2 = 2$ 是方程 E 的两个根, 由韦达定理可知方程第三个根 $x_3 = \frac{1}{4}$, 将其代入直线方程可求得 $y_3 = \frac{33}{8}$, 故 $R = \left(\frac{1}{4}, \frac{33}{8}\right)$. 进一步, 取 R 点关于 x 轴的对称点, 得到

$$P+Q=\left(\frac{1}{4},-\frac{33}{8}\right).$$

(2) 计算 $P+P$. 首先计算过 P 点处切线方程的斜率:

$$k=\frac{3x^2}{2y}=\frac{3\times(-2)^2}{2\times 3}=2,$$

故切线方程为

$$y=2(x+2)+3=2x+7.$$

再代入 E 化简得到

$$x^3-4x^2-28x-32=0,$$

同理, 由韦达定理可知

$$x_3=4+2+2=8,$$

$$y_3=2\times x_3+7=23,$$

故 $R=(8,23)$. 进一步, 取 R 点关于 x 轴的对称点, 得到

$$P+P=(8,-23).$$ □

需要指出的是, 给定椭圆曲线 $E: y^2=x^3+ax+b$ 的任意两个点, 上述弦切法并不一定相交于第三点, 即当 P 和 Q 的横坐标相同时, P 和 Q 的连线是与 x 轴垂直的直线, 从图形上看, 并不存在第三个点与椭圆曲线 E 相交. 为此, 在椭圆曲线 E 上额外添加一个特殊点, 此点是 x 轴垂直方向的无穷远点, 也可看作是任意垂直于 x 轴的直线上添加的无穷远点, 从而任意两条垂直于 x 轴的直线均交于此点, 称此点为椭圆曲线 E 的无穷远点, 记作 $\mathcal{O}$, 并规定 $\mathcal{O}$ 与 x 轴的对称点仍为 $\mathcal{O}$, 即 $\mathcal{O}+\mathcal{O}=\mathcal{O}$.

记 $E(\mathbb{R})$ 为椭圆曲线 E 在 $\mathbb{R}$ 上的所有点构成集合, 即

$$E(\mathbb{R})=\{(x,y)\in\mathbb{R}^2|y^2=x^3+ax+b\}\cup\{\mathcal{O}\},$$

这样, 弦切法就可以适用于椭圆曲线上的任意两点. 弦切法给出了 $E(\mathbb{R})$ 上任意两点的一种二元运算 $+$.

性质 8.1 设 E 是 $\mathbb{R}$ 上的椭圆曲线, 集合 $E(\mathbb{R})$ 上的二元运算 $+$ 有如下性质:

(1) 对任意一点 $P\in E(\mathbb{R})$, 均有 $P+\mathcal{O}=P$;

(2) 对任意两点 $P,Q\in E(\mathbb{R})$, 均有 $P+Q=Q+P$;

(3) 对任意一点 $P\in E(\mathbb{R})$, 存在 E 上点 Q, 满足 $P+Q=\mathcal{O}$;

(4) 若直线 L 与椭圆曲线 E 相交于 P,Q,R 三点, 则 $(P+Q)+R=\mathcal{O}$.

用弦切法的定义容易验证. 进一步, 可以证明上述二元运算满足结合律: 对任意三点 $P,Q,S\in E(\mathbb{R})$, 均有 $(P+Q)+S=P+(Q+S)$. 相关证明较为复杂, 图 8.3 结合弦切法给出了一个启发式说明.

换而言之, 二元运算 $+$ 使得曲线 E 上的点构成了一个交换群, 其中无穷远点 $\mathcal{O}$ 为群的零元, 点 P 的逆元为其关于 x 轴的对称点. 以下称这个群为 E 上的加法群, 点 P 的逆元为 $-P$.

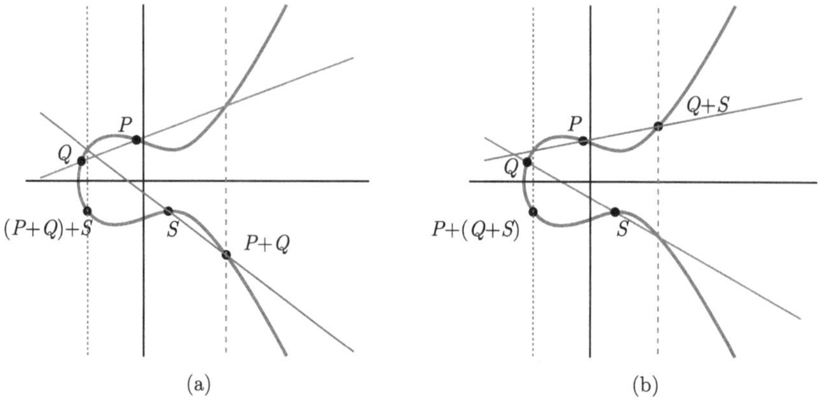

图 8.3 椭圆曲线的点加法满足结合律

法国数学家庞加莱 (Poincaré)[①]最早证明了定义在实数域 $\mathbb{R}$ 的椭圆曲线点 $(E(\mathbb{R}),+)$ 构成群, 而 $(E(\mathbb{Q}),+)$ 是其子群. 相应的点加运算由算法 8.1 给出.

算法 8.1 椭圆曲线上的点加法

输入: 椭圆曲线方程 $y^2 = x^3 + ax + b$, 椭圆曲线上的点 $P = (x_1, y_1), Q = (x_2, y_2)$.

输出: $P + Q$.

if $P = \mathcal{O}$ 且 $Q = \mathcal{O}$ **then**
  return $\mathcal{O}$;
else
  if $P = \mathcal{O}$ 或 $Q = \mathcal{O}$ **then**
    return 另外一个点的坐标;
  end
end
if $x_1 = x_2$ 且 $y_1 + y_2 = 0$ **then**
  return $\mathcal{O}$;
end
if $P = Q$ **then**
  $k \leftarrow \dfrac{3x_1^2 + a}{2y_1}$;
  $x_3 \leftarrow k^2 - 2x_1$;
  $y_3 \leftarrow k(x_3 - x_1) + y_1$;
  return $P + Q = (x_3, -y_3)$;
else
  $k \leftarrow \dfrac{y_2 - y_1}{x_2 - x_1}$;
  $x_3 \leftarrow k^2 - x_1 - x_2$;
  $y_3 \leftarrow k(x_3 - x_1) + y_1$;
  return $P + Q = (x_3, -y_3)$;
end

---

① 亨利・庞加莱 (Henri Poincaré, 1854—1912), 法国数学家、科学哲学家, 生于法国南锡 (Nancy). 1887 年当选法国科学院院士, 1906 年成为科学院主席, 在数学分析、代数、拓扑等领域均有杰出贡献, 被公认为 19 世纪末 20 世纪初的领袖数学家.

定理 8.1 (Poincaré 定理) $(E(\mathbb{R}),+)$ 是一个交换群.

推论 8.1 $E(\mathbb{Q}) \leqslant E(\mathbb{R})$, 即 $(E(\mathbb{Q}),+)$ 是 $(E(\mathbb{R}),+)$ 的子群.

8.2 有限域上的椭圆曲线

由上节可知, $E(\mathbb{R})$ 以及算法 8.1 给出的 $E(\mathbb{R})$ 上的二元运算 +, 使得 $(E(\mathbb{R}),+)$ 是一个交换群, 且运算有几何解释. $E(\mathbb{R})$ 是一个无限群, 为了要构造有限可计算的群, 需讨论有限域 F_q 上的椭圆曲线. 从密码应用的角度, 尤其关注 $q=p$ (大素数) 或 $q=2^n$ 这两种情形.

定义 8.1 设 $p>3$ 是素数, F_p 上的椭圆曲线为 Weierstrass 方程:

$$E: y^2 = x^3 + ax + b, \tag{8.3}$$

其中, $a,b \in F_p, 4a^3+27b^2 \neq 0$ 所确定的 F_p 上的点集, 并添加一个无穷远点 $\mathcal{O}$. 即

$$E(F_p) = \{(x,y) \in F_p^2 | y^2 = x^3 + ax + b\} \cup \{\mathcal{O}\}.$$

定义 8.2 F_{2^n} 上的椭圆曲线为方程:

$$E_1: y^2 + xy = x^3 + ax^2 + b, \tag{8.4}$$

其中, $a,b \in F_{2^n}, b \neq 0$, 或

$$E_2: y^2 + cy = x^3 + ax + b, \tag{8.5}$$

其中, $a,b,c \in F_{2^n}, c \neq 0$ 所确定的 F_{2^n} 上的点集, 并添加一个无穷远点 $\mathcal{O}$. 即

$$E_1(F_{2^n}) = \{(x,y) \in F_{2^n}^2 | y^2 + xy = x^3 + ax^2 + b\} \cup \{\mathcal{O}\}$$

或

$$E_2(F_{2^n}) = \{(x,y) \in F_{2^n}^2 | y^2 + cy = x^3 + ax + b\} \cup \{\mathcal{O}\}.$$

例 8.4 给定 F_{13} 上的椭圆曲线 $E: y^2 = x^3 + 3x + 8$, 计算 $E(F_{13})$.

解 遍历 $x = 0, 1, \cdots, 12$ 计算 $x^3 + 3x + 8$ 在模 13 是否为二次剩余来确定其坐标. 计算勒让德符号:

$$
\left(\frac{x^3+3x+8}{13}\right)=\begin{cases}
\left(\dfrac{2}{13}\right)=-1, & x=0,\\[2mm]
\left(\dfrac{12}{13}\right)=1, & x=1,\\[2mm]
\left(\dfrac{9}{13}\right)=1, & x=2,\\[2mm]
\left(\dfrac{5}{13}\right)=-1, & x=3,\\[2mm]
\left(\dfrac{6}{13}\right)=-1, & x=4,\\[2mm]
\left(\dfrac{5}{13}\right)=-1, & x=5,\\[2mm]
\left(\dfrac{2}{13}\right)=-1, & x=6,\\[2mm]
\left(\dfrac{2}{13}\right)=-1, & x=7,\\[2mm]
\left(\dfrac{11}{13}\right)=-1, & x=8,\\[2mm]
\left(\dfrac{10}{13}\right)=1, & x=9,\\[2mm]
\left(\dfrac{11}{13}\right)= \quad 1, & x-10,\\[2mm]
\left(\dfrac{7}{13}\right)=-1, & x=11,\\[2mm]
\left(\dfrac{4}{13}\right)=1, & x=12,
\end{cases}
$$

再分别求解如下二次方程:

$$
\begin{cases}
y^2\equiv 12 \mod 13,\\
y^2\equiv 9 \mod 13,\\
y^2\equiv 10 \mod 13,\\
y^2\equiv 4 \mod 13,
\end{cases}
$$

得到对应的解分别是

$$
y=\pm 5,\quad y=\pm 3,\quad y=\pm 6,\quad y=\pm 2,
$$

故

$$
E(F_{13})=\{\mathcal{O},(1,5),(1,8),(2,3),(2,10),(9,6),(9,7),(12,2),(12,11)\}.
$$

$E(F_{13})$ 上的 8 个非无穷远点也可由图 8.4 表示.

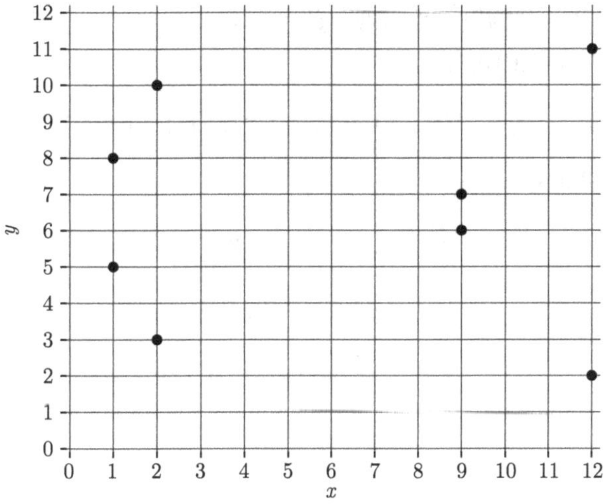

图 8.4　$E(F_{13})$ 中的离散点

例 8.5　给定 $F_{2^3} = F_2[t]/\langle t^3 + t + 1 \rangle$ 上的椭圆曲线:

$$E_1:\ y^2 + xy = x^3 + (1+t)x^2 + t, \tag{8.6}$$

$$E_2:\ y^2 + (1+t)y = x^3 + (1+t^2)x + t, \tag{8.7}$$

计算 $E_1(F_{2^3})$ 和 $E_2(F_{2^3})$.

解　(1) 首先计算 $E_1(F_{2^3})$.

因为 $F_{2^3} = \{0, 1, t, t+1, t^2, t^2+1, t^2+t, t^2+t+1\}$, 可遍历每个 $x \in F_{2^3}$ 代入式 (8.6), 计算 $f(x) = x^3 + (1+t)x^2 + t$, 进而应用算法 7.3 求解二次方程式:

$$y^2 + xy = f(x)$$

的方法来计算 $E_1(F_{2^3})$.

当 $x = 0$ 时, 将式(8.6)转化为二次方程: $y^2 = t$, 应用算法 7.3 可知

$$y = t^{2^2} = t^2 + t$$

是方程的根, 故 $(0, t^2+t) \in E_1(F_{2^3})$.

当 $x \neq 0$ 时, 使用类似的方法可计算:

(i) 当 $x = 1$ 时, 二次方程式(8.6)的 $\mathrm{Tr}(x^{-2}f(x)) = 0$, 且 $y = 0, 1$ 是相应的根;

(ii) 当 $x = t$ 时, 二次方程式(8.6)的 $\mathrm{Tr}(x^{-2}f(x)) = 0$, 且 $y = t^2+1, t^2+t+1$ 是相应的根;

(iii) 当 $x = t+1$ 时, 二次方程式(8.6)的 $\mathrm{Tr}(x^{-2}f(x)) = 0$, 且 $y = 1, t$ 是相应的根;

(iv) 当 $x = t^2$ 时, 二次方程式(8.6)的 $\mathrm{Tr}(x^{-2}f(x)) = 1$;

(v) 当 $x = t^2+1$ 时, 二次方程式(8.6)的 $\mathrm{Tr}(x^{-2}f(x)) = 1$;

(vi) 当 $x = t^2+t$ 时, 二次方程式(8.6)的 $\mathrm{Tr}(x^{-2}f(x)) = 0$, 且 $y = t, t^2$ 是相应的根;

(vii) 当 $x = t^2+t+1$ 时, 二次方程式(8.6)的 $\mathrm{Tr}(x^{-2}f(x)) = 1$.

这里以 (iii): $x=t+1$ 为例详细说明, 其余可自行验证.

将 $x=t+1$ 代入式(8.6)可得

$$y^2+(t+1)y=f(t+1)=(t+1)^3+(t+1)(t+1)^2+t=t.$$

令 $\alpha=(t+1)^{-2}t=t^2+t$, 可计算

$$\begin{aligned}\mathrm{Tr}(\alpha)&=\alpha+\alpha^2+\alpha^{2^2}\\&=t^2+(t^2)^2+(t^2+t)^{2^2}\\&=t^2+t^4+(t^4+t^2)\\&=0.\end{aligned}$$

由推论 7.2 可知, 当 $x=t+1$ 时, 式(8.6)有两个根.

进一步应用算法 7.3, 由于 $n=3$ 为奇数, 故

$$\beta=\alpha^2=(t^2)^2=t^2+t$$

是方程 $z^2+z+\alpha=0$ 的一个解, 且 $\beta+1=t^2+t+1$ 是该方程的另一个解. 故 $y^2+(t+1)y=t$ 的两个解分别为 $\beta(t+1)=(t^2+t)(t+1)=t^3+t=1$ 和 $(\beta+1)(t+1)=(t^2+t+1)(t+1)=1+t+1=t$.

$$\begin{aligned}E_1(F_{2^3})=&\{\mathcal{O},(0,t^2+t),(1,0),(1,1),(t,t^2+1),\\&(t,t^2+t+1),(t+1,1),(t+1,t),(t^2+t,t),(t^2+t,t^2)\}.\end{aligned}$$

$E_1(F_{2^3})$ 的 9 个非无穷远点, 也可由图 8.5 所示.

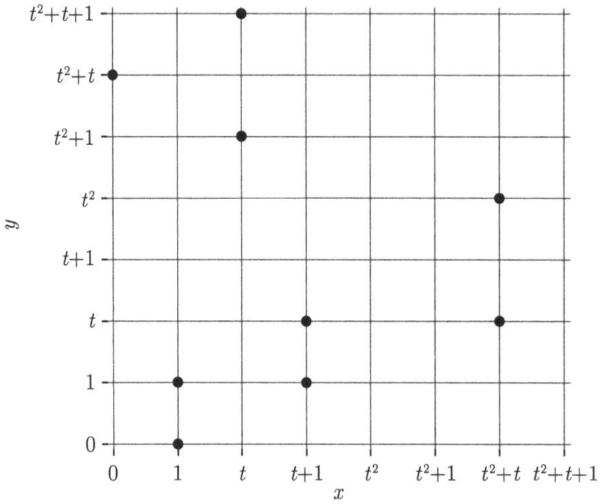

图 8.5 $E_1(F_{2^3})$ 中的离散点

(2) 类似的方法可计算 $E_2(F_{2^3})$ 如下, 具体过程留作习题 8.12.

当 $x=0$ 时, 可计算 $y=1$ 及 $y=t$ 均满足三次方程式(8.7);

当 $x=t$ 时, 可计算 $y=0$ 及 $y=t+1$ 均满足三次方程式(8.7);

当 $x=t+1$ 时, 可计算 $y=1$ 及 $y=t$ 均满足三次方程式(8.7);

当 $x=t^2+1$ 时, 可计算 $y=t^2+1$ 及 $y=t^2+t$ 均满足三次方程式(8.7).

此外, 其他 $(x,y)\in F_{2^3}^2$ 均不满足三次方程式(8.7), 故

$$\begin{aligned}E_2(F_{2^3})=&\{\mathcal{O},(0,1),(0,t),(t,0),(t,t+1),(t+1,1),\\&(t+1,t),(t^2+1,t^2+1),(t^2+1,t^2+t)\}.\end{aligned}$$

$E_2(F_{2^3})$ 的 8 个非无穷远点, 也可由图 8.6 所示.

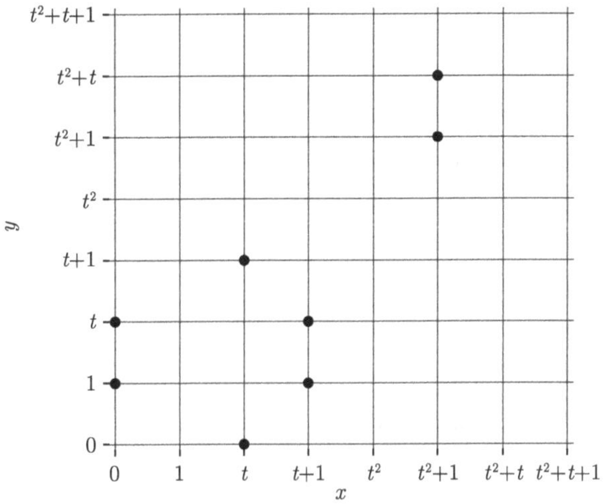

图 8.6　$E_2(F_{2^3})$ 中的离散点

在有限域 F_q 上的椭圆曲线已没有几何图形表示, 但仍可用算法 8.1 直接定义 $E(F_q)$ 上的点加法运算 $+$.

当 $q=p>3$ 时, 算法 8.1 中的相应计算在 F_q 上都是有意义的, 即算法 8.1 中出现的 F_q 上的有理式分母均不为 0.

当 $q=2^n$ 时, 算法主要有两点变化:

(1) 由于椭圆曲线的方程形式不同, 针对 $E_1(F_{2^n})$ 和 $E_2(F_{2^n})$, 在计算 $P=(x_1,y_1)$ 的斜率 k 时, 要分别用 $k=\dfrac{3x_1^2+y_1}{x_1}$ 和 $k=\dfrac{3x_1^2+a}{c}$ 代替;

(2) 点 $Q=(x_3,y_3)$ 的对称点由 $(x_3,-y_3)$ 分别对应修改成 (x_3,x_3+y_3) 和 $(x_3,c+y_3)$.

具体地, 分别相对于 $E_1(F_2^n)$ 和 $E_2(F_2^n)$, 有如下算法 8.2 和算法 8.3.

性质 8.2　算法 8.1、算法 8.2 和算法 8.3 所定义的点的加法运算对应椭圆曲线 $E(F_{\mathrm{p}})$, $E_1(F_2^n)$ 和 $E_2(F_2^n)$ 上的二元运算.

算法 8.2 特征为 2 的椭圆曲线 E_1 上的点的加法

输入: $E_1(F_{2^n}): y^2 + xy = x^3 + ax^2 + b$, 椭圆曲线上的点 $P = (x_1, y_1), Q = (x_2, y_2)$.

输出: $P + Q$.

if $P = \mathcal{O}$ 且 $Q = \mathcal{O}$ **then**
    return $\mathcal{O}$;
else
    if $P = \mathcal{O}$ 或 $Q = \mathcal{O}$ **then**
        return 另外一个点的坐标;
    end
end
if $x_1 = x_2$ 且 $y_1 + y_2 + x_2 = 0$ **then**
    return $\mathcal{O}$;
end
if $P = Q$ **then**
    $k \leftarrow \dfrac{3x_1^2 + y_1}{x_1}$;
    $x_3 \leftarrow k^2 + k + a$;
    $y_3 \leftarrow k(x_3 - x_1) + y_1$;
    return $P + Q = (x_3, y_3 + x_3)$;
else
    $k \leftarrow \dfrac{y_2 - y_1}{x_2 - x_1}$;
    $x_3 \leftarrow k^2 + k + a - x_1 - x_2$;
    $y_3 \leftarrow k(x_3 - x_1) + y_1$;
    return $P + Q = (x_3, y_3 + x_3)$;
end

证明 下面以 $q = p$, $E: y^2 = x^3 + ax + b$ 以及 $P = (x_1, y_1)$, $Q = (x_2, y_2)$ 且 $x_1 \neq x_2$ 为例验证算法 8.1 的输出 $P + Q = (x_3, -y_3)$ 也满足椭圆曲线方程(8.3)式, 其余情形类似.

令 $k = \dfrac{y_2 - y_1}{x_2 - x_1} \in F_p$, 显然 (x_1, y_1) 和 (x_2, y_2) 满足 $y = k(x - x_1) + y_1$. 即点 P 和 Q 同时满足

$$\begin{cases} y^2 = x^3 + ax + b, \\ y = k(x - x_1) + y_1. \end{cases}$$

利用韦达定理, $x_3 = k^2 - x_1 - x_2$ 是满足 $(k(x - x_1) + y_1)^2 = x^3 + ax + b$ 除 x_1, x_2 之外的第 3 个解, 令 $y_3 = k(x_3 - x_1) + y_1$, 则 (x_3, y_3) 也满足方程 $y^2 = x^3 + ax + b$, 故算法 8.1 输出的 $(x_3, -y_3)$ 显然也满足椭圆曲线方程式(8.3), 得证. □

定理 8.2 设 E 是 F_q ($q = p > 3$ 或 $q = 2^n$) 上的椭圆曲线, 则 $(E(F_q), +)$ 是一个交换群.

定理的严格证明超出了本书的知识范围, 可参考文献 [2]. 综上所述, 椭圆曲线 $(E(F_q), +)$ 是一类可计算的群.

算法 8.3 特征为 2 的椭圆曲线 E_2 上的点的加法

输入: $E_2(F_{2^n}): y^2 + cy = x^3 + ax + b$, 椭圆曲线上的点 $P = (x_1, y_1), Q = (x_2, y_2)$.

输出: $P + Q$.

if $P = \mathcal{O}$ 且 $Q = \mathcal{O}$ **then**
  return $\mathcal{O}$;
else
  if $P = \mathcal{O}$ 或 $Q = \mathcal{O}$ **then**
    return 另外一个点的坐标;
  end
end
if $x_1 = x_2$ 且 $y_1 + y_2 + c = 0$ **then**
  return $\mathcal{O}$;
end
if $P = Q$ **then**
  $k \leftarrow \dfrac{3x_1^2 + a}{c}$;
  $x_3 \leftarrow k^2$;
  $y_3 \leftarrow k(x_3 - x_1) + y_1$;
  return $P + Q = (x_3, y_3 + c)$;
else
  $k \leftarrow \dfrac{y_2 - y_1}{x_2 - x_1}$;
  $x_3 \leftarrow k^2 - x_1 - x_2$;
  $y_3 \leftarrow k(x_3 - x_1) + y_1$;
  return $P + Q = (x_3, y_3 + c)$;
end

例 8.6 继续沿用例 8.4 中 F_{13} 上的椭圆曲线 $E: y^2 = x^3 + 3x + 8$, 对 $P = (9,7)$ 和 $Q = (1,8)$, 计算 $P + Q$ 以及 $2P$.

解 (1) 首先计算 $P + Q$.

可计算斜率

$$k = \frac{y_2 - y_1}{x_2 - x_1} = \frac{8-7}{1-9} = \frac{1}{-8} = \frac{1}{5} = 8.$$

进一步计算

$$x_3 = k^2 - x_1 - x_2 = 64 - 9 - 1 = 2,$$
$$y_3 = k(x_3 - x_1) + y_1 = 8(2 - 9) + 7 = 3,$$

所以,

$$P + Q = (9,7) + (1,8) = (2,-3) = (2,10) \in E(F_{13}).$$

(2) 如图 8.7 所示, 类似可计算, $2P = P + P = (9,7) + (9,7) = (9,6) \in E(F_{13})$, 具体过程如下:

$$k=\frac{3x_1^2+a}{2y_1}=\frac{3\cdot 9^2+3}{2\cdot 7}=12,$$
$$x_3=k^2-x_1-x_1=12^2-9-9=9,$$
$$-y_3=k(x_1-x_3)-y_1=12(9-9)-7=6.$$

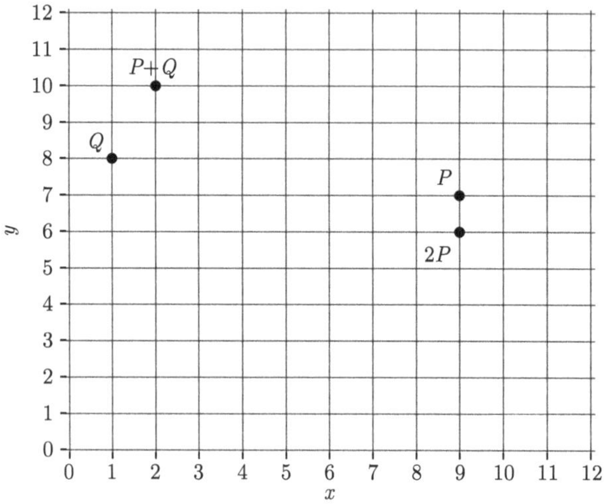

图 8.7 $E(F_{13})$ 中的加法运算

例 8.7 继续沿用例 8.5 中 F_{2^3} 上的椭圆曲线 $E_2: y^2+(1+t)y=x^3+(1+t^2)x+t$, 对 $P=(1+t^2,t+t^2)$ 和 $Q=(1+t,t)$, 计算 $2P$ 以及 $P+Q$.

解 令 $c=1+t, a=1+t^2, b=t$, 使用算法 8.3, 计算 $2P=P+P=(t+1,1)$ 的过程如下:

$$k=\frac{3(1+t^2)^2+(1+t^2)}{1+t}=\frac{t}{1+t}=1+t+t^2,$$
$$x_3=k^2=(1+t+t^2)^2=1+t,$$
$$y_3=k(x_3-x_1)+y_1=(1+t+t^2)(1+t-(t^2+1))+t+t^2=t,$$
$$c+y_3=1+t+t=1.$$

用类似的方法, 计算 $P+Q=(1+t^2,1+t^2)$ 的过程如下:

$$k=\frac{(t)-(t+t^2)}{(1+t)-(1+t^2)}=\frac{t^2}{t^2+t}=t^2(1+t)=1+t+t^2,$$
$$x_3=k^2-x_1-x_2=(1+t+t^2)^2+1+t^2+1+t=1+t^2,$$
$$y_3=k(x_3-x_1)+y_1=(1+t+t^2)(1+t^2-(t^2+1))+t+t^2=t+t^2,$$
$$c+y_3=1+t+t+t^2=1+t^2.$$

显然 $E(F_q)$ 是有限群, 其元素个数与 q 有紧密联系. q 越大, $|E(F_q)|$ 一般也会越大. 在 $q=p$ 时, 具体计算 $E(F_p)$ 如例 8.4, 枚举 $x\in F_p$, 判定 x^3+ax+b 是否为素数 p 的二次剩余. 若是二次剩余, 则有 2 个点, 其横坐标为 x; 若不是二次剩余, 则没有以 x 为横坐标的点. 假设 x 取遍 F_p 条件下, x^3+ax+b 是模 p 的二次剩余约占一半, 则 $E(F_p)$ 的非无穷远点的个数约为 p.

后续的结论对一般的椭圆曲线均成立, 相关的定义和证明超出了本书的知识范围, 可参考文献 [2].

定理 8.3 (Hasse 定理) 设 F_q, E 是 F_q 上的椭圆曲线, 则

$$|E(F_q)|=q+1-t,\ 其中\ |\ t\ |\leqslant 2\sqrt{q}.$$

可以验证, 在例 8.4 中, $|E(F_{13})|=9$, 此时 $t=13+1-|E(F_{13})|=5$, 满足 $|\ t\ |=5\leqslant 2\sqrt{13}$. 在例 8.5 中, $|\ E_1(F_{2^3})\ |=10$, 此时 $t=8+1-|E_1(F_{2^3})|=-1$, 满足 $|\ t\ |=1\leqslant 2\sqrt{8}$; $|E_2(F_{2^3})|=9$, 此时 $t=8+1-|E_1(F_{2^3})|=0$, 显然也满足 $|\ t\ |=0\leqslant 2\sqrt{8}$.

需要指出的是, Hasse 定理只是给出了计算椭圆曲线阶 $|E(F_q)|$ 的界, 并没有提供如何计算的方法. 理论上可以遍历 F_q 中的每个 x 值, 并检查 x^3+ax+b 的值在有限域 F_q 是否为二次剩余, 但是这个方法的计算效率很低. 第一个多项式时间计算椭圆曲线阶 $|E(F_p)|$ 算法是 Schoof 于 1985 年提出的, 这是一个确定性算法, 时间复杂度为 $O(\lg^8 p)$. 随后 Elkies 和 Atkin 改进了该算法, 大大提高了实现效率, 其时间复杂度为 $O(\lg^6 p)$, 也称之为 SEA 算法.

定理 8.4 (Rück 定理) 设 F_q, E 是 F_q 上的椭圆曲线, 则

$$E(F_q)\simeq \mathbb{Z}_{n_1}\times\mathbb{Z}_{n_2},\ 其中\ n_1\mid n_2, n_1\mid (q-1).$$

Rück 定理给出了 $E(F_q)$ 的结构, 是两个循环群的直积. 特别地, $n_1=1$ 时, $E(F_q)$ 是循环群, 证明参考文献 [2].

例 8.8 继续沿用例 8.5 中 F_{2^3} 上的椭圆曲线 $E_2: y^2+(1+t)y=x^3+(1+t^2)x+t$, 计算 n_1, n_2 使得 $E_2(F_{2^3})\cong\mathbb{Z}_{n_1}\times\mathbb{Z}_{n_2}$, 并给出至少一种同构映射 φ.

解 由 Rück 定理可知, $n_1\mid(q-1)$ 且 $n_1\mid|E(F_q)|$, 故 $n_1\mid((q-1),|E(F_q)|)$. 此例中 $q-1=7$, $|E_2(F_{2^3})|=9$,(7,9)=1, 故 $n_1=1$. 故 $E_2(F_{2^3})$ 是 9 阶循环群. 容易证明 $P=(0,t)$ 是其生成元. 故 $\varphi(kP)=(k)$, 如表 8.1.

表 8.1

k	0	1	2	3	4	5	6	7	8
kP	$\mathcal{O}$	$(0,t)$	(t^2+1,t^2+1)	$(t,0)$	$(t+1,t)$	$(t+1,1)$	$(t,t+1)$	(t^2+1,t^2+t)	$(0,1)$

例 8.9 继续沿用例 8.4 定义在有限域 F_{13} 的椭圆曲线 $E: y^2=x^3+3x+8$, 计算 n_1, n_2 使得 $E(F_{13})\cong\mathbb{Z}_{n_1}\times\mathbb{Z}_{n_2}$, 并给出至少一种同构映射 φ.

解 因为 $q-1=12$, $|E(F_{13})|=9$, (12,9)=3, 故 n_1 可能的取值为 1 或 3.

可以验证, $E(F_{13})$ 是循环群, 故 $E(F_{13})\cong\mathbb{Z}_1\times\mathbb{Z}_9$.

采用与例 8.8 类似的方法, 可计算同构映射 $E(F_{13})\cong\mathbb{Z}_1\times\mathbb{Z}_9$, 如表 8.2.

表 8.2

k	0	1	2	3	4	5	6	7	8
kP	$\mathcal{O}$	$(1,5)$	$(2,10)$	$(9,7)$	$(12,2)$	$(12,11)$	$(9,6)$	$(2,3)$	$(1,8)$

例 8.10 F_{11} 上的椭圆曲线 $E: y^2 = x^3+4x+6$, 计算可得 $|E(F_{11})| = 16$, $n_1 \mid (16,10)$, 且 $(16,10) = 2$, 又由于在椭圆曲线上, 二阶元 $P(x,y)$ 满足 $2P = \mathcal{O}$, 即 $-y = y$, 因此 $y = 0$, 这意味着 x 是方程 $x^3 + 4x + 6 = 0$ 的根, 由于该方程有 3 个不同的根, 因此这样的二阶元有 3 个, 故 $n_1 \neq 1$, 从而 $E(F_{11}) \cong \mathbb{Z}_2 \times \mathbb{Z}_8$, 给出至少一种同构映射 φ.

解 首先选取 $E(F_{11})$ 中阶为 8 的点 $P = (3,1)$, 同构映射 φ 将其映射为 $\mathbb{Z}_2 \times \mathbb{Z}_8$ 的 8 阶元 (0,1), 即 $\varphi(3,1) \leftrightarrow (0,1)$; 对于正整数 $k > 1$, 进一步计算同构映射 φ: $\varphi(kP) = (0,k)$.

接下来选取 $E(F_{11})$ 中另外一个阶为 2 的点 $Q = (8,0)$, 将其映射为 $\mathbb{Z}_2 \times \mathbb{Z}_8$ 的 2 阶元 (1,0), 即 $\varphi(8,0) \leftrightarrow (1,0)$; 对于正整数 $k > 1$, 进一步计算同构映射 φ: $\varphi(Q + kP) = (1,k)$.

构造的相应群同构映射 $\varphi: E(F_{11}) \leftrightarrow \mathbb{Z}_2 \times \mathbb{Z}_8$ 如表 8.3.

表 8.3

椭圆曲线点	生成元组合	$\mathbb{Z}_2 \times \mathbb{Z}_8$ 元素
0	$0 \cdot Q + 0 \cdot P$	(0, 0)
(3, 1)	$0 \cdot Q + 1 \cdot P$	(0, 1)
(6, 2)	$0 \cdot Q + 2 \cdot P$	(0, 2)
(7, 5)	$0 \cdot Q + 3 \cdot P$	(0, 3)
(2, 0)	$0 \cdot Q + 4 \cdot P$	(0, 4)
(7, 6)	$0 \cdot Q + 5 \cdot P$	(0, 5)
(6, 9)	$0 \cdot Q + 6 \cdot P$	(0, 6)
(3, 10)	$0 \cdot Q + 7 \cdot P$	(0, 7)
(8, 0)	$1 \cdot Q + 0 \cdot P$	(1, 0)
(4, 8)	$1 \cdot Q + 1 \cdot P$	(1, 1)
(9, 1)	$1 \cdot Q + 2 \cdot P$	(1, 2)
(10, 10)	$1 \cdot Q + 3 \cdot P$	(1, 3)
(1, 0)	$1 \cdot Q + 4 \cdot P$	(1, 4)
(10, 1)	$1 \cdot Q + 5 \cdot P$	(1, 5)
(9, 10)	$1 \cdot Q + 6 \cdot P$	(1, 6)
(4, 3)	$1 \cdot Q + 7 \cdot P$	(1, 7)

定理 8.5 (Weil 定理) 设 E 是 F_q 上的椭圆曲线, $t = q + 1 - |E(F_q)|$, α, β 是二次方程 $x^2 - tx + q = 0$ 的两个根, 则对所有正整数 m, 如下关系均成立:

$$|E(F_{q^m})| = q^m + 1 - (\alpha^m + \beta^m).$$

定理的证明可见参考文献 [2].

利用 Weil 定理, 可以在扩域 F_{q^m} 的阶 $|E(F_{q^m})|$, 接下来我们以 Koblitz 曲线为例说明.

定义 8.3 给定 $a \in \{0,1\}$, 定义有限域 F_2 上的 Koblitz 曲线为

$$E_{K_a}: y^2 + xy = x^3 + ax^2 + 1.$$

例 8.11 设 $a = 0$, 计算 $|E_{K_0}(F_{2^m})|$ 的值.

解 由于 $a=0$, 此时 Koblitz 曲线

$$E_{K_0}: y^2+xy=x^3+1.$$

容易计算 $E_{K_0}(F_2)$ 共包含四个元素: $\{(0,1),(1,0),(1,1),\mathcal{O}\}$, 即 $|E_{K_0}(F_2)|=4$.

进一步计算:

$$t=q+1-|E_{K_0}(F_2)|=2+1-4=-1.$$

二次方程 $x^2+x+2=0$ 在复数域 $\mathbb{C}$ 的两个根分别为

$$\alpha=\frac{-1+\sqrt{-7}}{2},\quad \beta=\frac{-1-\sqrt{-7}}{2}.$$

由 Weil 定理知

$$|E_{K_0}(F_{2^m})|=2^m+1-\left(\left(\frac{-1+\sqrt{-7}}{2}\right)^m+\left(\frac{-1-\sqrt{-7}}{2}\right)^m\right). \tag{8.8}$$

即便 m 很大, 利用式(8.8), 仍然可以方便计算 $|E_{K_0}(F_{2^m})|$ 的值. 举例说明如下:

$$|E_{K_0}(F_{2^{11}})|=2116,$$

$$|E_{K_0}(F_{2^{31}})|=2147574356,$$

$$|E_{K_0}(F_{2^{101}})|=2535301200456455833701195805484.$$

由于 Koblitz 曲线中的系数都为 0 或 1, 所以在算法 8.2 中的运算效率较高, 在密码运算中非常常用.

习题 8

8.1 针对椭圆曲线 $E: y^2=x^3-3x+7$, 利用弦切法计算其有理点.

(1) $P=(2,3)$ 是曲线 E 的一点, 给出椭圆曲线 E 在此点的切线 L 的表达式;

(2) 求解切线 L 与曲线 E 的新交点 Q;

(3) 设 R 是 Q 关于 x 轴的对称点, 取通过点 P 与 R 的直线, 求出其与曲线 E 的新交点.

8.2 (1) 设 a,b,c 为整数, 椭圆曲线 $E: y^2=x^3+ax^2+bx+c$ 上存在有理点 $P=(A/B,C/D)$, 其中 A/B 和 C/D 为既约分数, 证明存在整数 v 使得 $B=v^2$ 且 $D=v^3$.

(2) 上述结论意味着椭圆曲线 E 的有理点形如 $(x,y)=(A/D^2,B/D^3)$, 试编写程序来输出椭圆曲线 $E: y^2=x^3+ax^2+bx+c$ 的所有有理点. 程序输入一个上界 H, 对所有整数 $|x|<H$ 和 $1\leqslant D\leqslant\sqrt{H}$, 验证 $A^3+aA^2D^2+bAD^4+cD^6$ 是否为平方数. 如果恰好等于 B^2, 则找到有理点 $(A/D^2,B/D^3)$.

(3) 使用上述程序求解椭圆曲线 $E: y^2=x^3-2x^2+3x-2$ 上所有有理点 (x,y), 其中 x 坐标形如 A/D^2, 其中 $|x|<1500$, $1\leqslant D\leqslant 40$.

8.3 假定三次多项式 x^3+ax+b 可分解为

$$x^3+ax+b=(x-e_1)(x-e_2)(x-e_3).$$

证明 $\Delta(E)=(4a^3+27b^2)=0$ 当且仅当 e_1,e_2,e_3 至少有两个值相同.

8.4 尝试画出如下曲线的几何图形:

(1) $E:y^2=x^3-3x$;

(2) $E:y^2=x^3-3x+11$;

(3) $E:y^2=x^3-3x+2$;

(4) $E:y^2=x^3$.

注意在 (3) 和 (4) 中, 曲线的判别式 $\Delta(E)=0$, 故其不是椭圆曲线, 试描述曲线 (3) 和 (4) 与曲线 (1) 和 (2) 的不同, 并给出相应的奇异点.

8.5 构造有限域 F_p 上的椭圆曲线 $E:y^2=x^3+ax+b$, 使其满足群同构 $E(F_p)\simeq\mathbb{Z}_3\times\mathbb{Z}_3$.

8.6 设素数 $p\neq 2,3$, 试证明定义在有限域 F_p 上的形如 $y^2=x^3+ax+b$ 的椭圆曲线的个数为 p^2-p.

8.7 证明算法 8.2 输出的点仍然是椭圆曲线上的点, 即给定 $E_1:y^2+xy=x^3+ax^2+b$, 及椭圆曲线上的两点 $P=(x_1,y_1),Q=(x_2,y_2)\in E_1(F_{2^n})$, 证明 $P+Q=(x_3,x_3+y_3)$ 也满足椭圆曲线方程式(8.4).

8.8 证明算法 8.3 输出的点仍然是椭圆曲线上的点, 即给定 $E_2:y^2+cy=x^3+ax+b$, 及椭圆曲线上的两点 $P=(x_1,y_1),Q=(x_2,y_2)\in E_2(F_{2^n})$, 证明 $P+Q=(x_3,c+y_3)$ 也满足椭圆曲线方程式(8.5).

8.9 设有限域 $F_{2^3}=F_2[t]/\langle t^3+t+1\rangle$, 令椭圆曲线:

$$E:y^2+xy+y=x^3+tx+t+1.$$

(1) 计算椭圆曲线 E 的判别式 $\Delta(E)$;

(2) 验证 $P=(1+t+t^2,1+t)$,$Q=(t^2,t)$,$R=(1+t+t^2,1+t^2)$ 均在椭圆曲线 $E(\mathbb{F}_{2^3})$, 并计算 $P+Q$ 和 $2R$;

(3) 求取 $E(F_{2^3})$ 的所有点;

(4) 寻找 $E(F_{2^3})$ 的生成元 $P\in E(F_{2^3})$, 即 $E(F_{2^3})$ 的所有点都可表示为点 P 的倍数.

8.10 设有限域 $F_{2^3}=F_2[t]/(t^3+t+1)$, 令椭圆曲线:

$$E:y^2+xy=x^3+x^2+1.$$

设点 $P_1=(t,t^2+t+1)$ 是 $E(F_{2^3})$ 的生成元, 求 $E(F_{2^3})$ 上的所有点.

8.11 设有限域 F_{17} 上有椭圆曲线: $E:y^2=x^3+3x+1$, 求出该椭圆曲线的全部点及其阶.

8.12 给定 $F_{2^3}=F_2[t]/\langle t^3+t+1\rangle$ 上的椭圆曲线:

$$E_2:y^2+(1+t)y=x^3+(1+t^2)x+t,$$

计算 $E_2(F_{2^3})$, 要求给出详细的计算过程.

8.13 给定有限域 F_2 的椭圆曲线: $E_1 : y^2 + xy = x^3 + x^2 + 1$, 设 $k \geqslant 1$, 令

$$t_k = 2^k + 1 - |E_{k_1}(F_{2^k})|.$$

(1) 证明: $t_1 = 1, t_2 = -3$.

(2) 证明: 对所有 $k \geqslant 3$, t_k 均满足如下递归关系:

$$t_k = t_1 t_{k-1} - 2t_{k-2}.$$

(提示: 可利用式(8.8)推导)

(3) 利用递归公式编程并计算 $|E_{k_1}(F_{2^{97}})|$.

8.14 给定 F_p 的椭圆曲线: E, 设 $k \geqslant 1$, 令

$$t_k = p^k + 1 - |E(F_{p^k})|.$$

(1) 证明: 设定 $t_0 = 2$, 对所有 $k \geqslant 2$, t_k 均满足如下递归关系:

$$t_k = t_1 t_{k-1} - p t_{k-2}.$$

(2) 利用 t_1 和 p 写出的表达式 t_2, t_3, t_4.

第 9 章

格

格由欧氏空间中一些规则排列的点集组成, 其概念最早出现在 19 世纪数论和晶体学的研究中. 作为 m 维实空间 $\mathbb{R}^m$ 中的一个离散加法子群, 格往往具有无穷多组基, 而格的不同基表示往往会直接影响一些问题求解的难易程度, 格基约化的目的就是针对具体问题, 寻找有利于该问题求解的格的基表示, 其思想最早可追溯至拉格朗日和高斯等对二次型理论的研究, 著名的 LLL 算法由 A.K.Lenstra、H.W.Lenstra 和 L.Lovász 于 1982 年提出, 它是一种多项式时间算法, 可求解格中近似最短向量问题; 另一方面, 基于格上困难问题设计的密码算法因其能够抵抗量子计算的攻击而成为后量子时代密码算法设计的一个重要研究对象. 本章介绍格的基础概念、格上典型困难问题及其求解方法.

9.1 格的基本概念

首先回顾欧氏空间的基本定义和有关概念. 记 $\mathbb{R}^m$ 是实数域 $\mathbb{R}$ 上的 m 维向量空间, $\mathbb{R}^m$ 中的向量 $\boldsymbol{a}=(a_1,\cdots,a_m)^{\mathrm{T}}$ 表示为列向量. 对 $\mathbb{R}^m$ 中任意两个向量 $\boldsymbol{u}=(u_1,\cdots,u_m)^{\mathrm{T}}$, $\boldsymbol{v}=(v_1,\cdots,v_m)^{\mathrm{T}}$, 定义内积

$$\langle \boldsymbol{u},\boldsymbol{v}\rangle = u_1v_1+u_2v_2+\cdots+u_mv_m,$$

内积运算也可以写为 $\boldsymbol{u}\cdot\boldsymbol{v}$. 向量空间 $\mathbb{R}^m$ 连同定义在 $\mathbb{R}^m$ 上的内积运算被称为一个欧几里得空间, 简称为欧氏空间, 以下为了表示方便, 仍记作 $\mathbb{R}^m$.

利用内积运算可以定义向量的长度,

$$\|\boldsymbol{u}\| = \sqrt{\langle \boldsymbol{u},\boldsymbol{u}\rangle} = \sqrt{\sum_{i=1}^{m} u_i^2},$$

进一步, 可以将欧氏空间 $\mathbb{R}^m$ 中的任意两个向量之间的距离定义为 $\|\boldsymbol{u}-\boldsymbol{v}\|$.

设 $\mathbb{R}^m$ 中一组向量 $\boldsymbol{b}_1,\cdots,\boldsymbol{b}_n$, 定义它们的线性张成为

$$\operatorname{span}(\boldsymbol{b}_1,\cdots,\boldsymbol{b}_n)=\left\{\sum_{i=1}^{n} x_i\boldsymbol{b}_i \,\middle|\, x_i\in\mathbb{R}, i=1,\cdots,n\right\},$$

特别地, 如果 $\boldsymbol{b}_1,\cdots,\boldsymbol{b}_n$ 是线性无关的, 则 $\operatorname{span}(\boldsymbol{b}_1,\cdots,\boldsymbol{b}_n)$ 是 $\mathbb{R}^m$ 的 n 维线性子空间, 这组向量也被称为子空间的一组基.

在欧氏空间中, 格拉姆–施密特正交化过程可将任意一组线性无关向量变成正交向量.

定义 9.1 (格拉姆–施密特正交化) 设 $n \leqslant m$ 是正整数, $\boldsymbol{b}_1, \cdots, \boldsymbol{b}_n$ 是 $\mathbb{R}^m$ 中一组线性无关的向量,

$$\boldsymbol{b}_i^* = \begin{cases} \boldsymbol{b}_1, & i = 1, \\ \boldsymbol{b}_i - \sum_{j=1}^{i-1} \dfrac{\langle \boldsymbol{b}_i, \boldsymbol{b}_j^* \rangle}{\langle \boldsymbol{b}_j^*, \boldsymbol{b}_j^* \rangle} \boldsymbol{b}_j^*, & i = 2, \cdots, n. \end{cases}$$

称 $\boldsymbol{b}_1^*, \cdots, \boldsymbol{b}_n^*$ 为向量组 $\boldsymbol{b}_1, \cdots, \boldsymbol{b}_n$ 的格拉姆–施密特正交化向量, 并称 $\mu_{i,j} = \dfrac{\langle \boldsymbol{b}_i, \boldsymbol{b}_j^* \rangle}{\langle \boldsymbol{b}_j^*, \boldsymbol{b}_j^* \rangle}$ $(j < i)$ 为正交系数.

如果将向量组 $\boldsymbol{b}_1, \cdots, \boldsymbol{b}_n$ 和其对应的正交向量 $\boldsymbol{b}_1^*, \cdots, \boldsymbol{b}_n^*$ 按列写成矩阵的形式 $\boldsymbol{B} = [\boldsymbol{b}_1, \cdots, \boldsymbol{b}_n]$, $\boldsymbol{B}^* = [\boldsymbol{b}_1^*, \cdots, \boldsymbol{b}_n^*]$, 并设 $n \times n$ 方阵 $\boldsymbol{U}$ 的第 j 行第 i 列元素为正交系数 $\mu_{i,j}$, 对角线上元素为 1, 其余分量为 0, 即

$$\boldsymbol{U} = \begin{pmatrix} 1 & \mu_{2,1} & \mu_{3,1} & \cdots & \mu_{n,1} \\ 0 & 1 & \mu_{3,2} & \cdots & \mu_{n,2} \\ 0 & 0 & 1 & \cdots & \mu_{n,3} \\ \vdots & \vdots & \vdots & \ddots & \vdots \\ 0 & 0 & 0 & \cdots & 1 \end{pmatrix},$$

则格拉姆–施密特正交化也可以写成矩阵乘法的形式, 它将一个矩阵 $\boldsymbol{B}$ 分解为一个正交矩阵和一个三角矩阵的乘积:

$$\boldsymbol{B} = \boldsymbol{B}^* \boldsymbol{U}.$$

格拉姆–施密特正交化的基本思想是, 首先将第一个基向量当作正交向量, 此后对于每一个原始基向量, 计算它在已有的正交基向量上的投影, 并将减去这些投影后的基向量添加到正交基中, 该过程的示意见图 9.1.

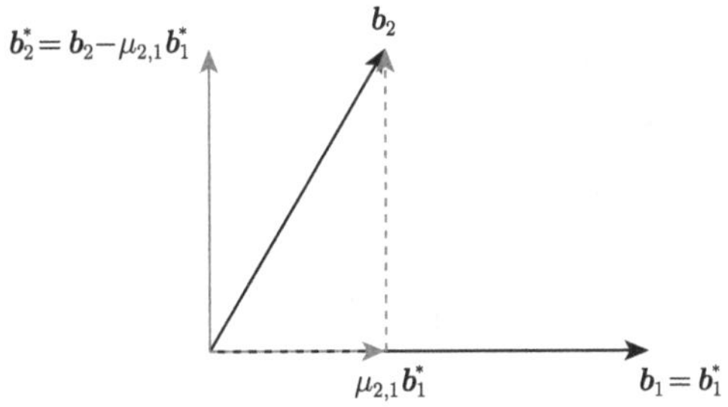

图 9.1 一个 2 维格上的格拉姆–施密特正交化过程示意

给定 $\mathbb{R}^m$ 中线性无关的一组向量 $\boldsymbol{b}_1, \cdots, \boldsymbol{b}_n$, 通过类似格拉姆–施密特正交化的方法, 可以将 $\mathbb{R}^m$ 中任意向量分解为正交的两部分的和: 一部分属于 $\mathbb{R}^m$ 的 $i-1$ 维线性子空间 $\mathrm{span}(\boldsymbol{b}_1, \cdots, \boldsymbol{b}_{i-1})$, 即可以被 $\boldsymbol{b}_1, \cdots, \boldsymbol{b}_{i-1}$ 实线性表出; 而另一部分则与 $\mathrm{span}(\boldsymbol{b}_1, \cdots, \boldsymbol{b}_{i-1})$ 正交. 这就是正交投影.

定义 9.2 设 $\boldsymbol{b}_1,\cdots,\boldsymbol{b}_n$ 是 $\mathbb{R}^m$ 中线性无关的一组向量, $\boldsymbol{v}\in\mathbb{R}^m$, 令

$$\pi_i(\boldsymbol{v})=\boldsymbol{v}-\sum_{j=1}^{i-1}\frac{\langle\boldsymbol{v},\boldsymbol{b}_j^*\rangle}{\|\boldsymbol{b}_j^*\|^2}\boldsymbol{b}_j^*,$$

称 $\pi_i(\cdot)$ 为向量组的第 i 正交投影.

下面给出格的基本概念.

定义 9.3 (格) 设 $\boldsymbol{b}_1,\cdots,\boldsymbol{b}_n(m\geqslant n)$ 是 m 维欧氏空间 $\mathbb{R}^m$ 中的一组线性无关向量, 称该线性无关向量组的全体整系数线性组合构成的点集为格, 记作

$$\mathcal{L}(\boldsymbol{b}_1,\cdots,\boldsymbol{b}_n)=\left\{\sum_{i=1}^{n}x_i\boldsymbol{b}_i\middle|x_i\in\mathbb{Z}\right\}.$$

此时, 称向量组 $\boldsymbol{b}_1,\cdots,\boldsymbol{b}_n$ 为格的一组基, n 为格的维数, 当 $n=m$ 时, 称格是满秩的. 为方便表示, 有时也将格基写成基向量按列组成的 $m\times n$ 实数矩阵 $\boldsymbol{B}=[\boldsymbol{b}_1,\cdots,\boldsymbol{b}_n]\in\mathcal{M}_{m\times n}$, 此时可将格表示为 $\mathcal{L}(\boldsymbol{B})=\{\boldsymbol{Bx}|\boldsymbol{x}\in\mathbb{Z}^n\}$.

引理 9.1 给定格的两组基 $\boldsymbol{B}_1$, $\boldsymbol{B}_2$, 存在唯一可逆的整数方阵 $\boldsymbol{P}$, 使得 $\boldsymbol{B}_1=\boldsymbol{B}_2\boldsymbol{P}$, 其中 $\boldsymbol{P}$ 的行列式为 ±1.

证明 设 $\boldsymbol{B}_1=[\boldsymbol{b}_1^{(1)},\cdots,\boldsymbol{b}_n^{(1)}]$, $\boldsymbol{B}_2=[\boldsymbol{b}_1^{(2)},\cdots,\boldsymbol{b}_n^{(2)}]$ 是同一个格的两组基, 因此对 $\boldsymbol{B}_1$ 中的任一格向量, 它可以被格基 $\boldsymbol{B}_2$ 整系数线性表出, 即对任意 $\boldsymbol{b}_i^{(1)}$ $(i=1,\cdots,n)$, 存在 $p_{1i},p_{2i},\cdots,p_{ni}\in\mathbb{Z}$ 使

$$\boldsymbol{b}_i^{(1)}-\sum_{j=1}^{n}p_{ji}\boldsymbol{b}_j^{(2)}.$$

设 $\boldsymbol{P}=(p_{ij})$ 是 $n\times n$ 的整系数矩阵, 则可以写作 $\boldsymbol{B}_1=\boldsymbol{B}_2\boldsymbol{P}$. 同理, 由于 $\boldsymbol{B}_2$ 中的格基向量也可以由格基 $[\boldsymbol{b}_1^{(1)},\cdots,\boldsymbol{b}_n^{(1)}]$ 整系数线性表出, 因此存在 $n\times n$ 的整系数矩阵 $\boldsymbol{P}'$ 使得 $\boldsymbol{B}_2=\boldsymbol{B}_1\boldsymbol{P}'$, 从而可得

$$\boldsymbol{P}'\boldsymbol{P}=\boldsymbol{P}\boldsymbol{P}'=\boldsymbol{I},$$

其中, $\boldsymbol{I}$ 是单位矩阵. 又因为 $\boldsymbol{P}'$ 和 $\boldsymbol{P}$ 都是整系数矩阵, 因此 $|\boldsymbol{P}'|,|\boldsymbol{P}|\in\mathbb{Z}$. 由 $|\boldsymbol{P}'\boldsymbol{P}|=|\boldsymbol{I}|=1$ 可知, $\boldsymbol{P}'$ 和 $\boldsymbol{P}$ 的行列式只能同时取 1 或者 -1. □

下面举一个例子来展示格基的变换.

例 9.1 取 $\mathbb{R}^2$ 中的一组线性无关向量

$$\boldsymbol{b}_1=\begin{pmatrix}1\\2\end{pmatrix},\quad \boldsymbol{b}_2=\begin{pmatrix}1\\-1\end{pmatrix},$$

并对这组基做变换

$$\boldsymbol{b}_1'=\boldsymbol{b}_1'=\boldsymbol{b}_1+\boldsymbol{b}_2,\quad \boldsymbol{b}_2'=2\boldsymbol{b}_1+\boldsymbol{b}_2,$$

由格基 $[\boldsymbol{b}_1,\boldsymbol{b}_2]$ 和 $[\boldsymbol{b}_1',\boldsymbol{b}_2']$ 构成的格的几何表示见图 9.2. 容易看出, 这两组格基生成的格是相同的, 并且有

$$(\boldsymbol{b}_1',\boldsymbol{b}_2')=(\boldsymbol{b}_1,\boldsymbol{b}_2)\begin{pmatrix}1&2\\1&1\end{pmatrix}.$$

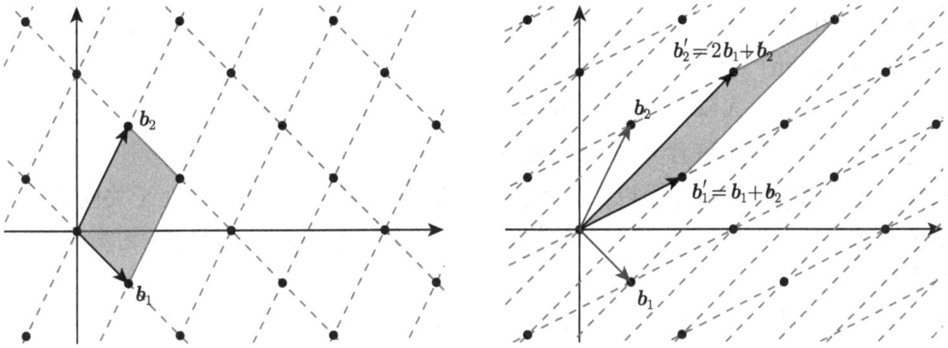

图 9.2 $\mathbb{R}^2$ 中的一个格在两组格基下的表示

图 9.2 中的灰色阴影部分是由格基向量为一组邻边构成的一个平行四边形, 它可以密铺这个二维格所张成的空间 $\mathbb{R}^2$. 对于更高维的格, 可以仿照平行四边形的构造方式, 利用格基向量定义格的基本平行多面体, 其体积是格的一个不变量.

定义 9.4 (基本多面体) 给定格基 $\boldsymbol{B} = [\boldsymbol{b}_1, \cdots, \boldsymbol{b}_n]$, 格的基本多面体 (fundamental parallelepiped) 定义为

$$\mathcal{P}(\boldsymbol{B}) = \left\{ \sum_{i=1}^{n} \boldsymbol{b}_i x_i \middle| 0 \leqslant x_i < 1, i = 1, \cdots, n \right\}.$$

格的基本多面体的体积计算公式为

$$\sqrt{|\boldsymbol{B}^{\mathrm{T}}\boldsymbol{B}|} \tag{9.1}$$

在线性代数中, 该式也是格基矩阵 $\boldsymbol{B}$ 的广义行列式 $(n \leqslant m)$.

对于同一个格的两组基 $\boldsymbol{B}_1 = \boldsymbol{B}_2\boldsymbol{P}$, 成立

$$|\boldsymbol{B}_1^{\mathrm{T}}\boldsymbol{B}_1| = |\boldsymbol{P}^{\mathrm{T}}||\boldsymbol{B}_2^{\mathrm{T}}\boldsymbol{B}_2||\boldsymbol{P}| = |\boldsymbol{B}_2^{\mathrm{T}}\boldsymbol{B}_2|.$$

这说明, 对同一个格而言, 虽然不同的格基对应的基本多面体具有不同的形状 (见图 9.2), 但是具有相同的体积, 而且广义行列式的值也相同, 不因格基的选取而发生变化, 是格的不变量, 因此, 式 (9.1) 也被称为格的行列式, 记作 $\det(\mathcal{L}(\boldsymbol{B}))$.

对格基 $\boldsymbol{B} = [\boldsymbol{b}_1, \cdots, \boldsymbol{b}_n]$ 做格拉姆–施密特正交变换得到的正交向量组被称为格的正交基, 其表示方式见定义 9.1. 正交基是研究格上算法的重要工具, 但需要注意的是, 正交基未必是格真正的基, 因为正交系数矩阵 $\boldsymbol{U}$ 未必是整数矩阵. 给定一组格基和它对应的正交基, 可以定义格的第 i 正交投影 $(i = 2, \cdots, n)$, 计算公式同定义 9.2. 如果将格向量 $\boldsymbol{v} \in \mathcal{L}(\boldsymbol{B})$ 用正交基 $\boldsymbol{B}^*$ 线性表出, 设 $\boldsymbol{v} = \sum\limits_{i=1}^{n} u_i \boldsymbol{b}_i^*$, 那么有 $\pi_i(\boldsymbol{v}) = \sum\limits_{j=i}^{n} u_j \boldsymbol{b}_j^*$.

对于格基 $\boldsymbol{B}$ 的第 i 正交投影, 可以定义一个 $n - i + 1$ 维的投影格: $\pi_i(\mathcal{L}(\boldsymbol{B})) = \mathcal{L}\left([\pi_i(\boldsymbol{b}_i), \pi_i(\boldsymbol{b}_{i+1}), \cdots, \pi_i(\boldsymbol{b}_n)]\right)$, $\pi_i(\mathcal{L}(\boldsymbol{B}))$ 的正交基恰好是格 $\mathcal{L}(\boldsymbol{B})$ 正交基的一部分, 即 $[\boldsymbol{b}_i^*, \boldsymbol{b}_{i+1}^*, \cdots, \boldsymbol{b}_n^*]$.

在研究格问题时, 通常会关注一些具有特殊性质或者满足特定条件的格向量, 比如求格中长度最短或者较短的向量等, 此时格的相继小量就是一组重要的研究对象. 记 $\boldsymbol{B}(\boldsymbol{x}, r) = \{\boldsymbol{y} \in \mathbb{R}^m | \|\boldsymbol{y} - \boldsymbol{x}\| < r\}$ 是 $\mathbb{R}^m$ 中以 $\boldsymbol{x}$ 为球心、r 为半径的开球, 相继小量的定义如下.

定义 9.5 (相继小量 (successive minima)) 设 $\mathcal{L}$ 是 n 维格, $0 \leqslant i \leqslant n$, 格 $\mathcal{L}$ 的第 i 小量为 (i-th minimum) $\lambda_i(\mathcal{L})$:

$$\lambda_i(\mathcal{L}) = \inf\{r | \dim(\text{span}(\mathcal{L} \cap \boldsymbol{B}(\boldsymbol{0}, r))) \geqslant i\}.$$

$\lambda_1(\mathcal{L}), \lambda_2(\mathcal{L}), \cdots, \lambda_n(\mathcal{L})$ 被称为 $\mathcal{L}$ 的相继小量.

根据定义可知, 第 i 小量是以原点为圆心, 恰好能包含 i 个格上线性无关向量的球的半径最小值, 有时简记为 λ_i. 显然, λ_1 恰好就是格上最短非零向量的长度, 通常精确计算 λ_1 的值是困难的, 但有如下定理给出估计:

定理 9.1 (闵可夫斯基 (Minkowski) 第一定理) 对于 n 维格 $\mathcal{L}$, 有

$$\lambda_1(\mathcal{L}) < \sqrt{n} \det(\mathcal{L})^{1/n}.$$

对格上短向量的研究也衍生出了许多重要的计算性问题, 它们都在密码学中有着重要的应用场景. 本节给出格上最短向量问题、格上最近向量问题以及它们的若干变种的定义, 并介绍它们的计算复杂性有关结论.

定义 9.6 (最短向量问题 (shortest vector problem, SVP)) 设 $\mathbb{R}^m$ 中的 n 维格 $\mathcal{L}$ 的一组基是 $\boldsymbol{b}_1, \cdots, \boldsymbol{b}_n$, 求格上向量 $\boldsymbol{v}_0 = \boldsymbol{B}\boldsymbol{x}_0 \neq \boldsymbol{0}$, 使得

$$\|\boldsymbol{v}_0\| = \|\boldsymbol{B}\boldsymbol{x}_0\| \leqslant \|\boldsymbol{B}\boldsymbol{x}\|$$

对于任意其他非零向量 $\boldsymbol{x} \in \mathbb{Z}^n \setminus \boldsymbol{0}$ 都成立.

在计算复杂性理论中, 通过随机化归约技术, 可以证明最短向量问题是 NP 困难的 (相关结论参考文献 [4]). 为了更加深入地研究 SVP 问题的困难性, 人们也对 SVP 问题的近似求解进行了研究.

定义 9.7 (近似最短向量问题 (SVP_γ)) 设 $\mathbb{R}^m$ 中的 n 维格 $\mathcal{L}$ 的一组基是 $\boldsymbol{b}_1, \cdots, \boldsymbol{b}_n$, 近似因子 $\gamma > 1$, 求格上向量 $\boldsymbol{v}_0 = \boldsymbol{B}\boldsymbol{x}_0 \neq \boldsymbol{0}$, 使得 $\|\boldsymbol{v}_0\| = \|\boldsymbol{B}\boldsymbol{x}_0\| \leqslant \gamma\lambda_1(\mathcal{L})$.

近似 SVP 问题也根据目标形式和格结构的不同分为多种变体. 例如, Hermite SVP 问题是指, 求解长度不超过 $\alpha \cdot \text{vol}(\mathcal{L})^{\frac{1}{n}}$ 的短向量; unique SVP 问题则针对具有特殊性质的格求解最短向量, 这种格通常满足 $\dfrac{\lambda_2}{\lambda_1} > \gamma (\gamma \gg 1)$, 且 λ_1 的值较小.

在计算复杂性理论中, 近似最短向量问题的困难性与问题中的近似因子 γ 有关. 对于计算性的近似最短向量问题, 在随机化归约下, 任意常数近似因子的 SVP_γ 都是 NP 困难的; 近似因子 $\gamma \sim n^{1/\lg\lg n}$ 时的 SVP 问题也是 NP 困难的; 而当近似因子 γ 超过 $\sqrt{n/\lg n}$ (或记为 $\gamma \sim o(n)$) 时, 近似 SVP 问题不再是 NP 困难的.

此外还有一种判定版本的 SVP 问题, 它常用于研究格上计算问题之间的困难性归约:

定义 9.8 (判定性近似最短向量问题 (GapSVP_γ)) 设 $\mathbb{R}^m$ 中的 n 维格 $\mathcal{L}$ 的一组基是 $\boldsymbol{b}_1, \cdots, \boldsymbol{b}_n$, 间隙因子 $\gamma > 1$, 且格 $\mathcal{L}$ 必定满足以下两种情况之一:

(1) $\lambda_1(\mathcal{L}) \leqslant 1$;

(2) $\lambda_1(\mathcal{L}) > \gamma$.

判别格 $\mathcal{L}$ 符合上述哪一种情况.

如果能够求解精确的 SVP 问题, 自然能够回答 GapSVP$_\gamma$ 问题, 因此 GapSVP$_\gamma$ 问题不会比 SVP 问题更难. 而实际上, GapSVP$_\gamma$ 也是相当困难的问题: 对于判定性近似最短向量问题, 当 $\gamma < \sqrt{2}$ 时, GapSVP$_\gamma$ 在随机性归约下是 NP 困难的.

有关近似 SVP 问题的复杂性结论更详细的描述, 可以参考文献 [3].

格上的另外一个重要困难问题是最近向量问题.

定义 9.9 (最近向量问题 (closest vector problem, CVP)) 设 $\mathbb{R}^m$ 中的 n 维格 $\mathcal{L}$ 的一组基是 $\boldsymbol{b}_1, \cdots, \boldsymbol{b}_n$, 目标向量 $\boldsymbol{t} \in \mathbb{R}^m$, 求格向量 $\boldsymbol{v}_0 = \boldsymbol{B}\boldsymbol{x}_0$, 使得对于所有其他的 $\boldsymbol{x} \in \mathbb{Z}^n$, 都有 $\|\boldsymbol{v}_0 - \boldsymbol{t}\| \leqslant \|\boldsymbol{B}\boldsymbol{x} - \boldsymbol{t}\|$.

任意给定 $\boldsymbol{t} \in \mathbb{R}^m$, 格 $\mathcal{L}$ 上与 $\boldsymbol{t}$ 最近的格向量到 $\boldsymbol{t}$ 的距离也被称为点 $\boldsymbol{t}$ 到这个格的距离, 记为 $\mathrm{dist}(\boldsymbol{t}, \boldsymbol{\mathcal{L}})$.

9.2 高斯算法

在密码学的应用场景中, 一些密码算法的私钥信息在特定条件下可以对应到某个高维格上的较短向量, 格基约化算法通常可以较为高效地求解这类问题. 本节首先给出一种 2 维格上 SVP 问题的精确求解算法——高斯算法, 并介绍两种在高维格上求解近似 SVP 问题的经典格基约化算法——LLL (Lenstra-Lenstra-Lovász) 约化算法和 BKZ (block-Korkine-Zolotarev) 约化算法.

高斯算法将线性无关的向量 $\boldsymbol{a}, \boldsymbol{b}$ 作为输入, 并可以在多项式时间内输出格 $\mathcal{L}([\boldsymbol{a}, \boldsymbol{b}])$ 的一组基 $[\boldsymbol{a}', \boldsymbol{b}']$, 使得 $\|\boldsymbol{a}'\| = \lambda_1(\mathcal{L}([\boldsymbol{a}, \boldsymbol{b}]))$, $\|\boldsymbol{b}'\| = \lambda_2(\mathcal{L}([\boldsymbol{a}, \boldsymbol{b}]))$.

首先在 2 维格上定义约化基的概念:

定义 9.10 设 $[\boldsymbol{a}, \boldsymbol{b}]$ 是 2 维格 $\mathcal{L}$ 的一组格基, 如果满足条件

$$\max(\|\boldsymbol{a}\|, \|\boldsymbol{b}\|) \leqslant \min(\|\boldsymbol{a}+\boldsymbol{b}\|, \|\boldsymbol{a}-\boldsymbol{b}\|),$$

则这组基被称为 $\mathcal{L}$ 的约化基.

从几何意义上看, 该定义意味着格基 $[\boldsymbol{a}, \boldsymbol{b}]$ 对应的基本多面体 (2 维情形下对应一个平行四边形) 的对角线的长度不会比边的长度短. 如果 $\|\boldsymbol{a}\| = \lambda_1, \|\boldsymbol{b}\| = \lambda_2$, 则有 $\|\boldsymbol{a}\|, \|\boldsymbol{b}\| \leqslant \|x\boldsymbol{a} + y\boldsymbol{b}\| (x, y \neq 0)$, 自然满足约化基的定义.

引理 9.2 对于共线的三个向量 $\boldsymbol{u}, \boldsymbol{u}+\boldsymbol{v}, \boldsymbol{u}+\alpha\boldsymbol{v} (\alpha \in (1, +\infty))$, 如果 $\|\boldsymbol{u}\| \leqslant \|\boldsymbol{u}+\boldsymbol{v}\|$, 则有 $\|\boldsymbol{u}+\boldsymbol{v}\| \leqslant \|\boldsymbol{u}+\alpha\boldsymbol{v}\|$. 且如果 $\|\boldsymbol{u}\| < \|\boldsymbol{u}+\boldsymbol{v}\|$, 则 $\|\boldsymbol{u}+\boldsymbol{v}\| < \|\boldsymbol{u}+\alpha\boldsymbol{v}\|$.

根据以上引理, 可以给出二维格的约化基长度和格的相继小量的关系:

定理 9.2 令 $[\boldsymbol{a}, \boldsymbol{b}]$ 为格基, 格的相继小量为 λ_1, λ_2, 那么 $[\boldsymbol{a}, \boldsymbol{b}]$ 是约化基当且仅当 $\boldsymbol{a}, \boldsymbol{b}$ 的长度分别为 λ_1, λ_2.

上述引理和定理的证明见参考文献 [4] 的第二章.

下面说明怎样计算 2 维格的约化基.

定义 9.11 一组格基 $[\boldsymbol{a}, \boldsymbol{b}]$ 如果满足 $\|\boldsymbol{a}\| \leqslant \|\boldsymbol{a}-\boldsymbol{b}\| < \|\boldsymbol{b}\|$, 就被称为良序的.

高斯算法的流程如下所示.

算法 9.1 高斯算法

输入: 线性无关的向量 $\boldsymbol{a}, \boldsymbol{b}$.

输出: 格 $\mathcal{L}([\boldsymbol{a}, \boldsymbol{b}])$ 的一组约化基.

if $\|\boldsymbol{a}\| > \|\boldsymbol{b}\|$ **then**
  交换 $\boldsymbol{a}$, $\boldsymbol{b}$;
end
if $\|\boldsymbol{a}-\boldsymbol{b}\| > \|\boldsymbol{a}+\boldsymbol{b}\|$ **then**
  $\boldsymbol{b} \leftarrow -\boldsymbol{b}$;
end
if $\|\boldsymbol{b}\| \leqslant \|\boldsymbol{a}-\boldsymbol{b}\|$ **then**
  return $[\boldsymbol{a}, \boldsymbol{b}]$;
end
if $\|\boldsymbol{a}\| \leqslant \|\boldsymbol{a}-\boldsymbol{b}\|$ **then**
  执行 **loop()**;
end
if $\|\boldsymbol{b}\| = \|\boldsymbol{a}-\boldsymbol{b}\|$ **then**
  return $[\boldsymbol{a}, \boldsymbol{a}-\boldsymbol{b}]$;
end
$[\boldsymbol{a}, \boldsymbol{b}] \leftarrow [\boldsymbol{b}-\boldsymbol{a}, -\boldsymbol{a}]$;
执行 **loop()**;

其中, 子算法 loop() 如下:

算法 9.2 loop

计算 $\mu \in \mathbb{Z}$ 使得 $\|\boldsymbol{b}-\mu\boldsymbol{a}\|$ 最小;
$\boldsymbol{b} \leftarrow \boldsymbol{b}-\mu\boldsymbol{a}$;
if $\|\boldsymbol{a}-\boldsymbol{b}\| > \|\boldsymbol{a}+\boldsymbol{b}\|$ **then**
  $\boldsymbol{b} \leftarrow -\boldsymbol{b}$;
end
交换 $\boldsymbol{a}$, $\boldsymbol{b}$;
if $[\boldsymbol{a}, \boldsymbol{b}]$ 是约化基 **then**
  return $[\boldsymbol{a}, \boldsymbol{b}]$;
else
  执行 **loop()**;
end

下面证明高斯算法结果的正确性, 并给出时间复杂度结论.

引理 9.3 在高斯算法中, 每次迭代过程 (loop) 开始时的格基 $[\boldsymbol{a}, \boldsymbol{b}]$ 是良序的.

定理 9.3 对于任意线性无关的输入 $[\boldsymbol{a}, \boldsymbol{b}]$, 高斯算法总是会终止, 并正确输出格 $\mathcal{L}([\boldsymbol{a}, \boldsymbol{b}])$ 的一组约化基.

证明 高斯算法进行的初等列变换只有交换某格基的两列或者将格基的某一列倍数加到另一列, 这两类变换的行列式绝对值都为 1, 因此 $[\boldsymbol{a}, \boldsymbol{b}]$ 始终是格的一组基. 又因为当算法终止时输出的基 $[\boldsymbol{a}, \boldsymbol{b}]$ 一定是约化基, 因此只需证明算法一定终止. 根据引理 9.3, 在每次迭代开始时, $[\boldsymbol{a}, \boldsymbol{b}]$ 是良序的, 特别地, $\|\boldsymbol{b}-\boldsymbol{a}\|$ 严格小于 $\|\boldsymbol{b}\|$. 所以迭代结束时, $\boldsymbol{b}$ 将被更

短的 $\boldsymbol{b}-\mu\boldsymbol{a}$ 取代, 基向量的长度严格递减. 由于格上长度小于 $\|\boldsymbol{a}\|+\|\boldsymbol{b}\|$ 的向量是有限的, 因此算法在有限次迭代后必然会终止. □

定理 9.4 对 2 维格基 $[\boldsymbol{a},\boldsymbol{b}]$, 设 k 为高斯算法计算中的迭代总次数, 有

$$k \leqslant 1+\log_2(\|\boldsymbol{a}\|+\|\boldsymbol{b}\|).$$

上述定理意味着高斯算法的迭代次数 k 关于输入格基的尺寸是多项式的, 因此高斯算法是多项式时间算法, 2 维格上的 SVP 问题是多项式时间可解的.

9.3 LLL 算法

LLL 算法是二维格的高斯约化的一种推广, 也是最早的针对高维格的高效格基约化算法. 首先, 给出 2 维约化基在高维情况下的推广定义:

定义 9.12 (LLL 约化基) 对于给定的实数 $1/4<\delta<1$, 格基 $\boldsymbol{B}=[\boldsymbol{b}_1,\cdots,\boldsymbol{b}_n]$ 如果满足如下两个条件, 则被称作 δ-LLL 约化的:

- (尺寸约减条件) 对于所有 $i>j$, 有 $|\mu_{i,j}|\leqslant\dfrac{1}{2}$;
- (Lovász 条件) 对于任意相邻的基向量 $\boldsymbol{b}_i,\boldsymbol{b}_{i+1}$, 成立 $\delta\|\pi_i(\boldsymbol{b}_i)\|^2\leqslant\|\pi_i(\boldsymbol{b}_{i+1})\|^2$.

二维格上的高斯算法的循环包含了尺寸约减、交换向量、判断是否为约化基三个步骤, 而 LLL 算法的思想与其相似. 为了便于实际运算和证明有关的定理, 以下只讨论整数格基, 即格基向量全部为整数向量的情况.

算法 9.3 LLL 算法

输入: 格基 $\boldsymbol{B}=[\boldsymbol{b}_1,\cdots,\boldsymbol{b}_n]\in\mathbb{Z}^{m\times n}$.

输出: 格 $\mathcal{L}(\boldsymbol{B})$ 的一组 δ-LLL 约化基.

1 **for** $i=1,\cdots,n$ **do**
2   **for** $j=i-1,\cdots,1$ **do**
3         $\boldsymbol{b}_i\leftarrow\boldsymbol{b}_i-c\boldsymbol{b}_j$, 其中 $c=\left\lfloor\dfrac{\langle\boldsymbol{b}_i,\boldsymbol{b}_j\rangle}{\langle\boldsymbol{b}_j,\boldsymbol{b}_j\rangle}+0.5\right\rfloor$;
4   **end**
5 **end**
6 **if** 存在某个 i 使得 $\delta\|\pi_i(\boldsymbol{b}_i)\|^2>\|\pi_i(\boldsymbol{b}_{i+1})\|^2$ **then**
7   交换 $\boldsymbol{b}_i,\boldsymbol{b}_{i+1}$;
8   从第 1 行重新开始;
9 **else**
10   **return** $\boldsymbol{B}$;
11 **end**

在每次尺寸约减操作 (算法第 1—5 行) 之后, 对于任意 $i>j$, 有 $|\mu_{i,j}|\leqslant\dfrac{1}{2}$, 满足尺寸约减条件. 算法的交换步骤会交换所有使得

$$\delta\left\|\pi_i(\boldsymbol{b}_i)\right\|^2>\left\|\pi_i(\boldsymbol{b}_{i+1})\right\|^2$$

的 $\boldsymbol{b}_i$ 和 $\boldsymbol{b}_{i+1}$, 但在进行交换后, 可能出现 $|\mu| > \dfrac{1}{2}$, 所以需要继续进行循环. 如果对于所有的 i 均有 $\delta\left\|\pi_i(\boldsymbol{b}_i)\right\|^2 \leqslant \left\|\pi_i(\boldsymbol{b}_{i+1})\right\|^2$, 那么算法终止, 此时 $\boldsymbol{B}$ 满足 Lovász 条件. 因此如果 LLL 算法终止, 那么输出的一定是一组 LLL 约化基.

容易看出, LLL 约化算法在运算中只需要存储格基及其正交基有关的信息, 因此其空间复杂度关于算法输入是多项式级别的. 对于格基约化算法, 人们通常比较关注其时间复杂度结论以及算法输出的最短向量的长度性质.

首先给出 δ-LLL 约化基的第一个基向量长度 $\|\boldsymbol{b}_1\|$ 和格上最短向量长度 λ_1 的关系.

引理 9.4 如果 $\boldsymbol{B} = [\boldsymbol{b}_1, \cdots, \boldsymbol{b}_n] \in \mathbb{R}^{m\times n}$ 是 δ-LLL 约化基 (其中 $\delta \in (1/4, 1)$), 则 $\boldsymbol{b}_1$ 的长度满足 $\|\boldsymbol{b}_1\| \leqslant (2/\sqrt{4\delta - 1})^{n-1}\lambda_1$. 更进一步, 如果 $\delta = (1/4) + (3/4)^{n/(n-1)}$, 那么 $\|\boldsymbol{b}_1\| \leqslant (2/\sqrt{3})^n\lambda_1$.

LLL 算法的时间复杂度结论更加复杂. LLL 算法的时间复杂度分析分为两部分: 每次迭代中的运算时间和总迭代次数. 由于迭代过程中涉及正交基和正交投影的计算, 因此如何处理正交基信息中的有理数成为 LLL 算法早期的研究重点. 最原始的 LLL 算法使用分数表示完整的有理数, 而在实际计算时, 有理数的分子分母往往快速膨胀, 极大影响了计算效率; 此后人们提出使用浮点数来进行正交基的计算, 极大提升了 LLL 算法的计算效率, 但使得其时间复杂度的分析更加复杂. 一个最基本的结论是, LLL 算法的运行时间是关于格维度 n、欧氏空间维度 m 以及格基 $\boldsymbol{B}$ 中绝对值最大的分量 B 的多项式. 以下仅给出有关迭代次数的结论, 以供读者掌握该算法时间复杂度分析的基本思想.

定理 9.5 给定实数 $1/4 < \delta < 1$, 格基 $\boldsymbol{B} = [\boldsymbol{b}_1, \cdots, \boldsymbol{b}_n] \in \mathbb{R}^{m\times n}$, 则 LLL 算法在有限次迭代内终止.

证明 迭代次数与交换步骤中两个相邻向量进行交换的次数是相同的, 因此证明的思路是, 通过证明与格基 $\boldsymbol{B}$ 相关的某个正整数变量在每次交换过后减少 δ 的一定倍数, 进而说明这样的减少只能发生有限次, 进一步可以给出迭代次数的上界. 对于 $k = 1, \cdots, n$, 令 $\mathcal{L}_k = \mathcal{L}([\boldsymbol{b}_1, \cdots, \boldsymbol{b}_k])$ 为 $\boldsymbol{B}$ 的前 k 个格向量生成的子格. 由于 $\mathcal{L}_k$ 是整数格, 因此 $\det(\mathcal{L}_k)^2$ 是正整数. 定义

$$d = \prod_{i=1}^{n} \det(\mathcal{L}_k)^2,$$

并令 $\mathcal{L}_k^* = \mathcal{L}([\boldsymbol{b}_1^*, \cdots, \boldsymbol{b}_k^*])$, 显然 $\det(\mathcal{L}_k)^2 = \det(\mathcal{L}_k^*)^2$. 由于在约减步骤中 $\boldsymbol{b}_i^*$ 不变, 因此约减前后 d 不变. 令 d 在交换前和交换后的值分别为 d, d', 在交换前和交换后的由 $[\boldsymbol{b}_1, \cdots, \boldsymbol{b}_k]$ 生成的格分别为 $\mathcal{L}_k, \mathcal{L}_k'$. 对于所有的 $k < i$, 由于交换前后 $[\boldsymbol{b}_1, \cdots, \boldsymbol{b}_k]$ 不变, 因此 $\det(\mathcal{L}_k)^2 = \det(\mathcal{L}_k')^2$; 对于所有的 $k > i$, 交换只改变了 $\boldsymbol{b}_i, \boldsymbol{b}_{i+1}$ 的顺序, 因此 $\det(\mathcal{L}_k)^2 = \det(\mathcal{L}_k')^2$. 所以有

$$\begin{aligned}\frac{d'}{d} = \frac{\det(\mathcal{L}_i')}{\det(\mathcal{L}_i)} &= \frac{\det([\boldsymbol{b}_1, \cdots, \boldsymbol{b}_{i-1}, \boldsymbol{b}_{i+1}])^2}{\det([\boldsymbol{b}_1, \cdots, \boldsymbol{b}_i])^2} \\ &= \frac{\left(\prod_{j=1}^{i-1}\left\|\boldsymbol{b}_j^*\right\|^2\right)\left\|\pi_i(\boldsymbol{b}_{i+1}^*)\right\|^2}{\prod_{j=1}^{i}\left\|\boldsymbol{b}_j^*\right\|^2}\end{aligned}$$

$$= \frac{\left\|\pi_i(\boldsymbol{b}_{i+1}^*)\right\|^2}{\left\|\pi_i(\boldsymbol{b}_i^*)\right\|^2}.$$

由进行交换的条件, 有 $\delta\left\|\pi_i(\boldsymbol{b}_i)\right\|^2 > \left\|\pi_i(\boldsymbol{b}_{i+1})\right\|^2$, 因此 $\dfrac{d'}{d} \leqslant \delta$. 令 d_0 为算法输入的格基所对应的值, d_k 为进行 k 次迭代之后的格基所对应的值, 则有

$$d_k \leqslant \delta^k d_0.$$

又因为 d_k 是正整数, 故 $1 \leqslant d_k \leqslant \delta^k d_0$. 当 $\delta < 1$ 时, 有

$$k \leqslant \frac{\ln d_0}{\ln(1/\delta)}.$$

由于 d_0 完全取决于算法输入的格基 $\boldsymbol{B}$, 所以迭代次数是有限的. □

除了 LLL 约化算法, 密码学中应用更为广泛的一种格基约化算法是 BKZ 算法. BKZ 算法可以被理解为 LLL 算法的一种推广: 在 LLL 算法中, 基向量的"交换"可以看成是在 $\mathcal{L}(\boldsymbol{B})$ 的子格 $\mathcal{L}([\boldsymbol{b}_i, \boldsymbol{b}_{i+1}])$ 上近似地执行了高斯约化操作, 本质上是在计算一个 2 维子格的最短向量, BKZ 算法则是将这一计算最短向量的过程推广到了 $\mathcal{L}(\boldsymbol{B})$ 的任意 $2 < \beta < n$ 维子格上.

BKZ 算法的大致思路是, 给定约化参数 β, 即子格的维度, 在分块的投影子格 $\mathcal{L}(\pi_i(\boldsymbol{b}_i), \cdots, \pi_i(\boldsymbol{b}_{\min(i+\beta-1,n)}))$ 上准确地计算最短向量, 这一子算法通常也被称为 SVP 谕示 (SVP oracle), 在实际求解中通常使用格枚举算法或者筛法来实现. 每次在投影格上调用 SVP 谕示后可以得到一个子格上的短向量, 再将短向量插入原来的格基中执行 LLL 约化, 保证其满足 LLL 约化的基本性质, 如此迭代下去, 在不同分块上顺序执行上述操作, 直到格基满足 BKZ 约化条件退出.

记 $\mathcal{L}_{[j,k]}(\boldsymbol{B}) = \mathcal{L}([\boldsymbol{b}_j, \cdots, \boldsymbol{b}_k])$, 下面给出 BKZ 约化的定义.

定义 9.13 (BKZ 约化) 格基 $\boldsymbol{B} \in \mathbb{Z}^{m\times n}$ 被称为 BKZ_β 约化的, 当且仅当对 $i=1,\cdots,n$, 成立:

- $\boldsymbol{b}_j^*$ 是 $\pi_i(\mathcal{L}_{[j,k]}(\boldsymbol{B}))$ 上的最短非零向量, 其中 $k = \min(j+\beta-1, n)$;
- $\boldsymbol{B}$ 满足尺寸约减性质.

令 $\alpha_k = \max \dfrac{\|\boldsymbol{b}_1\|^2}{\|\boldsymbol{b}_k^*\|^2}$, 以下定理初步给出了 BKZ 约化算法所能够输出的最短格向量的长度上界.

定理 9.6 假如 $k-1$ 整除 $n-1$, 那么 BKZ_β 约化基满足

$$\|\boldsymbol{b}_1\|^2 \leqslant \alpha_k^{(n-1)/(k-1)} \lambda_1(\mathcal{L}(\boldsymbol{B}))^2.$$

证明 令格上最短非零向量 $\boldsymbol{v} = \sum\limits_{i=1}^n v_i \boldsymbol{b}_i = \sum\limits_{i=1}^n \overline{v}_i \boldsymbol{b}_i^*$, $\mu = \max\{i | v_i \neq 0\}$. 那么 $v_\mu = \overline{v}_\mu \in \mathbb{Z}$, $\lambda_1(\mathcal{L}(\boldsymbol{B}))^2 = \|\boldsymbol{v}\|^2 \geqslant v_\mu^2 \left\|\boldsymbol{b}_\mu^*\right\|^2 \geqslant \left\|\boldsymbol{b}_\mu^*\right\|^2$. 又因为对于 $j \leqslant k-1, i+j \leqslant n$, 有 $\|\boldsymbol{b}_i^*\|^2 \leqslant \alpha_k \left\|\boldsymbol{b}_{i+j}^*\right\|^2$, 所以对于 $j \leqslant t(k-1), i+j \leqslant n$, 有 $\|\boldsymbol{b}_i^*\|^2 \leqslant \alpha_k^t \left\|\boldsymbol{b}_{i+j}^*\right\|^2$. 因此

$$\|\boldsymbol{b}_1\|^2 = \|\boldsymbol{b}_1^*\|^2 \leqslant \alpha_k^{(\mu-1)/(k-1)} \left\|\boldsymbol{b}_\mu^*\right\|^2 \leqslant \alpha_k^{(n-1)/(k-1)} \lambda_1(\mathcal{L}(\boldsymbol{B}))^2.$$

对于 α_k 的取值, 有 $\alpha_2=\dfrac{4}{3},\alpha_3=\dfrac{3}{2},\alpha_\beta\leqslant\beta^{1+\ln\beta}$. 当 $\beta=2$ 时, $\alpha_\beta^{1/(\beta-1)}$ 有最大值 $\dfrac{4}{3}$, 而对于 LLL 约化基而言, $\alpha\geqslant\dfrac{4}{3}$. 因此当 $\beta>2$ 时, BKZ_β 约化基的第一个向量的长度在理论上比 LLL 约化基要短. □

实际上, 对于 $k-1$ 不整除 $n-1$ 的情况, 也有类似的结论保证了 BKZ 算法输出短向量的长度上界: $\|\boldsymbol{b}_1^*\|^2\leqslant\lambda_1(\mathcal{L})^2\gamma_k^{2(n-1)/k-1}$, 其中 $\gamma_k=\sup_{\mathcal{L}\text{是}k\text{维格}}\left(\dfrac{\lambda_1(\mathcal{L})}{\det(\mathcal{L})^{1/n}}\right)^2$ 称为 k 维埃尔米特 (Hermite) 常数. 由于其证明过程较为复杂, 此处不再展开介绍. 感兴趣的读者可以进一步参考文献 [5].

下面给出 BKZ 算法基本的计算流程.

算法 9.4 BKZ 算法

输入: 格基 $\boldsymbol{B}\in\mathbb{Z}^{m\times n}$, 分块子格维度 β.

输出: 格基 $\boldsymbol{B}\in\mathbb{Z}^{m\times n}$ 满足 BKZ-β 约化.

$z\leftarrow 0;\ j\leftarrow 0;$

对格基 $(\boldsymbol{b}_1,\cdots,\boldsymbol{b}_n)$ 进行 LLL 约化;

while $z<n-1$ **do**

 $j\leftarrow j++\mod(n-1);$

 $k\leftarrow\min(j+\beta-1,n);$

 $h\leftarrow\min(k+1,n);$

 计算格 $\mathcal{L}(\pi_j(b_j),\cdots,\pi_j(b_k))$ 上的最短向量 v;

 if $\boldsymbol{v}\neq\boldsymbol{0}$ **then**

  $z\leftarrow 0;$

  对 $\left(\boldsymbol{b}_1,\cdots,\sum\limits_{i=1}^{n}v_i\boldsymbol{b}_i,\cdots,\boldsymbol{b}_h\right)$ 做 LLL 约化;

 else

  $z\leftarrow z+1;$

  对 $(\boldsymbol{b}_1,\cdots,\boldsymbol{b}_h)$ 做 LLL 约化;

 end

end

到目前为止没有对 BKZ 算法时间复杂度的准确结论, 主要原因是无法对 BKZ 算法的迭代次数进行估计, 但是 BKZ 算法在各种实际应用中都表现出了很好的效果. 一般来说, BKZ 约化参数 β 越小, 算法结束越快, 但输出的短向量长度也较大; β 越大, 运行时间越长, 有时甚至会呈现出指数甚至超指数级的时间增长, 但其输出的格向量也会更短.

9.4 格基约化算法的应用

格基约化理论在密码学中的首次应用出现在 1983 年 Adleman 对 Merkle-Helllman 背包体制的分析中. 此后的三十多年时间里, 格基约化算法被用来对多种不同类型密码算法 (包括背包加密、RSA 加密和 DSA 签名等密码算法) 进行分析. 本节以背包问题求解和 RSA 密码算法分析为例, 简要介绍格基约化理论在密码算法分析中的应用.

1978 年, Merkel 和 Hellman 基于背包问题提出了一种公钥密码体制, 称为 MH 体制, MH 体制的一个显著特点就是加解密速度快, 遗憾的是, 这类密码体制所基于的背包问题在通常情况下都可以转化为格中的最短向量 (或者最近向量) 问题, 进而用格基约化算法进行求解, 因此这类密码体制在现实中是不安全的.

背包问题是指在给定一些正整数 $a_1,\cdots,a_n\in\mathbb{N}$ 和 $s=\sum\limits_{i=1}^{n}x_ia_i, x_i\in\{0,1\}$ 的前提下, 求所有的 x_i. 将此背包问题记为 $P(a_1,\cdots,a_n,s)$.

显然, 对给定的背包问题 $P(a_1,\cdots,a_n,s)$, 求下述线性方程

$$\sum_{i=1}^{n}x_ia_i=s$$

的整数解是容易的, 不妨设 $(y_1,\cdots,y_n)$ 是上述方程的一个解.

考虑如下齐次线性方程

$$\sum_{i=1}^{n}z_ia_i=0. \tag{9.2}$$

设 A_i 为 a_i 和 a_n 的最小公倍数 (记为 $A_i=\operatorname{lcm}(a_i,a_n))(1\leqslant i\leqslant n-1)$, 取

$$\boldsymbol{B}=(\boldsymbol{b}_1,\boldsymbol{b}_2,\cdots,\boldsymbol{b}_{n-1})=\begin{pmatrix}\dfrac{A_1}{a_1} & 0 & \cdots & 0\\ 0 & \dfrac{A_2}{a_2} & \cdots & 0\\ \vdots & \vdots & & \vdots\\ 0 & 0 & \cdots & \dfrac{A_{n-1}}{a_{n-1}}\\ -\dfrac{A_1}{a_n} & -\dfrac{A_2}{a_n} & \cdots & -\dfrac{A_{n-1}}{a_n}\end{pmatrix}.$$

以下记向量组 $(\boldsymbol{b}_1,\cdots,\boldsymbol{b}_{n-1})$ 作为一组格基构成的格 $\mathcal{L}(\boldsymbol{b}_1,\cdots,\boldsymbol{b}_{n-1})$ 为 $\mathcal{L}_{a_1,\cdots,a_n}$. 若 $(s_1,\cdots,s_n)$ 是背包问题 $P(a_1,\cdots,a_n,s)$ 的一个解, 则有

$$(y_1-s_1,\cdots,y_n-s_n)\in\mathcal{L}_{a_1,\cdots,a_n}.$$

向量 $(y_1-s_1,\cdots,y_n-s_n)$ 与格中向量 $\left(y_1-\dfrac{1}{2},\cdots,y_n-\dfrac{1}{2}\right)$ 距离为 $\dfrac{\sqrt{n}}{2}$, “非常接近”. 上述分析表明, 背包问题可以转化为格中最近向量问题进行求解.

对于给定的背包问题 $P(a_1,\cdots,a_n,s)$, 定义其背包密度为

$$d=\frac{n}{\max_{1\leqslant i\leqslant n}\{\log_2 a_i\}}.$$

当 $d>1$ 时, 背包问题 $P(a_1,\cdots,a_n,s)$ 存在多个不同的解, 因此为了避免出现解密结果不唯一的情况, 所有背包体制所基于的背包问题都满足 $d\leqslant 1$ 的条件. 利用 LLL 等格基约化算法可以求格 $\mathcal{L}_{a_1,\cdots,a_n}$ 的约化基, 可以证明: 当 $d<0.9408$ 时, 可以以一定的概率求出格向量 $(y_1-s_1,\cdots,y_n-s_n)$, 进而得到背包问题 $P(a_1,\cdots,a_n,s)$ 的解 $(s_1,\cdots,s_n)$.

RSA 是目前使用最广泛的公钥密码体制, 关于它的安全性分析一直是密码学界研究的热点和重点, 总的来看, RSA 密码算法还是相对安全的. 但是在一些特定条件下, 比如用户的解密指数 d 比较 "小" 的时候, 可以利用格基约化算法对 RSA 密码算法进行分析.

事实上, 对于任意给定用户的 RSA 公钥 (e, N) 和私钥 d 都满足

$$ed \equiv 1 \pmod{\phi(N)}.$$

所以存在 $k \in \mathbb{Z}$ 满足

$$ed + k\phi(N) = 1.$$

而 $\phi(N) = N - q - p + 1$, 记 $A = N + 1$, $s = -(p + q)$, 则有

$$k(A + s) \equiv 1 \pmod{e}.$$

若记 $e = N^{\alpha}$, 并假设 $\dfrac{\sqrt{N}}{2} < p, q < 2\sqrt{N}$, $d < N^{\delta}$, 则有

$$|k| < \frac{ed}{\phi(N)} \leqslant \frac{2ed}{N} < 2e^{1+\frac{\delta-1}{\alpha}}, \quad |s| < 3\sqrt{N} = 3e^{\frac{1}{2\alpha}}.$$

在不明显影响结论的前提下, 为叙述方便, 可忽略上式中的常数因子, 不妨设

$$|k| < e^{1+\frac{\delta-1}{\alpha}}, \quad |s| < e^{\frac{1}{2\alpha}}.$$

再记 $f(x, y) = x(A + y) - 1$, $X = e^{1+\frac{\delta-1}{\alpha}}$, $Y = e^{\frac{1}{2\alpha}}$, 则至少存在一个整数对 (x_0, y_0)(如 $(x_0, y_0) = (k, s)$) 满足:

$$f(x_0, y_0) = x_0(A + y_0) - 1 \equiv 0 \pmod{e}, \quad |x_0| < X \text{ 且} |y_0| < Y.$$

以多项式 $f(x, y)$ 为基础构造如下两类多项式 (正整数 m 为待优化参数)

$$g_{i,k}(x, y) = x^i f^k(x, y) e^{m-k},$$

$$h_{j,k}(x, y) = y^j f^k(x, y) e^{m-k}.$$

显然, 对任意的 $0 \leqslant k \leqslant m$ 都有

$$g_{i,k}(k, s) \equiv 0 \pmod{e^m},$$

$$h_{j,k}(k, s) \equiv 0 \pmod{e^m}.$$

为方便起见, 有时多项式和多项式向量之间不加区分, 由多项式 $g_{i,k}(x, y)$ 和 $h_{j,k}(x, y)$ 的构造可知, 它们都是 $\mathbb{R}$ 线性无关的. 由 $g_{i,k}(Xx, Yy)$ 和 $h_{j,k}(Xx, Yy)$ 的系数向量可生成格. 用 LLL 等格基约化算法求该格的约化基. 只要约化基中前两个向量 (不妨记为 $f_1(x, y)$ 和 $f_2(x, y)$) 足够短, 满足下述定理.

定理 9.7 设 $f(x,y)\in\mathbb{Z}[x,y]$ 是至多含有 w 项的二元多项式, N 是一个大整数. X 和 Y 均为正数, 若

(1) 存在 $(x_0,y_0)\in\mathbb{Z}\times\mathbb{Z}$, 满足

$$f(x_0,y_0)\equiv 0 \pmod N,\quad |x_0|<X \text{ 且} |y_0|<Y,$$

(2) $\|f(Xx,Yy)\|<\dfrac{N}{\sqrt{w}}$.

则 $f(x_0,y_0)=0$.

证明 事实上因为 $\|f(Xx,Yy)\|<\dfrac{N}{\sqrt{w}}$, 所以有

$$\begin{aligned}|f(x_0,y_0)|&=\left|\sum_{i,j}a_{i,j}x_0^iy_0^j\right|\\&=\left|\sum_{i,j}a_{i,j}X^iY^j\left(\frac{x_0}{X}\right)^i\left(\frac{y_0}{Y}\right)^j\right|\\&\leqslant\sum_{i,j}\left|a_{i,j}X^iY^j\left(\frac{x_0}{X}\right)^i\left(\frac{y_0}{Y}\right)^j\right|\\&<\sum_{i,j}|a_{i,j}X^iY^j|\\&\leqslant\sqrt{w}\|f(Xx,Yy)\|\\&<N.\end{aligned}$$

又因为 $f(x_0,y_0)\equiv 0 \pmod N$, 所以有

$$f(x_0,y_0)=0.$$

此时根据定理 9.7 可知

$$f_1(k,s)=f_2(k,s)=0.$$ □

因此通过求 f_1 和 f_2 的结式 $r(y)=\mathrm{Res}_x(f_1(x,y),f_2(x,y))$ 的小根, 即可求出 $y_0=s$, 进而可以分解 RSA 模数 N.

如何选取参数才能确保所得格的约化基的前两个向量可以满足上述定理 9.7 中的条件. 事实上, 对于某个取定的正整数 m, 取以下这些多项式

$$g_{i,k}(x,y)=x^if^k(x,y)e^{m-k},\quad 其中k=0,\cdots,m, 同时i=0,\cdots,m-k,$$

$$h_{j,k}(x,y)=y^jf^k(x,y)e^{m-k},\quad 其中k=0,\cdots,m, 同时j=0,\cdots,t,$$

t 为一待优化的参数, 以多项式 $g_{i,k}(Xx,Yy)$ 和 $h_{j,k}(Xx,Yy)$ 的系数可生成格 $\mathcal{L}(m,t)$, 该格的维数和判别式计算如下

$$d=\dim(\mathcal{L}(m,t))=\frac{m(m+1)}{2}+t(m+1),\tag{9.3}$$

$$\det(\mathcal{L}(m,t)) = e^{\frac{(m+1)(m+1)(2m+3t)}{6}} X^{\frac{(m+1)(m+1)(2m+3t)}{6}} Y^{\frac{(m+1)(m^2+(2+3t)m+3t^2+3t)}{6}}.$$

将 $X = e^{1+\frac{\delta-1}{\alpha}}$ 和 $Y = e^{\frac{1}{2\alpha}}$ 代入可得

$$\det(\mathcal{L}(m,t)) = e^{\frac{8\alpha+4\delta-3}{12\alpha}m^3+o(m^3)+\frac{4\alpha+2\delta-1}{4\alpha}tm^2+o(tm^2)+\frac{1}{4\alpha}mt^2+o(mt^2)}. \tag{9.4}$$

由此可知, 当

$$2^{\frac{d-1}{4}} \det(\mathcal{L}(m,t))^{\frac{1}{d-1}} < \frac{e^m}{\sqrt{d}} \tag{9.5}$$

时, 格 $\mathcal{L}(m,t)$ 的 LLL 约化基 $(B_1, B_2, \cdots, B_d)$ 中的 B_1 和 B_2 必然满足

$$\|B_1(Xx, Yy)\| \leqslant \|B_2(Xx, Yy)\| < \frac{e^m}{\sqrt{d}}.$$

此时 (k, s) 是多项式 $B_1(x, y)$ 和 $B_2(x, y)$ 公共的小根 (而非模 e^m 意义下), 即

$$B_1(k, s) = B_2(k, s) = 0.$$

联合式 (9.3) 和式 (9.4), 可知当

$$t = \frac{m(1-2\delta)}{2} \quad 且 \quad \delta < \frac{7-2\sqrt{6\alpha+1}}{6}$$

时, 式 (9.5) 即可满足. 一般情况下, 假定 $\alpha \approx 1$, 通过选取合适的 m 和 t, 则在 $\delta < \frac{7-2\sqrt{6\alpha+1}}{6} \approx 0.2847$ 时, 即有

$$B_1(k, s) = B_2(k, s) = 0.$$

然后, 通过求 $B_1(x, y)$ 和 $B_2(x, y)$ 公共的小根即可得到

$$s = -(p+q).$$

再由 $N = pq$ 即可求解 p 和 q, 即将用户的 RSA 模数 N 进行分解.

本节给出了使用 “小” 解密指数 RSA 的分析算法, 其主要思想是根据 RSA 密码算法的公私钥方程, 将用户私钥恢复问题转化为格中最短向量问题进行求解, 分析过程表明当 $d < N^{0.284}$ 时, 本节的分析算法有效.

习题 9

9.1 计算下面格基的正交基:

$$\boldsymbol{B} = (\boldsymbol{b}_1, \boldsymbol{b}_2, \boldsymbol{b}_3) = \begin{pmatrix} 4 & 1 & 0 \\ 0 & -3 & 11 \\ -2 & 4 & 5 \end{pmatrix}.$$

9.2 令 $\boldsymbol{v}=[5,2,0]^{\mathrm{T}}$, 计算它在第 1 题的格基下的投影向量 $\pi_i(\boldsymbol{v}), i=2,3$.

9.3 设格 $\mathcal{L}$ 的一组基为

$$\boldsymbol{B}=(\boldsymbol{b}_1,\boldsymbol{b}_2)=\begin{pmatrix}13 & -2\\ 4 & 5\end{pmatrix},$$

利用高斯算法计算其对应的高斯约化基.

9.4 证明: 对于 $m>n$ 和行线性无关的 $n\times m$ 矩阵 $\boldsymbol{A}$, 方程组 $\boldsymbol{A}\boldsymbol{x}=\boldsymbol{0} \pmod q$ 的所有解构成一个格.

9.5 证明: 在 LLL 算法中, 对某个基向量 $\boldsymbol{b}_i$ 的尺寸约减操作不会改变正交基向量 $\boldsymbol{b}_i^*$, 更进一步, 尺寸约减操作不改变正交基 $\boldsymbol{B}^*$.

9.6 证明: 给定格基 $\boldsymbol{B}$ 和任意格向量 $\boldsymbol{v}=\sum\limits_{i=1}^{n}x_i\boldsymbol{b}_i$, 成立

$$\boldsymbol{v}=\sum_{k=1}^{n}\left(x_k+\sum_{i=k+1}^{n}\mu_{ik}x_i\right)\boldsymbol{b}_k^*.$$

第 10 章

密码学中的数学问题

密码学是解决网络与信息安全问题最有效、可靠的手段, 为网络与信息安全提供无可替代的核心支撑技术. 密码学与数学、计算机科学与技术、信息与通信工程、电子科学与技术等多学科深度交叉融合, 其中数学是密码学的理论基础. 本章主要介绍密码学中涉及的初等数论和近世代数的相关数学问题. 通过对相关数学问题深入理解, 为密码算法及协议的设计和分析奠定必要的理论基础.

10.1 伪随机数生成器

在密码学中, 随机数的应用可谓无处不在. 例如, 密码体制中通常需要从一个指定的密钥空间中随机地生成密钥; 许多公钥加密和签名算法都需要在其运行中将随机数作为算法的部分输入. 随机数不仅应用广泛, 在密码系统安全中同样起着至关重要的作用. 一个有缺陷的随机数序列, 可能会导致整个密码系统被攻击者攻破. 著名的密码学家 Bruce Schneier 曾说过: “随机序列是谈论最少的密码学问题, 但没有哪个问题比这个问题更重要.”

掷骰子被认为是产生随机数的最经典的方法, 但是不满足密码学中对于随机数产生的效率要求. 本质上, 密码学中有两种产生随机比特或随机数的主流策略. 一种策略是通过一个算法确定性地产生伪随机比特, 也被称为伪随机数生成器 (pseudo-random number generator, PRNG). 另一种策略是利用一些可以产生随机输出的物理源来产生随机比特串. 这种随机数生成器被称为真随机数生成器 (true random number generator, TRNG). 本节主要介绍密码学中常用的伪随机数生成器.

一个伪随机数生成器可以将一个较短的随机比特串 (通常称之为种子) 拓展成一个较长的比特串. 用形式化的语言来描述, 伪随机数生成器的定义如下.

定义 10.1 设 k,ℓ 为两个正整数且 $\ell \geqslant k+1$, 通常 ℓ 是 k 的一个多项式函数. 一个 (k,ℓ) 伪随机数生成器是一个在关于参数 k 的多项式时间内可计算的函数 $f:(F_2)^k \to (F_2)^\ell$. 我们称输入 $s_0 \in (F_2)^k$ 为种子, 而将输出 $f(s_0) \in (F_2)^\ell$ 称为生成的伪随机比特串.

上述定义中的函数 f 是确定性的, 这就要求输出 $f(s_0)$ 只依赖于种子. 我们的目的是在种子随机选择的前提条件下, 要使得产生的比特串 $f(s_0)$ 与随机比特串不可区分. 对于一个伪随机数生成器的安全性需求主要包括以下两个方面.

随机性 在随机性方面, 对 PRNG 的要求是生成的比特流虽然是确定性的, 但要与随机序列不可区分. 由于没有单个的测试可以判定一个 PRNG 生成的数据具有随机的特性, 目前的采取的方法是对 PRNG 进行一系列的测试. 如果 PRNG 在多次测试的基础上展现了随机性, 那么可以认为它满足随机性的要求. 目前, 国际上的随机性测试方法有 200 多种, 其中美国国家标准技术学会 (NIST) 制定的 SP 800-22 标准是最具代表性的方法之一. 该标准专门用于对密码应用中的随机数和伪随机数生成器产生的二进制随机数序列进行统计测试.

不可预测性 伪随机数序列应该具有两种形式的不可预测性: ①前向不可预测性. 如果不知道种子, 那么不管知道序列中前面的多少比特都无法预测序列中的下一比特. ②后向不可预测性. 从产生的任意长度的伪随机数序列出发都不能反向推断出种子值.

一个广泛使用的伪随机数生成器是线性同余生成器, 如算法 10.1 所示. 线性同余生成器由 Lehmer 于 1951 年提出, 其基本思想是生成一个模 M 的剩余序列, 其每个元素是这个序列的前几个元素的线性函数模 M 后的余数. 种子是模 M 的一个剩余, 这个序列元素的最低比特位形成了所产生的伪随机比特串. 线性同余生成器每次迭代都需要进行两个操作: 计算 s_i 和 z_i, 这两个操作都是常数时间复杂度的, 即 $O(1)$. 所以, 算法总的时间复杂度可以表示为 $O(\ell)$, 其中 ℓ 是循环的次数. 以下若无特别说明, 模运算符号 $a(\bmod n)$ 均指取 a 模 n 的最小非负剩余.

算法 10.1 (k,ℓ) 线性同余生成器

输入: 整数 $M \geqslant 2$, $1 \leqslant a \leqslant M-1$, $0 \leqslant b, s_0 \leqslant M-1$.

输出: $f(s_0)$.

```
for i = 1 to ℓ do
    s_i ← (a s_{i-1} + b) (mod M) ;
    z_i ← s_i (mod 2);
end
f(s_0) ← (z_1, z_2, ··· , z_ℓ);
return f(s_0);
```

在线性同余生成器中, 参数 a, b 和 M 的选择对于所产生序列的随机性至关重要. 例如, 假设 $a=7, b=0, M=32$ 且 $s_0=1$, 产生序列是 $\{7,17,23,1,7,17,23,1,\cdots\}$, 显然此序列的周期为 4. 为了保证安全性, 一般选择较大的模数 M. 通常 M 与给定计算机可表示的最大非负整数的值接近相等, 并且函数应该是全周期的, 即序列在重复之前应该产生 0 到 $M-1$ 之间的所有数, 产生的序列应显得随机, 并且生成函数可以用 32 位运算器方便地实现. 可知若 M 是素数且 $b=0$, 则当 a 为模 M 的原根时可以使生成函数的周期为 $M-1$. 对于 32 位算术运算, $2^{31}-1$ 就是一个常用的素数, a 是模 $2^{31}-1$ 的一个原根, 此时产生函数生成的伪随机数序列的统计特性几乎与从集合 $1,2,\cdots,M-1$ 里随机抽取的序列相当. 但是除了初始值 s_0 之外, 算法是确定的, 因此为了保证算法安全性, 通常需要对所有参数进行保密.

密码学中最常用的伪随机数生成器是 BBS 生成器, 由 Ralph Blum、Yaacov Shapira 和 Michael Shub 于 1986 年提出. 对任意的奇数 n, 记模 n 的二次剩余为 $\mathrm{QR}(n)$, 即 $\mathrm{QR}(n)=\{x^2 \bmod n : x \in \mathbb{Z}_n^*\}$. BBS 生成器的原理较为简单, BBS 生成器具体流程参见算法 10.2. 给定一个种子 $s_0 \in \mathrm{QR}(n)$, 通过连续计算输入的平方模 n 来产生出序列 $s_0, s_1, \cdots, s_\ell$, 然后把每一个 s_i 模 2 约化得到 z_i. 因此

$$z_i = ({s_0}^{2^i} \pmod n) \pmod 2, \quad 1 \leqslant i \leqslant \ell.$$

BBS 算法中每次迭代的核心操作是模幂运算: $s_i \leftarrow s_{i-1}^2 \pmod n$. 模幂运算的复杂度通常使用平方乘算法 (square-and-multiply algorithm) 实现, 其复杂度为 $O(k)$, 其中 k 是模幂运算中指数的比特长度, 因此算法的复杂度为 $O(k\ell)$, 其中 ℓ 是循环的次数.

算法 10.2 (k,ℓ)BBS 生成器

输入: 素数设 p, q 满足 $p \equiv q \equiv 3 \pmod 4$, $n = pq$, $s_0 \in QR(n)$.

输出: $f(s_0)$.

for $i = 1$ to ℓ **do**

  $s_i \leftarrow s_{i-1}^2 \pmod n$;

  $z_i \leftarrow s_i \pmod 2$;

end

$f(s_0) \leftarrow (z_1, z_2, \cdots, z_\ell)$;

return $f(s_0)$;

BBS 生成器是一个密码安全的伪随机数生成器, 即给定序列的最开始 k 比特, 没有有效算法可以以超过 1/2 的概率确定下一比特是 1 还是 0. BBS 生成器的安全性基于复合二次剩余问题的困难性假设.

复合二次剩余 (composite quadratic residues) 问题

实例: 正整数 n 是两个大素数 p 和 q 之积, 整数 $x \in \mathbb{Z}_n^*$ 且 $\left(\dfrac{x}{n}\right) = 1$.

问题: 判断 $x \in QR(n)$ 是否成立?

从本质上看, 复合二次剩余问题需要我们能够区分模 n 的二次剩余和模 n 的伪二次剩余 (即 $\left(\dfrac{x}{p}\right) = -1$ 且 $\left(\dfrac{x}{q}\right) = -1$), 此问题的难度不会高于对大整数 n 的分解. 因为如果能够分解 $n = pq$, 那么计算 $\left(\dfrac{x}{p}\right)$ 和 $\left(\dfrac{x}{q}\right)$ 将是件简单的事情. 给定 $\left(\dfrac{x}{n}\right) = 1$, 易知 x 是模 n 的二次剩余当且仅当 $\left(\dfrac{x}{p}\right) = 1$. 但如果不知道 n 的因子, 那么目前还没有一个有效的方法来求解复合二次剩余问题. 所以通常假设如果分解 n 不可行的话, 复合二次剩余问题是难解的.

10.2 素性检测

判别给定的一个正整数是否为素数 (简称为素性检测) 是数论中一个经典的问题. 在密码学的很多算法和协议中, 往往需要随机产生大的素数, 因此需要有快速高效的大素数生成算法. 对于大素数的生成问题, 一个最自然的方法就是先随机生成一个大小适当的奇数, 然后对其进行素性检测以判断该奇数是否为素数. 目前的素性检测算法主要分为概率性检验

算法和确定性检验算法两种, 其中前者是密码学中常用的素性检测算法. 本章将着重介绍素性检测的几种概率性检测算法.

10.2.1 费马素性检测算法

定义 10.2 设 n 是一个奇合数, 如果整数 a 满足 $(a,n)=1$, 且使得同余式

$$a^{n-1} \equiv 1 \pmod{n} \tag{10.1}$$

成立, 则 n 称为对于基 a 的拟素数.

下面给出拟素数的一些性质.

定理 10.1 设 n 为奇合数, 正整数 a, a_1, a_2 都与 n 互素, 则有

(1) n 是对于基 a 的拟素数当且仅当 $\mathrm{ord}_n(a) \mid n-1$;

(2) 如果 n 是对于基 a_1 和基 a_2 的拟素数, 则 n 是对于基 a_1a_2 的拟素数;

(3) 如果 n 是对于基 a 的拟素数, 则 n 是对于基 a^{-1} 的拟素数;

(4) 如果整数 a 使得同余式 (10.1) 不成立, 则模 n 的简化剩余系中至少有一半的数使得同余式 (10.1) 不成立.

证明 (1) n 是对于基 a 的拟素数, 则有 $a^{n-1} \equiv 1 \pmod{n}$, 显然有 $\mathrm{ord}_n(a)|(n-1)$. 反之, 如果 $\mathrm{ord}_n(a)|(n-1)$, 则存在整数 q, 使得 $n-1=\mathrm{ord}_n(a)q$. 因此, 则有 $a^{n-1} \equiv (a^{\mathrm{ord}_n(a)})^q \equiv 1 \pmod{n}$.

(2) 若 n 是对于基 a_1 和基 a_2 的拟素数, 有 $a_1^{n-1} \equiv 1 \pmod{n}, a_2^{n-1} \equiv 1 \pmod{n}$ 从而,

$$(a_1a_2)^{n-1} \equiv a_1^{n-1}a_2^{n-1} \equiv 1 \pmod{n},$$

故 n 是对于基 a_1a_2 的拟素数.

(3) 若 n 是对于基 a 的拟素数, 有 $a^{n-1} \equiv 1 \pmod{n}$. 从而, $(a^{-1})^{n-1} \equiv (a^{n-1})^{-1} \equiv 1 \pmod{n}$, 故 n 是对于基 a^{-1} 的拟素数.

(4) 设 $a_1, \cdots, a_s, a_{s+1}, \cdots, a_{\varphi(n)}$ 是模的简化剩余系, 其中, 前 s 个数使得同余式(10.1) 成立, 后 $\varphi(n)-s$ 个数使得同余式(10.1)不成立. 根据假设条件, 存在一个整数 a, $(a,n)=1$, 使得同余式(10.1)不成立, 再根据结论 (2) 和 (3), 有 s 个模 n 不同简化剩余 $aa_1, \cdots, aa_s$ 使得同余式(10.1)不成立. 因此, $s \leqslant \varphi(n)-s$ 或者 $\varphi(n)-s \geqslant \varphi(n)/2$, 这就是说, 模 n 的简化剩余系中至少有一半的数使得同余式(10.1)不成立. □

对于奇数, 由上述结论可知, 如果有一个与 n 互素的整数 a, 使得同余式(10.1)不成立, 则模 n 的简化剩余系中至少有一半的数使得同余式(10.1)不成立. 这就是说, 对于随机选取的整数 a, $(a,n)=1$, 同余式(10.1)成立而 n 是合数的可能性小于 $1/2$, 也即 n 是素数的概率大于 $1/2$.

算法 10.3 给出了利用费马素性检测判断大规模的奇数 n 为素数的方法.

若使用模指运算的快速算法, 这个算法的复杂性是 $O(t\log n)$, 这里 t 是选择随机 a 进行检验的次数, n 是我们想要检验的数. 若算法 10.3 返回 "合数", 则 n 必为合数, 若 n 是一个真正的素数, 则算法总是返回 "素数". 然而, 若 n 是奇合数, 则因为步骤 1 中的基 a 在每次迭代期间是独立选择的, 从而算法会以一定的错误概率返回 "素数".

算法 10.3 费马概率素性检测

输入: 奇整数 $n \geqslant 3$ 和安全参数 $t \geqslant 1$.

输出: 对于问题"n 是素数?"的回答"素数"或"合数".

```
for i = 1 to t do
    随机选择一个整数 a, 2 ⩽ a ⩽ n − 2 ;
    g ← (a, n) ;
    if g ≠ 1 then
        return "合数";
    end
    r ← a^(n−1) mod n ;
    if r ≠ 1 then
        return "合数";
    end
end
return "素数";
```

10.2.2 Miller-Rabin 算法

在费马素性检测中, 存在一类合数 n, 对任意满足 $(a,n)=1$ 的正整数 a, n 都是底为 a 的拟素数. 这样的数称为卡米歇尔 (Carmichael) 数. 费马素性检测的不足在于没有把 Carmichael 数排除出去. Miller-Rabin 的做法就是将检测条件变得更加严格, 使其不受 Carmichael 数的影响, 在实际应用中使用最多的概率素性检测算法是 Miller-Rabin 算法. 该算法基于以下事实: 设 n 是一个奇素数, 且 $n-1=2^s r$, 其中 r 是奇数. 设 a 是满足 $(a,n)=1$ 的正整数, 则对于某些 $j, 0 \leqslant j \leqslant s-1$, 有 $a^r \equiv 1 \pmod n$ 或 $a^{2^j r} \equiv -1 \pmod n$.

该算法的时间复杂度为 $O(t\cdot(\lg n+\lg^2 n+s\cdot\lg^2 n))$, 由于 $(s\approx \lg n)$, 所以可以近似为 $O(t\cdot\lg^3 n)$.

10.2.3 Solovay-Strassen 算法

设 $\left(\frac{a}{n}\right)$ 表示雅可比符号, 并且当 n 是素数时, 它等价于勒让德符号. Solovay-Strassen 测试基于判别欧拉准则, 即设 n 是一个奇素数, 则对于所有满足 $(a,n)=1$ 的整数 a, 有 $a^{(n-1)/2}\equiv\left(\frac{a}{n}\right) \pmod n$. 但是 $a^{(n-1)/2}\equiv\left(\frac{a}{n}\right) \pmod n$ 却不一定保证 n 是一个素数.

定义 10.3 *设 n 是一个奇合数, 令 a 是一个整数, $1\leqslant a\leqslant n-1$. 若 $(a,n)>1$ 或 $a^{(n-1)/2}\not\equiv\left(\frac{a}{n}\right) \pmod n$, 则 a 称为 n 的一个欧拉 (合性) 证据. 若 $(a,n)=1$ 且 $a^{(n-1)/2}\equiv\left(\frac{a}{n}\right) \pmod n$, 则 n 称为基 a 的欧拉拟素数.*

定理 10.2 *如果 n 是对于基 a 的欧拉拟素数, 则 n 是对于基 a 的拟素数.*

证明 设 n 是对于基 a 的欧拉拟素数, 则有

$$a^{(n-1)/2}\equiv\left(\frac{a}{n}\right) \pmod n$$

上式两端平方, 并注意到 $\frac{a}{n} \equiv \pm 1(\bmod n)$, 则有

$$a^{n-1} \equiv \left(a^{(n-1)/2}\right)^2 \equiv \left(\frac{a}{n}\right)^2 \equiv 1 \ (\bmod n).$$

因此, n 是对于基 a 的拟素数. □

算法 10.4 Miller-Rabin 概率素性检测

输入: 奇整数 $n \geqslant 3$ 和安全参数 $t \geqslant 1$.

输出: 对于问题 "n 是素数?" 的回答 "素数" 或 "合数".

```
1  r ← n − 1;
2  s ← 0;
3  while r mod 2 = 0 do
4  |  r ← r/2;
5  |  s ← s + 1;
6  end
7  for i = 1 to t do
8  |  随机选择一个整数 a, 2 ⩽ a ⩽ n − 2;
9  |  y ← a^r mod n;
10 |  if (y ≠ 1  &  y ≠ n − 1) then
11 |  |  for j = 1 to s − 1 do
12 |  |  |  y ← y^2 mod n;
13 |  |  |  if y = n − 1 then
14 |  |  |  |  break;
15 |  |  |  end
16 |  |  |  if y = 1 then
17 |  |  |  |  return "合数";
18 |  |  |  end
19 |  |  end
20 |  |  if y ≠ 1 then
21 |  |  |  return "合数";
22 |  |  end
23 |  end
24 end
25 return "素数";
```

若算法返回 "合数", 则 n 确实是一个合数, 因为素数不会违反欧拉准则. 同理, 若 n 是一个真正的素数, 则算法总是返回 "素数". 另一方面, 若 n 确实是合数, 则因为基 a 在步骤 1 的每次迭代期间是独立选择的, 从而可以推导算法错误返回 "素数" 的概率. Solovay-Strassen 错误概率界: 设 n 是一个奇合数, Solovay-Strassen(n, t) 返回 n 是素数的概率小于 $(1/2)^t$.

雅可比符号 (和勒让德符号) 的计算中, 时间复杂度是 $O(\lg a + \lg n)$, 通常可以简化为 $O(\lg n)$. Solovay-Strassen 概率素性检测算法最终的时间复杂度为 $O(t \cdot (\lg^2 n + \lg n + 1))$, 即 $O(t \cdot \lg^2 n)$.

算法 10.5 Solovay-Strassen 概率素性检测

```
输入: 奇整数 n ⩾ 3 和安全参数 t ⩾ 1.
输出: 对于问题 "n 是素数?" 的回答 "素数" 或 "合数".
for i = 1 to t do
    随机选择一个整数 a, 2 ⩽ a ⩽ n − 2;
    r ← a^((n−1)/2) mod n;
    if r ≠ 1 & r ≠ n − 1 then
        return "合数";
    end
    s ← (a/n);
    if r ≠ s mod n then
        return "合数";
    end
end
return "素数";
```

10.3 大整数因子分解算法

在密码学中, 很多公钥密码算法的安全性都是基于大整数因子分解困难问题的. 由算术基本定理可知, 任一整数都可以唯一地分解为素数方幂乘积的形式, 但是在实际中给出大整数的标准分解式却十分困难. 关于大整数因子分解的算法有很多, 本节主要介绍 Pollard $p-1$ 算法、Pollard ρ 算法以及 Dixon 的随机平方算法.

10.3.1 Pollard $p-1$ 算法

1974 年, Pollard 基于费马小定理, 提出了 Pollard $p-1$ 算法. Pollard $p-1$ 算法主要用于分解两个大素数乘积的正整数 $n=pq$, 其中 p 和 q 为规模相当的大素数. 事实上, 如果满足一些特定的限定条件, 该算法也可以用于任意合数的因子分解.

定义 10.4 *若整数 n 的所有素因子都不大于 B, 则称该整数 n 为 B-smooth 数. 若整数 n 的标准分解式中的所有素因子的指数方幂不大于 B, 则称该整数 n 为 B-powersmooth 数.*

例 10.1 $18 = 2\times 3\times 3$, 因此 18 是一个 3-smooth 数 (也可以是 4-smooth 数, 5-smooth 数).

$36 = 2\times 2\times 3\times 3$, 因为 $2^2 < 3^2$, 所以 36 是一个 9-powersmooth 数.

对于正整数 $n=pq$ 的情形, Pollard $p-1$ 算法分解大整数通常假设素因子 p 满足 $p-1$ 为 B-powersmooth 数, 即 $p-1$ 是若干个规模较小的素因子方幂的乘积, 并且每个素因子方幂均小于等于 B. 不妨设 $p-1=a_1a_2\cdots a_m$, 其中 $a_i(i=1,2,\cdots,m)$ 是不同素数的方幂. 由于素因子的对应指数次幂各不相同, 所以满足 $(p-1=a_1a_2\cdots a_m)\mid B!$. 直接求 p 很难, 但我们可以构造含有因子 p 的大整数 s 并且 $n\nmid s$, 由于 n 与 s 不互素, 那么 n 与 s 一定存在公因子, 从而通过计算得到 (s,n), 即求出 n 的素因子 p.

Pollard $p-1$ 算法的思想如下: 构造 x 满足 $x\equiv 1 \bmod p$, 此时有 $x-1=kp$, 其中 k 为正整数. 令 $x-1=s$, 则 $(s,n)=(x-1,n)$. 利用费马小定理, 由于 $(2,p)=1$, 则有

$2^{p-1} \equiv 1 \pmod{p}$, 由于 $(p-1) \mid B!$, 因此 $2^{B!} \equiv 1 \pmod{p}$. 令 $s = 2^{B!} - 1 \pmod{p}$, 计算 $d = (s, n)$. 此时, 求出的 d 即为整数 n 的一个因子. 所以, 我们只需找到合适大小的 B, 便可以在多项式时间内计算出结果.

算法 10.6 Pollard $p-1$ 算法 (n, B)

输入: n, B.
输出: d 或 failure.

$a \leftarrow 2$;
for $j = 2$ to B **do**
  $a \leftarrow a^j \pmod{n}$;
end
$d \leftarrow \gcd(a-1, n)$;
if $1 < d < n$ **then**
  return d;
else
  return failure;
end

在算法 10.6 中, for 循环结束时, 得到结果为

$$a \equiv 2^{B!} \pmod{n}.$$

因为 $p \mid n$, 所以有

$$a \equiv 2^{B!} \pmod{p}.$$

由费马小定理知, 有

$$2^{p-1} \equiv 1 \pmod{p}.$$

又由于 p 满足 B-powersmooth 数的性质, 有 $(p-1) \mid B!$, 所以

$$a \equiv 1 \pmod{p},$$

所以有 $p \mid (a-1)$, 已知 $p \mid n$, 故 $a-1$ 与 n 存在公共因子, 然后计算 $d = \gcd(a-1, n)$, 最后, 验证 d 是否为大整数 n 的一个非平凡因子.

例 10.2 给定 $n = 15770708441$, 选取 $B = 180$, 经过算法计算 $a = 11620221425$, $d = 135979$.

$$15770008441 = 135979 \times 115979,$$

因此, 通过选取 $B \geqslant 173$, 会有 $135978 \mid B!$.

在算法 10.6 中, 共有 $B-1$ 个模指数. 当模指数的值比较大时, 可以采用 "平方–乘" 算法将指数转换为 2 进制的形式去降低模乘的计算量, 对于每个模指数最多需要 $2\log_2 B$ 个

模乘运算. 最大公约数的计算则可用欧几里得算法在 $O((\lg n)^3)$ 内完成. 因此整个算法的时间复杂度为 $O(B\lg B(\lg n)^2+(\lg n)^3)$.

在 Pollard $p-1$ 算法, 通常 B 的选值不能过大, 否则对于 $B!$ 的计算复杂性会很高; 然而, 选择的 B 较小时又会降低分解的成功率, 因此需要在效率和成功率之间进行权衡, 选择规模合适的 B. 此外, 该算法的缺陷也较为明显, 该算法要求 n 有一个素因子 p 使得 $p-1$ 只有小的素因子. 因此很容易构造出 RSA 模数 $n=pq$ 使得该算法分解失败. 通常在选择 RSA 模数 $n=pq$ 时, 为了抵抗 Pollard $p-1$ 分解可以选择两个大素数 p_1, q_1, 使得 $p=2p_1+1$ 和 $q=2q_1+1$ 也是素数, 此时 Pollard $p-1$ 算法在分解 RSA 模数时是失效的.

10.3.2 Pollard ρ 算法

Pollard 于 1975 年提出了 Pollard ρ 算法. 设 n 为大整数, p 为 n 的最小素因子. 假设存在两个整数 $x,x'\in\mathbb{Z}_n(x\neq x')$, 使得 $x\equiv x'\ (\bmod p)$, 即 $x=kp+m, x'=k'p+m, k\neq k'$. 此时有 $p\mid(x-x')$, 又因为 $p\mid n$, 所以有 $p\leqslant(x-x',n)<n$, 即通过计算最大公因子得到大整数 n 的一个非平凡因子 (注意此过程不需要提前知道 p 的值).

如何在不知道 p 值的前提下, 选择两个满足条件的整数 $x,x'\in\mathbb{Z}_n(x\neq x')$ 呢? 一个简单方法是: 随机选择一个子集 $X\subset\mathbb{Z}_n$ 去分解大整数 n, 然后对于所有不同的 $x,x'\in X$, 判断 $(x-x',n)$ 的结果是否为 1. 当且仅当在集合 X 中至少存在一个碰撞时, 该方法能够成功. 根据生日攻击分析: 如果集合大小 $|X|\approx1.17\sqrt{p}$, 则有至少一个碰撞存在的概率为 50%. 然而, 每次计算序列中的一个新项 x_j, 都要对所有的 $i<j$ 计算 (x_j-x_i,n), 在集合 X 中找到满足 $x\ (\mathrm{mod}p)=x'\ (\mathrm{mod}p)$ 的碰撞, 需要求计算超过 $\binom{|x|}{2}>\frac{p}{2}$ 次最大公因子.

Pollard ρ 算法对上述方法进行了改进, 减少了求解最大公因子过程的次数, 占用较少的存储空间. Pollard ρ 算法不是随机产生一个子集 $X\subset\mathbb{Z}_n$, 而是选定了一个整系数多项式 $f(x)$, 例如 $f(x)=x^2+a$, 其中 a 是一个小常数 (通常取 $a=1$), 并取 $x_1\in\mathbb{Z}_n$, 令

$$x_{i+1}=f(x_i)\ (\mathrm{mod}n),\quad i\geqslant1,$$

从而产生集合 $X=\{x_1,x_2,\cdots,x_m\}$.

如果 $x_i\equiv x_j\ (\mathrm{mod}p)$, 由 f 是整系数多项式可知, 即 $f(x_i)\equiv f(x_j)\ (\mathrm{mod}p)$. 又因为 $p\mid n$, 所以有

$$x_{i+1}\ (\mathrm{mod}p)=(f(x_i)\ (\mathrm{mod}n))(\mathrm{mod}p)=f(x_i)\ (\mathrm{mod}p).$$

同理 $x_{j+1}\ (\mathrm{mod}p)=f(x_j)\ (\mathrm{mod}p)$. 故 $x_{i+1}\ (\mathrm{mod}p)\equiv x_{j+1}\ (\mathrm{mod}p)$. 将 $x_{i+1}(\mathrm{mod}p)$ 与 $x_{j+1}(\mathrm{mod}p)$ 代入上述过程可得如下结论:

如果 $x_i\equiv x_j\ (\mathrm{mod}p)$, 则对于 $\forall\delta\geqslant0$, 有 $x_{i+\delta}\equiv x_{j+\delta}\ (\mathrm{mod}p)$. 记 $\ell=j-i$, 可知 $x_{i'}\equiv x_{j'}(\mathrm{mod}p)$, 如果 $j'\geqslant i'\geqslant i$ 且 $j'-i'\equiv0\ (\mathrm{mod}\ell)$.

这样序列集合 X 就可以看作带有一个 "尾巴"

$$x_1\ (\mathrm{mod}p)\to x_2\ (\mathrm{mod}p)\to\cdots\to x_i\ (\mathrm{mod}p)$$

和一个长度为 ℓ 的“环”

$$x_i \pmod{p} \to x_{i+1} \pmod{p} \to \cdots \to x_j \pmod{p} \equiv x_i \pmod{p}.$$

看成图的话就像希腊字母 ρ, 这就是算法名字的由来.

该算法的目的是通过求最大公因子找到两个项 $x_i \equiv x_j \pmod{p}$, 只需要得到一个碰撞即可. 所以不需要逐个去求最大公因子, 可以跳跃着求. 为了简化和改进算法, 取 $j = 2i$ 来寻找碰撞.

算法 10.7 Pollard ρ 算法

输入: n, f, x_1.

输出: p 或 failure.

$x \leftarrow x_1$;
$x' \leftarrow f(x) \pmod{n}$;
$p \leftarrow \gcd(x - x', n)$;
while $p = 1$ **do** 在第 i 轮循环中, $x = x_i$ **and** $x' = x_{2i}$
    $x \leftarrow f(x) \bmod n$;
    $x' \leftarrow f(x') \bmod n$;
    $p \leftarrow \gcd(x - x', n)$;
end
if $p = n$ **then**
    return failure;
else
    return p;
end

例 10.3 假定 $n = 4453 = 61 \times 73$, 设 $f(x) = x^2 + 1$, $x_1 = 1$. 将 $x_1 = 1$ 代入 $f(x)$ 进行运算后得到如下部分结果:

1	2	5	26	677	4124	1370
2188	370	3311	3889	1934	4290	4305
4093	464	1553	2737	1936	3902	798

对上面的值取模 61 得到如下结果:

1	2	5	26	6	37	28
53	4	17	46	43	20	35
6	37	28	53	4	17	46

可知第一个碰撞为

$$x_5 \pmod{61} = x_{15} \pmod{61} = 6$$

因此, 该集合 X 包含一条长为 5 的尾巴和一个长为 10 的圈.

将 x_i 中的每一项对 $p=61$ 取模, 我们得到了一个新的序列. 模 61 的碰撞最先出现在 $i=5, j=15$. 一般地, 由于 $p<\sqrt{n}$, 该算法的期望复杂度为 $O(n^{\frac{1}{4}})$.

10.3.3 Dixon 随机平方算法

Dixon 随机平方算法的构造是基于数论的基础知识, 假设可以找到 x 与 y 满足在 $x \not\equiv y \pmod{n}$ 的情况下使得 $x^2 \equiv y^2 \pmod{n}$. 可知

$$n \mid (x-y)(x+y).$$

但是 $n \nmid (x-y), n \nmid (x+y)$. 因此 $(x+y,n)$ 与 $(x-y,n)$ 都是 n 的非平凡因子.

假设 $(x+y,n)$ 与 $(x-y,n)$ 都不是 n 的非平凡因子, 即 $(x+y,n)=(x-y,n)=1$, 与 $n \mid (x-y)(x+y)$ 相矛盾; 假设 $(x+y,n)$ 不是 n 的一个非平凡因子, 即 $(x+y,n)=1$, 可知 $n \mid (x-y)$, 与 $n \nmid (x-y), n \nmid (x+y)$ 相矛盾. 故 $(x+y,n)$ 与 $(x-y,n)$ 都是 n 的非平凡因子.

例 10.4 在 $32^2 \equiv 10^2 \pmod{77}$ 中, 在满足 $77 \nmid 22, 77 \nmid 42$ 的前提下, $77 \mid (32^2-10^2)$, 通过计算 $(10+32,77)=7$, 可知 7 是 77 的一个非平凡因子.

Dixon 随机平方算法需要事先准备好因子基 $\mathcal{B}$, 因子基是最小素数的集合 (其中最小素数的个数 b 必须适当选取). 然后通过某种方式获得若干个整数 z, 使得 $z^2 \pmod{n}$ 的计算结果分解的素因子都在因子基 $\mathcal{B}$ 中. 最后将某些 z^2 相乘使得因子基中的每个素因子出现偶数次, 此时就可以得到一个形如 $x^2 \equiv y^2 \pmod{n}$ 的同余方程式, 根据本式便可得到关于整数 n 的一个分解. Dixon 随机平方算法的具体例子如下:

例 10.5 假定 $n=23449$. 令 b 取值为 4, 则因子基 $\mathcal{B}=2,3,5,7$. 取 $z_1=970, z_2=8621$, 构造如下两个同余方程:

$$970^2 \equiv 2^2 \times 3 \times 5 \times 7^2 \pmod{23449},$$
$$8621^2 \equiv 2^4 \times 3 \times 5 \times 7^2 \pmod{23449}.$$

上述同余方程左右两边同时相乘得

$$(970 \times 8621)^2 \equiv (2^3 \times 3 \times 5 \times 7^2)^2 \pmod{23449}.$$

再对同余方程左右两边括号内进行模 n 约化后得

$$14256^2 \equiv 5880^2 \pmod{23449}.$$

然后计算

$$(14256-5880, 23449)=131,$$
$$(14256+2880, 23449)=179.$$

通过 Dixon 随机平方算法找到整数 n 的因子 131 和 179.

假设已经有整数 z, 如何构造同余方程使得因子基 $\mathcal{B}$ 中包含的素数出现偶数次？令 $\mathcal{B}=p_1,p_2,\cdots,p_b$, 设 c 为稍大于 b 的整数 (比如 $c=b+2$) 并且假设已经得到 c 个同余方程:

$$z_j^2 \equiv p_1^{a_{1j}} p_2^{a_{2j}} \cdots p_b^{a_{bj}},$$

其中, $1 \leqslant j \leqslant c$. 对于每一个 j, 有向量

$$\boldsymbol{a}_j = (a_{1j} \pmod 2, \cdots, a_{bj} \pmod 2) \in \mathbb{Z}_2^b.$$

如果可以找到 $a_j, j=1,2,\cdots,c, \boldsymbol{a}_j$ 的子集使得其模 2 的和为向量 $(0,\cdots,0)$, 那么对应的 z_j 的乘积将会使得 $\mathcal{B}$ 的每个素数出现偶数次.

例 10.6 接例 10.5, 两个同余方程的向量表达为

$$\boldsymbol{a}_1 = (0,1,1,0),$$
$$\boldsymbol{a}_2 = (0,1,1,0).$$

由此可知

$$\boldsymbol{a}_1 + \boldsymbol{a}_2 = (0,0,0,0),$$

所以, 我们上面构造的同余方程式可以成功分解大整数 n.

上述问题在此转化为寻找 c 个向量 $\boldsymbol{a}_1,\cdots,\boldsymbol{a}_c$ 的一个子集使得其和模 2 为零向量, 即找一个线性相关. 又因为假定 $c>b$, 这样的线性相关一定存在.

如何取得整数 z, 使得 $z^2 \pmod n$ 在因子基 $\mathcal{B}$ 上可以完全分解的方式有好几种, 一种是简单随机选择 z, 这也是随机平方算法名字的由来; 另一种则是利用技巧取得整数 z, 选择形如 $j+\lceil\sqrt{kn}\rceil$ 和 $\lfloor\sqrt{kn}\rfloor$ 的整数, 其中 $j=0,1,2,\cdots$, $k=1,2,\cdots$. 形如 $j+\lceil\sqrt{kn}\rceil$ 的整数在平方和模 n 约化后, 一般会比较小, 因此它们要比随机选择在 $\mathcal{B}$ 上完全分解的概率要高一些; 另一个形如 $\lfloor\sqrt{kn}\rfloor$ 的整数在平方和模 n 约化后, 要比整数 n 小一点, 这就意味着 $-z^2 \pmod n$ 是很小的.

例 10.7 假定整数 $n=1829$, 因子基 $\mathcal{B}=\{2,3,5,7,11,13\}$. 计算 $\sqrt{n}=42.77$, $\sqrt{2n}=60.48$, $\sqrt{3n}=74.07$, $\sqrt{4n}=85.53$. 假定取 $z=42,43,60,61,74,85$, 可以得到 $z^2 \pmod n$ 在因子基 $\mathcal{B}$ 上的分解:

$$z_1^2 \equiv 42^2 \equiv -65 \equiv (-1)\times 5\times 13,$$

$$z_2^2 \equiv 43^2 \equiv 20 \equiv 2^2\times 5,$$

$$z_3^2 \equiv 61^2 \equiv 63 \equiv 3^2\times 7,$$

$$z_4^2 \equiv 74^2 \equiv -11 \equiv (-1)\times 11,$$

$$z_5^2 \equiv 85^2 \equiv -91 \equiv (-1)\times 7\times 11.$$

我们得到 5 个同余式, 从而得到 5 个向量如下:

$$\boldsymbol{a}_1=(1,0,0,1,0,0,1),$$
$$\boldsymbol{a}_2=(0,0,0,1,0,0,0),$$
$$\boldsymbol{a}_3=(0,0,0,0,1,0,0),$$
$$\boldsymbol{a}_4=(1,0,0,0,0,1,0),$$
$$\boldsymbol{a}_5=(1,0,0,0,1,0,1).$$

由上述向量知

$$\boldsymbol{a}_1+\boldsymbol{a}_2+\boldsymbol{a}_3+\boldsymbol{a}_5=(0,0,0,0,0,0,0).$$

故我们得到的同余式为

$$(42\times 43\times 61\times 85)^2\equiv(2\times 3\times 5\times 7\times 13)^2 \pmod{1829}.$$

经过化简得到

$$1459^2\equiv 901^2 \pmod{1829}.$$

然后直接计算

$$(1459+901,1829)=59.$$

计算结束, 我们得到整数 n 的一个非平凡因子为 59.

在因子基 $\mathcal{B}$ 选取的问题上, 通常, 当 $b=|\mathcal{B}|$ 的取值越大, 关于 $z^2 \pmod{n}$ 更有可能在 $\mathcal{B}$ 上分解, 但是这样为了寻找相关关系会导致计算更多的同余方程. 通常需要一些数论上的结果帮助我们更好地去选取 b 的值.

令 n 为 m-smooth 数, 并同时定义 $\psi(n,m)$ 为小于等于 n 且是 m 光滑的正整数的个数. 数论中有一个重要的结果如下:

定理 10.3 如果 $n\gg m$, 那么有

$$\frac{\psi(n,m)}{n}\approx\frac{1}{u^u},$$

其中, 根据定义 10.5 的定义我们 $u=\dfrac{\lg n}{\lg m}$, $\dfrac{\psi(n,m)}{n}$ 表示从集合$1,2,\cdots,n$ 中随机选取一个整数为 m 光滑的概率.

假设 $n\approx 2^r$ 和 $m\approx 2^s$, 那么有

$$u=\frac{\lg n}{\lg m}\approx\frac{r}{s},$$

一个 r 比特的整数除以一个 s 比特的整数的执行时间为 $O(rs)$, 如果假定 $r<m$, 可以在时间 $O(rsm)$ 内判断集合1, $\cdots$, n 中的一个整数是否为光滑的.

因子基 $\mathcal{B}$ 中包含所有小于等于 m 的素数, 应用素数定理, 那么有

$$|\mathcal{B}|=b=\pi(m)\approx\frac{m}{\ln m},$$

其中, $\pi(m)$ 表示不超过 m 的素数的个数. 为了算法成功进行, 需要找出略多于 b 个的 m 光滑的模 n 平方数. 我们希望测试 bu^u 个整数就可以得到 b 个 m 光滑的整数. 所以, 找到所需 m 光滑的平方数的期望时间是 $O(bu^u\times rsm)$. 我们有 b 为 $O(m/s)$, 所以算法的第一部分的运行时间为 $O(rm^2u^u)$.

在算法的第二部分, 构造出形如 $x^2\equiv y^2 \pmod n$ 的同余式, 再利用欧几里得算法, 这几步所需的时间是 r 和 m 的多项式, 即 $O(r^im^j)$. 到此, 算法的全部运行时间可以写成 $O(rm^2u^u+r^im^j)$.

10.3.4 实际中的大整数因子分解算法

在实际中广泛应用的算法通常有二次筛法、椭圆曲线算法以及数域筛法. 其中 "二次筛法" 是由 Pomerance 提出的, 其灵感来源于判定因子基 $z^2 \pmod n$ 在 $\mathcal{B}$ 上分解的一个筛选过程. 数域筛法也是通过在代数整数环中通过构造同余式 $x^2\equiv y^2 \pmod n$ 去分解大整数 n.

二次筛法、椭圆曲线算法以及数域筛法的渐进运行时间分别为

二次筛法	$O(e^{1+o(1)\sqrt{\ln n\ln(\ln n)}})$
椭圆曲线算法	$O(e^{1+o(1)\sqrt{2\ln p\ln(\ln p)}})$
数域筛法	$O(e^{1.92+o(1)\sqrt{(\ln n)^{1/3}(\ln(\ln n))^{2/3}}})$

p 表示整数 n 的最小素因子, $o(1)$ 表示一个当 $n\to\infty$ 时值趋于 0 的函数.

二次筛法是分解 RSA 模 (其中, $n=pq$, p 和 q 是两个不同且长度大致相同的素数) 最常用的方法, 直到 1993 年是世界上渐进最快的大整数因子分解算法, 目前已被数域筛法取代, 但在整数的位数小于 110 位的情况下, 二次筛法还是会快一点. 数域算法的发展相对较晚, 但目前其算法的渐进运行时间比另外两种方法都要少. 椭圆曲线算法更适用于 n 的素因子具有不同的长度的情况.

直到现在, 被破解的最长 RSA 模数为 768. 大整数因子分解算法是指数级增长类型的困难问题, 随着模数的增加, 分解难度呈指数级增长. 所以通常分解 RSA 算法是非常困难的, 在如今的实际应用中, RSA 的密钥长度一般是 1024 位, 非常重要的场景下会用 2048 位, 基本不可能被分解成功.

10.4 有限域上的离散对数求解

设 F_q 是 q 阶有限域, 易知有限域 F_q 的乘法群是循环群. 不妨设 $g \in F_q^*$ 是 F_q^* 的一个生成元, 则 ${F_q}^*$ 中的所有元素都可由 g 的幂次来表示. 对于任意的 $a \in F_q^*$, 则必存在一个正整数 $n\,(1 \leqslant n \leqslant q-1)$, 使得 $a = g^n$. 通常将 n 称为 a 对于生成元 g 的离散对数, 记成 $n = \log_g a$.

有限域上的离散对数问题是一个经典的数学难题, 它在密码学、计算机科学等领域中有着广泛的应用. 离散对数问题求解的困难性假设是指给定 F_q 和 F_q^* 的一个生成元 g, 在 q 足够大时, 目前还没有多项式时间的有效算法计算 $n = \log_g a$, 其中 $a \in {F_q}^*$ 是有限域中的任意非零元. 有限域上的离散对数问题求解的困难性假设是公钥密码学中诸多体制的安全基础, 很多公钥加密算法、数字签名以及密钥交换协议的安全性都依赖于有限域上的离散对数问题求解的困难性假设.

例 10.8 *在 F_{19} 中, 3 是 F_{19} 的一个本原元, 我们有*

$$\log_3 1 = 18, \quad \log_3 2 = 7, \quad \log_3 3 = 1, \quad \log_4 3 = 14, \quad \log_5 3 = 4, \quad \log_6 4 = 8.$$

由上例可知, 在 q 较小时, 有限域 F_q 上的离散对数可以通过穷举法来求解. 当 q 较大时, 有限域乘法循环群上的离散对数问题的求解难度很大, 是密码学中数学困难问题的一个重点研究领域, 目前尚无多项式时间的有效算法. 下面给出三种计算有限域上离散对数求解的三种常用方法.

10.4.1 大步小步算法

Baby-step giant-step 算法, 也称为大步小步算法. 大步小步算法是穷举法在时间和存储上的一种折中算法. 大步小步算法是一种利用哈希表来加速枚举过程的算法. 该算法将底数分解成若干个小底数组合, 并使用哈希表记录每个小底数组合所得到的值. 然后, 将余项分成若干个大余项数组合, 同样使用哈希表记录每个大余项数组合所得到的值. 最后, 通过比较两个哈希表中相同值所对应的小底数组合和大余项数组合来求解离散对数. 这种方法比暴力枚举更加高效, 但在处理大规模问题时仍存在性能瓶颈.

算法 10.8 计算离散对数的大步小步算法

输入: 阶为 $n = q-1$ 的循环群 F_q^* 的生成元 α, 任意元素 $\beta \in F_q^*$.

输出: 离散对数 $y = \log_\alpha \beta$.

$m \leftarrow \lceil \sqrt{n} \rceil$;

用表值 $(j, \alpha^j)(0 \leqslant j \leqslant m)$ 构造一个表, 按第二个分量整理表;

计算 α^{-m} 并令 $\gamma \leftarrow \beta$;

for $i = 0$ to $m-1$ **do**

    检验 γ 是否为表中某个表值的第二个分量;

    if $\gamma = a^j$ **then**

        return $x = im + j$;

    end

    $\gamma \leftarrow \gamma \alpha^{-m}$;

end

大步小步算法是一个确定性算法, 但是需要规模为 m 的空间来存储群元素集合. 因此可以做更加灵活的时空折中, 例如存储更小的集合, 但付出更多的时间进行计算. 常取 $m=\lceil\sqrt{n}\rceil$, 需要 $O(\sqrt{n})$ 个群元素的存储, 构造表需要 $O(\sqrt{n})$ 个乘法, 整理表需要 $O(\sqrt{n}\lg n)$ 次比较. 步骤 4 需要 $O(\sqrt{n})$ 次乘法和 $O(\sqrt{n})$ 次查表. 由于循环群乘法所需花费的时间超过 $\lg n$ 次比较, 因此算法的运行时间为 $O(\sqrt{n})$ 次群乘法.

例 10.9 令 $q=113, \alpha=3$ 是 F_{113}^* 的一个生成元, 循环群的阶 $n=112$. 考虑 $\beta=57$, 则计算如下:

(1) 设 $m \leftarrow \lceil\sqrt{112}\rceil=11$;

(2) 构造表值 $(j, \alpha^j \pmod g)(0 \leqslant j \leqslant 11)$ 的表 (见表 10.1), 按第二个分量整理表 10.1, 并得到表 10.2.

表 10.1 预计算表

j	0	1	2	3	4	5	6	7	8	9	10
$3^j \pmod{113}$	1	3	9	27	81	17	51	40	7	21	63

表 10.2 $(j, 3^j \pmod{113})$ 之值 (按第二个分量整理)

j	0	1	8	2	5	9	3	7	6	10	4
$3^j \pmod{113}$	1	3	7	9	17	21	27	40	51	63	81

(3) 用欧几里得算法计算 $\alpha^{-1}=3^{-1} \pmod{113}=38$, 然后计算

$$\alpha^{-m}=38^{11} \pmod{113}=58;$$

(4) 计算 $\gamma=\beta\alpha^{-mi} \pmod{113}$ 对 $i=0,1,2,\cdots$, 直到得到表 10.2 中第二行的一个值, 计算过程见表 10.3.

表 10.3 $(i, 57\times 58^i \pmod{113})$ 之值

i	0	1	2	3	4	5	6	7	8	9
$57\times 58^i \pmod{113}$	57	29	100	37	112	55	26	39	2	3

(5) 因为 $\beta\alpha^{-9m}=3=\alpha^1, \beta=\alpha^{100}$, 因此 $\log_3 57=100$.

10.4.2 Silver-Pohlig-Hellman 算法

Silver-Pohlig-Hellman 算法 (简称 SPH 算法) 利用了循环群 F_q^* 的阶 n 的因子分解. SPH 算法是一种高效的求解离散对数问题的方法. 该算法的基本思想是将 n 分解成若干个小素数组合, 并使用中国剩余定理将原问题转化为若干个小问题. 然后, 使用大步小步算法来求解每个小问题. 最后, 通过合并每个小问题的解来得到原问题的解. SPH 算法在处理大规模问题时具有明显优势, 但在实际应用中需要谨慎选择分解的策略和参数.

设 $q-1={p_1}^{e_1}{p_2}^{e_2}\cdots{p_r}^{e_r}$ 为 $q-1$ 的标准分解式, 其中 $p_i(i=1,2,\cdots,r)$ 为不同的素数, $e_j(j=1,2,\cdots,r)$ 为正整数. 如果 $x=\log_\alpha\beta$, 则 SPH 方法是首先求解 $x_i \equiv x \pmod{{p_i}^{e_i}}(1 \leqslant i \leqslant r)$, 然后求出 $x \pmod n$.

算法 10.9 计算离散对数的 Silver-Pohlig-Hellman 算法

输入: 阶为 $n=q-1$ 的循环群 F_q^* 的生成元 α, 任意元素 $\beta\in F_q^*$.
输出: 离散对数 $y=\log_\alpha\beta$.

计算 n 的因子分解 $n={p_1}^{e_1}{p_2}^{e_2}\cdots{p_r}^{e_r}(e_i\geqslant 1)$;
for $i=1$ to r **do**
  // 计算 $x_i=l_0+l_1p_i+\cdots+l_{e_i-1}{p_i}^{e_i-1}$, 其中 $x_i\equiv x\ (\bmod p_i^{e_i})$
  令 $q\leftarrow p_i, e\leftarrow e_i$;
  设 $\gamma\leftarrow 1, l_{-1}\leftarrow 0$;
  计算 $\bar{\alpha}\leftarrow\alpha^{n/q}$;
  for $i=0$ to $e-1$ **do**
    // 计算 l_j
    $\gamma\leftarrow\gamma\alpha^{l_{j-1}q^{j-1}}$;
    $\overline{\beta}\leftarrow(\beta\gamma^{-1})^{n/q^{j+i}}$;
    $l_j\leftarrow\log_{\overline{\alpha}}\overline{\beta}$;
  end
end
计算整数 $x(0\leqslant x\leqslant n-1)$, 满足 $x_i\equiv x \bmod p_i^{e_i}(1\leqslant i\leqslant r)$;
return x

假设 n 的因子分解已知, 则 Silver-Pohlig-Hellman 算法的运行时间为 $O\left(\sum\limits_{i=1}^{r}e_i(\lg n+\sqrt{p_i})\right)$ 次乘法. 由此可知, 当 n 的每个素因子 p_i 都较小, 即 n 是光滑整数时, Silver-Pohlig-Hellman 算法很有效.

例 10.10 (用 Silver-Pohlig-Hellman 算法在 F_{251}^* 中计算离散对数) 令 $q=251$, $\alpha=71$ 是阶为 $n=250$ 的循环群 F_{251}^* 的一个生成元. 考虑 $\beta=210$, 则利用 Silver-Pohlig-Hellman 算法计算 $x=\log_{71}210$ 的离散对数的步骤如下:

(1) n 的素因子分解是 $250=2\times 5^3$.

(2)

I. (计算 $x_1\equiv x\ (\bmod\ 2)$).

计算 $\alpha=\alpha^{n/2}\ (\bmod\ p)=250, \beta=\beta^{n/2} \bmod p=250, x=\log_{250}250=1$.

II. (计算 $x_2\equiv x\ (\bmod\ 5^3)$).

a. 计算 $\overline{\alpha}=\alpha^{n/5}\ (\bmod\ p)=20$.

b. 计算 $\gamma=1$ 和 $\overline{\beta}=(\beta\gamma^{-1})^{n/5}\ (\bmod\ p)=149$. 用穷尽搜索计算 $l_0=\log_{20}149=2$.

c. 计算 $\gamma=\gamma\alpha^2\ (\bmod\ p)=21$ 及 $\overline{\beta}=(\beta\gamma^{-1})^{n/125}\ (\bmod\ p)=149$. 用穷尽搜索计算 $l_1=\log_{20}113=4$.

d. 计算 $\gamma=\gamma\alpha^{4\times 5}\ (\bmod\ p)=115$ 及 $\overline{\beta}=(\beta\gamma^{-1})^{n/125}\ (\bmod\ p)=149$. 用穷尽搜索计算 $l_2=\log_{20}149=2$.

e. 因此 $x_2=2+4\times 5+2\times 5^2=72$.

(3) 最后解同余式组 $x\equiv 1\ (\bmod\ 2)$, $x\equiv 72\ (\bmod\ 125)$ 得到 $x=\log_{72}210=197$.

10.4.3 index calculus 方法

index calculus 算法是一种更为高效的求解离散对数问题的方法. 该算法的基本思想是通过计算一些已知的离散对数来建立一个指标表, 然后使用这个指标表来求解未知的离散对数. 这种方法在处理大规模问题时非常高效, 但需要大量的存储空间和计算资源. index-calculus 方法需要在有限域乘法循环群 F_q^* 的元素中选取一个相对小的子集 S, 称为分解基, 用这种方法使得一些 F_q^* 的元素可以表示成 S 中所有元素的乘积. 下面给出的算法首先预计算一个包含 S 中所有元素的离散对数的数据基, 然后在每次需要计算一个指定的群元素的对数时, 再使用这些数据基.

算法 10.10 计算离散对数的 indcx calculus 算法

输入: 阶为 $n=q-1$ 的循环群 F_q^* 的生成元 α, 任意元素 $\beta\in F_q^*$.

输出: 离散对数 $y=\log_\alpha\beta$.

1 选取一个分解基 S: 选取 F_q^* 的一个子集 $S=\{p_1,p_2,\cdots,p_t\}$, 使得 F_q^* 中所有元素的一个重要部分可以有效地表示为 S 中元素的乘积;

2 // 收集包含 S 中元素离散对数的线性关系

3 选取一个随机整数 $k\,(0\leqslant k\leqslant n-1)$, 并计算 α^k;

4 尝试将 α^k 写成 S 中元素的乘积, 即

$$\alpha^k=\prod_{i=1}^{t}p_i^{c_i},\quad c_i\geqslant 0. \tag{10.2}$$

5 如果成功, 在等式 (10.2) 两边取对数得到一个线性关系为

$$k=\sum_{i=1}^{t}c_i\log_\alpha p_i \pmod n. \tag{10.3}$$

6 重复第 3 步和第 4 步直到找到 $t+c$ 个形为式 (10.3) 的关系 (c 是一个小的正整数, 可取 $c=10$, 使得由 $t+c$ 个关系给出的线性方程组以很高的概率具有唯一解);

7 求 S 中元素的离散对数: 解由第 2 步收集的形为式 (10.3) 的 $t+c$ 个方程的线性方程组 (有 t 个未知数), 得到 $\log_\alpha p_i (1\leqslant i\leqslant t)$;

8 // 计算 y

9 选取一个随机整数 $k\,(0\leqslant k\leqslant t)$ 并计算 $\beta\alpha^k$;

10 尝试将 $\beta\alpha^k$ 写成 S 中元素的乘积, 即

$$\beta\alpha^k=\prod_{i=1}^{t}p_i^{d_i},\quad d_i\geqslant 0. \tag{10.4}$$

11 如果失败, 则回到第 9 步, 否则在等式 (10.4) 两边取对数得到

$$\log_\alpha\beta=\left(\sum_{i=1}^{t}d_i\log_\alpha p_i-k\right) \pmod n.$$

因此计算

$$y=\left(\sum_{i=1}^{t}d_i\log_\alpha p_i-k\right) \pmod n.$$

并返回 y.

算法 10.10 的描述是不完备的, 首先没有指出选取分解基 S 的方法, 其次没有给出有

效生成形式为式 (10.2) 和式 (10.4) 关系的方法. index calculus 方法是目前已知的最强的计算离散对数的算法, 相比于大步小步算法这种指数级复杂度的方法, index calculus 方法只有亚指数级, 但该算法并不适用于所有的群.

例 10.11 令 $q=229$, 元素 $\alpha=6$ 是阶为 $n=228$ 的 F_{229}^* 一个生成元. 考虑 $\beta=13$, 则利用 index calculus 算法计算 $\log_6 13$ 的过程如下.

(1) 分解基选取为五个最小的素数: $S=\{2,3,5,7,11\}$.

(2) 得到下面包含分解基的六个关系式, 即

$$6^{100}\ (\bmod\ 229)=180=2^2\times3^2\times5,$$

$$6^{18}\ (\bmod\ 229)=176=2^4\times11,$$

$$6^{12}\ (\bmod\ 229)=165=3\times5\times11,$$

$$6^{62}\ (\bmod\ 229)=154=2\times7\times11,$$

$$6^{143}\ (\bmod\ 229)=198=2\times3^2\times11,$$

$$6^{206}\ (\bmod\ 229)=210=2\times3\times5\times7.$$

由这些关系式产生的六个包含分解基中元素对数方程为

$$100\equiv(2\log_6 2+2\log_6 3+\log_6 5)\ (\bmod\ 228),$$

$$18\equiv(4\log_6 2+\log_6 11)\ (\bmod\ 228),$$

$$12\equiv(\log_6 3+\log_6 5+\log_6 11)\ (\bmod\ 228),$$

$$62\equiv(\log_6 2+\log_6 7+\log_6 11)\ (\bmod\ 228),$$

$$143\equiv(\log_6 2+2\log_6 3+\log_6 11)\ (\bmod\ 228),$$

$$206\equiv(\log_6 2+\log_6 3+\log_6 5+\log_6 11)\ (\bmod\ 228).$$

(3) 解由五个未知数六个方程组成的线性方程组, 得到解为 $\log_6 2=21, \log_6 3=208, \log_6 5=98, \log_6 7=107, \log_6 11=162$.

(4) 假设选取整数 $k=77$, 由于 $\beta\alpha^k\equiv13\times6^{77}\ (\bmod\ 229)=147=3\times7^2$, 故得到 $\log_6 13\equiv(\log_6 3+2\log_6 7-77)\ (\bmod\ 228)=117$.

离散对数问题是密码学中的一个经典困难性问题, 还有很多计算离散对数的求解算法. 但当 q 相当大的时候, 这些算法很难真正有效, 所以有限域中的离散对数求解是密码学中常用的一个困难假设, 多个公钥密码体制的安全性均基于该困难假设.

习题 10

10.1 (1) 下述的伪随机数生成器可获得的最大周期是多少?

$$s_i=(as_{i-1})\ (\bmod\ (2^4)).$$

(2) 这时 a 为多少?

(3) 对种子有什么要求?

10.2 线性同余算法中, 选择参数即使可以提供全周期, 也不一定能提供很好的随机性, 例如, 有下面两个伪随机数生成器

$$s_i = (6s_{i-1}) \pmod{13},$$

$$s_i = (7s_{i-1}) \pmod{13}.$$

写出随机序列以证明它们是全周期的, 并说明哪一个随机性更好一些.

10.3 在这个习题中, 我们考虑由 $s_i = (as_{i-1} + b) \pmod M$ 定义的线性同余生成器的性质, 所有运算均在 $\mathbb{Z}_M$ 中进行, 并假设 $a \neq 1$.

(1) 证明对于所有的 $i \geqslant 0, s_i = s_0 a^i + \dfrac{b(a^i - 1)}{a - 1}$.

(2) 一个线性同余生成器的周期是对所有的 $i \geqslant 0$, 满足 $\mathbb{Z}_{i+1} = \mathbb{Z}_i$ 的最小正整数 t. 证明当 $s_0 = b/(a-1)$ 时, $t = 1$.

(3) 证明周期 t 满足不等式 $t \geqslant n$, 其中 n 是 a 在 $\mathbb{Z}_M^*$ 中的阶.

10.4 考察由 $s_i = (as_{i-1} + b) \pmod M$ 定义的线性同余生成器. 假设 $M = qa + 1$, 其中 a 是奇数, q 是偶数, 并设 $b = 1$. 证明下一比特预测器 $\mathrm{nbp}(z) = 1 - z$ 是一个 ε 的第 i 比特预测器, 这里

$$\frac{1}{2} + \varepsilon = \frac{q(a+1)}{2M}.$$

10.5 假设 Bob 知道 BBS 生成器中 $n = pq$ 的分解.

(1) 说明 Bob 如何利用这个知识以模 $\varphi(n)$ 的 $2k$ 个乘法和模 n 的 $2k$ 个乘法, 从 s_0 来计算任何 s_i, 其中, n 的二进制表示中有 k 个比特 (如果与 k 相比, i 很大, 那么, 这一方法是顺次计算出 $s_0, \cdots, s_i$ 所需的 i 次乘法的一个显著的改进).

(2) 如果 $n = 59701 = 227 \times 263, s_0 = 17995$, 使用这个方法计算出 s_{10000}.

10.6 在 BBS 生成器中, 定义 $p_1 = (p-1)/2, q_1 = (q-1)/2$ (可以看到 p_1 q_1 都是奇数). 设 2 模 p_1 的阶为 u_1,2 模 q_1 的阶为 v_1. 另设 t 是 u_1 和 v_1 的最小公倍数.

(1) 证明 BBS 生成器的周期不超过 t.

(2) 当 $p = 103, q = 127$ 时, 计算 t. 然后用 49 作为种子, 验证 BBS 生成器的这个实例的阶为 t.

10.7 证明: 91 是对于基 3 的拟素数.

10.8 证明: 25 是对于基 7 的强拟素数.

10.9 证明: 25326001 是对于基 2, 3, 5 的强拟素数.

10.10 证明: 561 是对于基 2 的欧拉拟素数.

10.11 证明: 1387 是对于基 2 的欧拉拟素数, 但不是对于基 2 的强拟素数.

10.12 用 Miller-Rabin 判别法判别 $n = 227$ 可能为素数, 并指出其可能性的概率.

10.13 用 Solovay-Strassen 判别法判别 $n = 3511$ 可能为素数, 并指出其可能性的概率.

10.14 用费马判别法判别 $n = 3089$ 可能为素数, 并指出其可能性的概率.

10.15 找出 24652821 是合数的最小强 (Miller-Rabin) 证据.

10.16 求 $F_2[x]/(x^8+x^4+x^3+x+1)$ 的一个本原元 α, 并采用大步小步算法、SPH 算法和 index calculus 算法计算 $\log_\alpha 19$ 和 $\log_\alpha 24$.

第 11 章

数论算法实践

许多公钥加密和数字签名方案, 以及一些哈希函数, 都需要在剩余类环中进行计算, 比如, RSA、Rabin 和 ElGamal 方案的核心运算主要就是大整数乘法和方幂的运算.

通常, 一个运算经常存在几种不同的算法, 比如大家熟悉的大整数乘法、除法、求幂就分别存在多个不同类型的算法. 其效率取决于诸多因素, 与参数大小、时空权衡、可用的计算资源等均息息相关. 一种算法在执行某种代数运算所需的时间上可能是高效的, 但在所需的空间上可能是低效的; 一个算法在通用的平台上计算效率可能较高, 而在为程序代码提供的存储空间非常有限的专用平台上, 可能并非最佳选择. 因此, 具体使用哪个算法需要根据实际情况进行衡量选择, 这个算法选择的过程是算法设计中的非常重要的一环.

需要说明的是, 为了方便理解与编程实现, 类似于许多高级计算机语言, 算法采用一种混合了数学符号和 C 语言的语法描述. 稍加改动就可以翻译成一般的编程语言. 注意 "=" 表示定义, "←" 表示赋值. 因为中间要对算法进行分析, 每个算法都标注了行号, 以方便分析时引用.

11.1 多精度整数四则运算

在剩余类环实际应用中, 模数通常超出了计算机的单个字 (目前计算机的单个字通常是 64bit) 表示范围, 此时需要多个字才能完整表示, 因此本节讨论大整数的四则运算: 加、减、乘、除.

11.1.1 整数的基表示

正整数有多种不同的表示方法, 我们通常用到的进制表示法, 比如一个 10 进制数 $a=789$, 其意为 $a=7\cdot 10^2+8\cdot 10^1+9\cdot 10^0$. 在计算机表示中, 常用的是 2 进制表示, 比如一个 8 比特串 $a=10101111$ 代表的是整数 $a=1\cdot 2^7+0\cdot 2^6+1\cdot 2^5+0\cdot 2^4+1\cdot 2^3+1\cdot 2^2+1\cdot 2^1+1\cdot 2^0$.

定义 11.1 设 β 为整数, 且 $\beta\geqslant 2$ 的整数, 任意正整数 a 都可以唯一表示为 $a=a_n\beta^n+a_{n-1}\beta^{n-1}+\cdots+a_1\beta+a_0$, 其中 $0<a_n$, 对于 $0\leqslant i<n, 0\leqslant a_i<\beta$. 我们称这种表示方法为 a 的基 β 标准表示.

为方便算法描述, 如果没有特别说明, 本章中的基 β 默认为计算机的一个单个字, 即 $\beta=2^{64}$.

为方便描述, 在没有歧义的情况下, 正整数 a 的基 β 标准表示简记为 $a=(a_na_{n-1}\cdots a_1a_0)_\beta$, 其中 a_n 称之为最高有效位, a_0 称之为最低有效位, $n+1$ 称之为的精度或者位数,

如果 $n=0$, 即长度为 1 的时候, 则称 a 为单精度整数; 如果 $n>0$, 称 a 为多精度整数. 约定 $a=0$ 时, 称为单精度整数.

多精度算法中第一个重要的算法就是下面的基 β 表示算法.

算法 11.1 基 β 表示算法

输入: 正整数 a 和 β, 其中 $a \geqslant 0, \beta \geqslant 2$.

输出: a 的基 β 标准表示 $a=(a_n a_{n-1} \cdots a_1 a_0)_\beta$.

1 $i \leftarrow 0, x \leftarrow a$;

2 $q \leftarrow \left\lfloor \dfrac{x}{\beta} \right\rfloor$, $a_1 \leftarrow x - q\beta$;

3 **while** $(q>0)$ **do**

4     $i \leftarrow i+1$;

5     $x \leftarrow q$;

6     $q \leftarrow \left\lfloor \dfrac{x}{\beta} \right\rfloor$;

7     $a_i \leftarrow x - q\beta$;

8 **end**

9 **return** $(a_n a_{n-1} \cdots a_1 a_0)$;

注 注意到算法第 2 行和第 6 行均使用除法操作, 复杂度较高. 但是, 在通常的计算机表示中, β 一般取为 2 的方幂, 这样一来, 除法操作就变成了简单的移位操作.

而负整数因为使用场景的不同, 通常有两种表示方法.

(i) 带符号表示法　带符号表示法就是将整数的符号 (即正数或负数) 及其大小 (即绝对值) 分别表示的方法. 设基为 β, 正整数的符号位记成数字 0, 而负整数的符号位记成数字 $\beta-1$. 对于一个 n 位数, 这种表示方法只利用了 β^n 个可能序列中的 $2\beta^{n-1}$ 个序列: 精确地说, 分别有 $\beta^{n-1}-1$ 个正整数和 $\beta^{n-1}-1$ 个负整数, 以及 0 的两种表示.

(ii) 补码表示法　补码表示法是将绝对值在 $[0, \beta^{n-1}-1]$ 范围内的整数, 用长度为 n 的 β 进制数列表示, 假设 x 是一个正整数, 其表示为 $(x_{n-1}x_{n-2}\cdots x_1x_0)_\beta$, 其中 $x_{n-1}=0$, 而 $-x$ 表示为 $\bar{x}=(\bar{x}_{n-1}\bar{x}_{n-2}\cdots\bar{x}_1\bar{x}_0)_\beta+1$, 其中 $\bar{x}_i=\beta-1-x_i$. 特别地, 当 $\beta=2$ 时, $\bar{x}_i=1-x_i$, 即二进制时, 当 $x_i=0$ 时, $\bar{x}_i=1$, 反之, 当 $x_i=1$ 时, $\bar{x}_i=0$. 其原理是把绝对值在 $[0,\beta^{n-1}-1]$ 的整数映射到在模 β^n 的剩余类环中, 当剩余类环中的元素绝对值小于 β^{n-1} 时, 就直接映射为正整数, 当代表元大于 $\beta^{n-1}-1$ 时, 映射为负数. 其映射方式就是 $(\bar{x}_{n-1}\bar{x}_{n-2}\cdots\bar{x}_1\bar{x}_0)_\beta+1$, 其本质是由于模数 β^n 在剩余类环中等价于 0, 当为负整数时加上模数 β^n, 相当于加上 0, 并没有改变值. 特别地, 当 $\beta=2$ 时, 就是大家熟知的负数的表示: 取反加一. 目前绝大部分计算机负数表示就是采用这种补码的方法.

表 11.1 和表 11.2 展示了 $[-7,7]$ 整数的两种表示方法的二进制形式的区别.

两种表示各有优势, 采用补码表示的时候, 由于整个数字都要在给定的剩余类环中取反, 而且多精度运算中计算单元的规模是不定的, 补码表示的中间运算代价可能较大. 因此, 一般补码表示适合单精度表示, 而带符号表示更适合多精度算术.

表 11.1

数列	带符号	补码
0111	7	7
0110	6	6
0101	5	5
0100	4	4
0011	3	3
0010	2	2
0001	1	1
0000	0	0

表 11.2

数列	带符号	补码
1111	−7	−1
1110	−6	−2
1101	−5	−3
1100	−4	−4
1011	−3	−5
1010	−2	−6
1001	−1	−7
1000	0	−8

11.1.2 多精度整数的加法和减法

下面仅考虑两个长度相同的整数加、减运算, 如果要进行加、减两个不同长度的整数, 仅需在长度较小的整数的左侧 (即在高位) 填充 0 即可.

算法 11.2 多精度加法算法

输入: 正整数 x 和 y, 它们的基 β 表示分别为 $(x_n x_{n-1} \cdots x_1 x_0)_\beta$ 和 $(y_n y_{n-1} \cdots y_1 y_0)_\beta$.

输出: 返回 $x + y = (c_{n+1} c_n c_{n-1} \cdots c_1 c_0)_\beta$.

```
carry ← 0;
for (i = 0; i < n + 1; i + +) do
    c_i ← (x_i + y_i + carry) (mod β);
    if (x_i + y_i + carry) < β then
        carry ← 0;
    else
        carry ← 1.
    end
end
c_{n+1} ← carry;
return (c_{n+1} c_n c_{n-1} ··· c_1 c_0)_β;
```

算法 11.3 多精度减法算法

输入: 正整数 x 和 y, 并且满足 $x \geqslant y$, 基 β 表示分别为 $(x_n x_{n-1} \cdots x_1 x_0)_\beta$ 和 $(y_n y_{n-1} \cdots y_1 y_0)_\beta$.

输出: 返回 $x - y = (c_n c_{n-1} \cdots c_1 c_0)_\beta$.

```
carry ← 0;
for (i = 0; i < n + 1; i + +) do
    c_i ← (x_i − y_i + carry) (mod β);
    if (x_i − y_i + carry) ⩽ 0 then
        carry ← 0;
    else
        carry ← −1;
    end
end
return (c_n c_{n-1} ··· c_1 c_0)_β;
```

11.1.3 多精度整数乘法

如果取 $\beta=10$, 就是日常手算常用的 10 进制, 比如我们来计算一个 4 位数与 3 位数的乘积: 1234×567, 根据前面的定义, 计算这个两个数的乘积就需要进行多精度乘法运算, 计算过程就是我们熟知的如下形式:

$$
\begin{array}{rrrrrr}
 & & 1 & 2 & 3 & 4 \\
 & \times & & 5 & 6 & 7 \\
\hline
 & & 8 & 6 & 3 & 8 \\
 & 7 & 4 & 0 & 4 & \\
6 & 1 & 7 & 0 & & \\
\hline
6 & 9 & 9 & 6 & 7 & 8
\end{array}
$$

上面的计算算法, 一般称为基础乘法算法或者教科书方法, 算法描述如下:

设 $x=(x_nx_{n-1}\cdots x_1x_0)_\beta, y=(y_my_{m-1}\cdots y_1y_0)_\beta$, 则 $x\cdot y$ 最多有 $n+m+2$ 位, 记为 $c=x\cdot y=(c_{n+m+1}c_{n+m}\cdots c_1c_0)_\beta$.

上述手动计算过程可以分解为两步.

第一步 (多精度整数乘单精度整数): x 与 y 的每个分位相乘.

第二步 (移位累加): 将第一步的结果累加起来.

算法描述如下:

算法 11.4 第一步: 多精度整数乘单精度整数

输入: 多精度正整数 $x=(x_nx_{n-1}\cdots x_1x_0)_\beta$ 和单精度正整数 y.

输出: 返回 $c=x\cdot y=(c_{n+1}c_n\cdots c_1c_0)_\beta$.

for $(i=0;i<n+1;i++)$ **do**
  $c_i\leftarrow 0$;
end
for $(i=0;i<n+1;i++)$ **do**
  $(c_{i+1}c_i)\leftarrow x_iy+c_i$;
end
return c;

算法 11.5 第二步: 移位累加

输入: 多精度正整数 $x=(x_nx_{n-1}\cdots x_1x_0)_\beta$ 和 $y=(y_ny_{n-1}\cdots y_1y_0)_\beta$.

输出: 返回 $c=x\cdot y=(c_{n+1}c_n\cdots c_1c_0)_\beta$.

$c_0\leftarrow x_0$;
for $(i=0;i<n+1;i++)$ **do**
  $(c_{j+1}c_j)\leftarrow x_j+y_j+c_j$;
end
return c;

算法 11.6 多精度基础乘法算法

输入: 正整数 $x = (x_n x_{n-1} \cdots x_1 x_0)_\beta$ 和 $y = (y_m y_{m-1} \cdots y_1 y_0)_\beta$.

输出: 返回 $c = x \cdot y = (c_{n+m+1} c_{n+m} \cdots c_1 c_0)_\beta$.

$c \leftarrow x y_0$;
for $(i = 0; i < n+1; i++)$ **do**
  $c \leftarrow \beta^j (x y_j)$;
end
return c;

注 注意到 $x_j y + c_j \leqslant (\beta-1)(\beta-1) + \beta - 1 < (\beta-1)\beta + \beta - 1$, 因此用 $(c_{j+1} c_j)$ 两位完全可以容纳 $x_j y + c_j$ 的计算结果, 而不用考虑进位溢出. 类似地, $(c_{j+1} c_j) \leftarrow x_j + y_j + c_j$ 也不用考虑进位溢出.

11.1.4 多精度整数的除法

除法是四则多精度运算中最复杂的运算, 很多精简指令的处理器中没有除法指令, 此时需要用其他三种指令组合完成除法运算.

算法 11.7 多精度基础除法算法

输入: 正整数 $x = (x_{n+m-1} x_{n+m-2} \cdots x_1 x_0)_\beta$ 和 $y = (y_{n-1} y_{n-2} \cdots y_1 y_0)_\beta$ 并且 $y \neq 0$.

输出: 返回商 q 和余数 r, 满足 $x = qy + r, 0 \leqslant r < y$.

1 $q \leftarrow 0$;
2 **while** $(x \geqslant y\beta^m)$ **do**
3   $q_m \leftarrow q_m + 1$;
4   $x \leftarrow x - y\beta^m$;
5 **end**
6 **for** $(j = m-1; j \geqslant 0; j--)$ **do**
7   $q_j^* \leftarrow \lfloor (x_{n+j}\beta + x_{n+i-1}) / y_{n-1} \rfloor$;
8   $q_j \leftarrow \min(q_j^*, \beta - 1)$;
9   $x \leftarrow x - q_j \beta^j y$;
10   **while** $(x < 0)$ **do**
11     $q_j \leftarrow q_j - 1$;
12     $x \leftarrow x + \beta^j y$;
13   **end**
14 **end**
15 **return** (q, x);

注意到, 第 2 行的循环次数决定于 q_{n-m} 与 r_m 的差值, 极端情形下, 理论上循环次数接近 β, 因此当 β 较大的时候, 第 2 行的循环次数非常大, 为了解决这个问题, 需要引入正规化的技巧.

定义 11.2 称 $B = \sum_{0}^{n-1} b_j \beta^j$ 是正规化的, 如果 B 的最高位 b_{n-1} 满足 $b_{n-1} \geqslant \beta/2$. 在计算 x/y 之前, 如果 y 不是正规化的, 通过乘以一个合适的 2^k, 使得 $y' = 2^k y$ 是正规化的, 计算 $x' = 2^k x$, 假设 $x' = q'y' + r'$, 显然, $q = q', r = r'/2^k$.

有了正规化的定义, 我们可以将 x/y 先转化成 x'/y', 由于 y' 是正规化的, 第 2 行最多调整一次. 由于两者商完全一致, 只需把 x'/y' 的余数右移 k 比特即可得到 x/y.

第 7 行的调整次数最多两次, 证明留作习题 11.2.

11.2 欧几里得算法

11.2.1 扩展欧几里得算法

前面介绍了最大公因数与辗转相除法, 正如其名, 算法在辗转相除的过程中, 余数在每一步迭代中单调下降, 当余数变成最大公因数的时候, 算法终止. 由贝祖等式知道, s, t 可以通过在辗转相除的过程回代即可算出, 同时求出最大公因数和 s, t 的算法一般称为扩展欧几里得算法.

扩展欧几里得算法的主要功能是找到 x, y 满足 $ax+by=d$, 其中 $d=\gcd(a,b)$.

算法 11.8 扩展欧几里得算法

输入: $a,b\in\mathbb{Z}^+$, 且 $a\geqslant b$.

输出: $d=(a,b)$, x,y 满足 $ax+by=d$.

1 $u\leftarrow a, v\leftarrow b$;

2 $x_1\leftarrow 1,\ y_1\leftarrow 0,\ x_2\leftarrow 0,\ y_2\leftarrow 1$;

3 **while** $u\neq 0$ **do**

4     $q\leftarrow\lfloor u/v\rfloor,\ r\leftarrow v-qu,\ s\leftarrow x_2-qx_1,\ t\leftarrow y_2-qy_1$;

5     $v\leftarrow u,\ u\leftarrow r,\ x_2\leftarrow x_1,\ x_1\leftarrow s,\ y_2\leftarrow y_1,\ y_1\leftarrow t$;

6 **end**

7 $d\leftarrow v,\ s\leftarrow x_2,\ t\leftarrow y_2$;

8 **return** (d,x,y);

算法分析:

以上算法流程其本质上是以下两个等式相互约减, 在约减过程中, 始终保持下面两个等式关系不变:

$$ax_1+by_1=u,\quad ax_2+by_2=v,$$

当 $u=0$ 时, 算法终止, 此时 $v=\gcd(a,b)$, 并且 $x=x_2$, $y=y_2$, 满足 $ax+by=d$. 特别地, 在最大公因子 $d=\gcd(a,b)=1$ 的时候, 该算法可以完成求逆的功能, 因为 $ax+by=1$, 由等式可以得到 $ax\equiv 1 \pmod b), by\equiv 1 \pmod a$, 即 $a^{-1}\equiv x \pmod b, b^{-1}\equiv y \pmod a$. 特别地, 如果 $\gcd(a,b)=1$, 简单修改扩展欧几里得算法之后 (证明习题 11.4), 可以快速计算 $a^{-1}c \pmod b$.

11.2.2 二进制最大公因子算法

扩展欧几里得算法中工程量最大的部分是算法中第 4 行, 因为其需要相对复杂的除法操作. 本节介绍一种仅仅需要简单的移位和加法操作的二进制最大公因子, 主要基于以下四条简单性质.

(a) 如果 a,b 都是偶数, 则 $\gcd(a,b)=2\gcd(a/2,b/2)$.

(b) 如果 a 是偶数, b 是奇数, 则 $\gcd(a,b)=\gcd(a/2,b)$.

(c) 假设 $a\leqslant b$, 则 $\gcd(a,b)=\gcd(b-a,b)$.

(d) 如果 a, b 都是奇数, 假设 $a \leqslant b$, 则 $b-a$ 是偶数.

二进制最大公因数算法步骤见算法 11.9.

算法 11.9 二进制最大公因子算法

```
输入: 正整数 a, b.
输出: d = (a, b).
u ← a, v ← b, e ← 1;
while u, v 都是偶数 do
    u/2, v/2, e ← 2e;
end
while u ≠ 0 do
    while u 是偶数 do
        u/2;
    end
    while v 是偶数 do
        v/2;
    end
    if u ⩾ v then
        u ← u − v;
    else
        v ← v − u;
    end
end
return (e, v);
```

值得注意的是, 该算法非常适合两个规模不大数的最大公因子求解, 因为虽然操作比较简单, 但是由于每一次迭代过程中, 大约最多只能减少一比特, 如果数据规模较大, 移位和加法操作太多, 相对扩展欧几里得算法每次可以消除较多比特, 不一定有较大优势.

11.2.3 lehmer 最大公因子算法

如果求最大公因子的两个数是非常大的整数, 那么需要使用多精度的表示格式, 二进制最大公因子算法是一种简单而相当高效的方法, 因为只用到减法和移位操作. 相比之下, 原始的欧几里得算法看起来吸引力则小得多, 因为在辗转相除过程中, 需要反复使用多精度除法. 事实上, 这个困难并没有想象中那么大, 因为在迭代计算过程中的商序列几乎总是非常小的数, 例如在随机选择两个整数相除的时候, 商小于 1000 的概率是 99.856%, 因此几乎总是可以用单精度运算以及相对简单的 $u-qv$ 的运算来求得 $\lfloor u/v \rfloor$ 和 $(u \pmod v)$, 其中 q 是单精度数. 即使 u 的值远远大于 v (例如最初输入的两个数可能就是这样的情形), 我们也不必担心 q 是一个很大的数, 因为一旦经过 $(u \pmod v)$ 一次之后, 接下来的计算又变成了两者同规模的情况了.

例如: 计算一对 8 位数 $u = 27182818, v = 10000000$, 假设使用一个机器字包括 4 个位. 取 $u' = 2718, v' = 1001, u'' = 2719, v'' = 1000$, 则 u'/v' 和 u''/v'' 都是 u/v 的近似值, 且

$$u'/v' < u/v < u''/v''.$$

u/v 决定了欧几里得算法中得到商序列, 如果我们用欧几里得算法同时对 (u'/v') 和 (u''/v'') 进行计算直到得到不同的商, 则不难知道如果我们对多精度 u/v 使用欧几里得算法, 在达到这一步之前所得的商应该是完全一样的, 下面我们看看对 (u'/v') 和 (u''/v'') 使用欧几里得算法发生什么情况 (表 11.3).

表 11.3

u'	v'	q'	u''	v''	q''
2718	1001	2	2719	1000	2
1001	716	1	1000	719	1
716	285	2	719	281	2
285	146	1	281	157	1
146	139	1	157	124	1
139	7	19	124	33	3

前 5 个商是一致的, 所以它们必定是真正的商, 而在第 6 步发现 $q' \neq q''$, 于是暂停单精度运算, 现在我们已经知道如果对原来的多精度使用欧几里得算法, 计算过程会按照以下方式进行 (表 11.4).

(下一个商是位于 3 和 19 之间的某个数) 无论 u 和 v 有多少位, 只要

$$u'/v' < u/v < u''/v''$$

成立, 欧几里得算法的前 5 步一定与上面的 (u,v) 商序列完全一致. 因此, 通过 (u',v') 和 (u'',v'') 5 步单精度计算后, (u,v) 前 5 步不再需要做多精度运算, 仅需分别计算 $-4u_0+11v_0$ 和 $7u_0-19v_0$ 即可, 极大地节省了计算量.

表 11.4

u	v	q'
u_0	v_0	2
v_0	u_0-2v_0	1
u_0-2v_0	$-u_0+3v_0$	2
$-u_0+3v_0$	$3u_0-8v_0$	1
$3u_0-8v_0$	$-4u_0+11v_0$	1
$-4u_0+11v_0$	$7u_0-19v_0$	?

11.3 多精度模算术

11.1 节中介绍了多精度整数基本运算 (加、减、乘、除) 的方法. 本节主要研究剩余类环 $\mathbb{Z}_m$ 上的四则运算, 其中模数 m 是一个多精度正整数, 我们称之为模算术. 从本节开始, 任意正整数 $a=(a_na_{n-1}\cdots a_1a_0)_\beta$ 的标准表示, 在没有歧义的情况下默认基为 β, 右侧括号不再特别标注 β, 即 a 基 β 标准表示为 $a=(a_na_{n-1}\cdots a_1a_0)$.

设正整数 $m=(m_nm_{n-1}\cdots m_0)$, 令 $x=(x_nx_{n-1}\cdots x_0), y=(y_ny_{n-1}\cdots y_0)$ 为两个非负整数, 满足 $x<m, y<m$. $\mathbb{Z}_m$ 中四则运算分别称为模加、模减、模乘、模除, 即 $(x+y)$

(mod m), $(x-y)$ (mod m), $(x\times y)$ (mod m), (x/y) (mod m). 模算术以通用的多精度运算为基础, 但是模算术更为复杂, 一般地, 模加、模减、模乘运算分别先按多精度加、减、乘计算之后, 然后进行一个模操作. 特别值得注意的是, 模除 (x/y) (mod m) 与其他三种运算的不同之处在于, 为了计算有意义, 必须要求 y 与 m 互素. 通常, 我们称进行多精度运算之后的模运算操作为模约减, 执行模约减最直接的方法是利用多精度除法计算除 m 之后的余数, 但是因为其需要采用除法算法, 复杂度相对较高. 下面主要介绍选取合适剩余类代表元表示形式和特殊形式的模数两个典型技巧, 这两种技巧均是利用了数的特殊性质进行快速运算.

11.3.1 Montgomery 模乘算法

Montgomery 模乘算法, 通常称为 Montgomery 乘法, 它是由美国数学家 Peter L. Montgomery 于 1985 年提出的, Montgomery 乘法的核心思想是利用模的代表元多样性的特殊性质, 采用最低有效位除法, 用简单的乘法运算代替了约减算法中的最高有效位除法运算, 从而提升算法效率.

定义 11.3 *设 A 为整数, N 为模数, 取 R 满足 $\gcd(R,N)=1$, 则称 $A'\equiv AR$ (mod N) 为 A 关于 N 的 Montgomery 形式. 我们将 A 变成 A' 称为加权, A' 变成 A 称为除权.*

显然, Montgomery 形式关于模加, 模减封闭, 因为

$$A'+B'\equiv AR+BR\equiv(A+B)R \pmod N.$$

然而关于传统的模乘算法却不再封闭, 因为任取两个 Montgomery 形式的整数 A' 和 B',

$$A'\times B'\equiv AR\times BR\not\equiv(AB)R \pmod N.$$

为解决封闭性问题, Montgomery 重新定义了一个新的 “模乘”.

定义 11.4 *设 A,B 为整数, N 为模数, 取 R, 满足 $\gcd(R,N)=1$, A,B 的 Montgomery 形式分别为 $A'\equiv AR$ (mod N), $B'\equiv BR$ (mod N), 称 $\mathrm{Mont}(A',B')=(A'\times B')/R$ (mod N) 为 A,B 关于模数 N 的 Montgomery 模乘.*

显然, 采用 Montgomery 模乘之后, Montgomery 形式是满足运算封闭的, 因为

$$(A'\times B')/R\equiv(AR\times BR)/R\equiv(A\times B)R \pmod N.$$

算法 11.10 Montgomery 模乘

输入: 两个小于奇模数 N 的整数 A 和 B 的 Montgomery 形式 A' 和 B', N 比特数为 m, 基 $R=2^m$.

输出: 整数 A,B 关于奇模数 N 的 Montgomery 模乘结果.

$C'=A'+B'\leftarrow c_1R+c_0$;
$Q\leftarrow -N^{-1}c_0 \pmod R$;
$D\leftarrow (C'+QN)/R$;
while $(D>N)$ **do**
  $D\leftarrow D-N$;
end
return D;

算法正确性证明如下:

设基为 $R=2^m$, 设将乘积结果表示成高低位 $C'=AR\times BR=c_1R+c_0$, 由 $\gcd(R,N)=1$, 因此 N 关于 R 存在逆元 N^{-1}, 即 N^{-1} 满足 $NN^{-1}=1 \pmod R$, 计算关于 C' 的低 m 比特的商 $Q=-N^{-1}c_0 \pmod R$. 设 $QN=d_1R+d_0$, 又由 $Q\equiv -N^{-1}c_0 \pmod R$, 知道 $QN\equiv(-N^{-1}c_0)N\equiv -c_0 \pmod R$, 因一方面由于 $QN=d_1R+d_0=d_0 \pmod R$, 因此, $c_0+d_0\equiv 0 \pmod R$, 即存在 $0\leqslant e\leqslant 1$, 满足 $c_0+d_0=eR$, 则 $C'+QN=(c_1R+c_0)+(d_1R+d_0)=c_1R+d_1R+eR=(c_1+d_1+e)R$, 即: $C'/R\equiv c_1+d_1+e \pmod N$, 那么 A,B 关于模数 N 的 Montgomery 模乘的结果就是 (c_1+d_1+e), 相当于直接取高位就可以了, 如果 $c_1+d_1+e>N$, 一直减 N 到小于 N 为止.

该算法仅仅用两次确定的乘法代替了原来除法操作, 因为输入时需要加权, 还原时需要除权, 所以该算法适合加权后需要反复进行模算术的应用场景, 对仅仅运算有限的几次模算术就需要除权之后的真实结果情形不太适用.

11.3.2 特殊模数约简

特别地, 当一个模数具有特殊形式的时候, 其约简过程将变得非常简单, 比如设模数 t 为一个 β 进制的数, 形如 β^t-c, 其中 $c<\beta$, 那么关于这种类型的数仅需简单的移位、加法和单精度乘法即可.

算法如下:

算法 11.11 β^t-c 快速约减算法

输入: 正整数 x, 模数 $m=\beta^t-c$.

输出: $x \pmod{\beta^t-c}$.

$q_0\leftarrow\lfloor q_i/\beta^t\rfloor, r_0\leftarrow x-q_0\beta^t, r\leftarrow r_0, i\leftarrow 0$;
while $(q_0>0)$ **do**
  $q_{i+1}\leftarrow\lfloor q_i/\beta^t\rfloor, r_{i+1}\leftarrow q_ic-q_{i+1}\beta^t$;
  $i++, r\leftarrow r+r_i$;
end
while $(r\geqslant m)$ **do**
  $r\leftarrow r-m$;
end
return r;

比如取 $\beta=2^m$ 时, q_{i+1} 的计算即为移位, r_{i+1} 的计算就仅仅是单精度乘法和移位.

这一类特殊模数, 因为正向加密对速度要求较高, 在很多标准中都选用这类特殊模数, 比如美国 FIPS186-2 标准推荐采用的 5 个素域上的椭圆曲线, 模数分别为

$$p_{192}=2^{192}-2^{64}-1,$$

$$p_{224}=2^{224}-2^{96}-1,$$

$$p_{256}=2^{256}-2^{224}+2^{192}-2^{96}-1,$$

$$p_{384}=2^{384}-2^{128}-2^{96}+2^{32}-1,$$

$$p_{521}=2^{521}-1.$$

这些素数都可以表示成少量 2 的幂的和或者差. 除 p_{521} 之外, 这些素数的表达式中 2 的幂均是 32 的倍数. 这些性质使得在现有的计算中约减算法计算特别快.

例 11.1 考虑 $p=2^{192}-2^{64}-1$, 令 c 是一个 $0 \leqslant c<p^2$ 的整数, 设 c 的 $R=2^{64}$ 进制表达式为

$$c=c_5R^5+c_4R^4+c_3R^3+c_2R^2+c_1R^1+c_0.$$

由 $p=2^{192}-2^{64}-1=R^3-R-1$, 在模 p 意义下:

$$R^3=R+1, \quad R^4=R^2+R, \quad R^5=R^3+R^2=R^2+R+1.$$

于是

$$c=c_5(R^2+R+1)+c_4(R^2+R)+c_3(R+1)+(c_2R^2+c_1R^1+c_0).$$

因此只需通过 3 次加法, 将 4 个 192 比特的数相加之后的结果重复减去模数 p 即可得到 $c \pmod p$.

算法 11.12 模 $p=2^{192}-2^{64}-1$ 的快速约减算法

输入: $c=(c_5,c_4,c_3,c_2,c_1,c_0)$ 为$R=2^{64}$ 进制整数, $0 \leqslant c<p_{192}^2$.

输出: $c \pmod{p_{192}}$.

1 定义4 个192 比特整数如下:

$$s_1=(c_2,c_1,c_0), s_2=(0,c_3,c_3),$$

$$s_3=(c_4,c_4,c_0), s_4=(c_5,c_5,c_5).$$

2 **return** $(s_1+s_2+s_3+s_4) \pmod{p_{192}}$;

算法 11.13 模 $p=2^{224}-2^{96}-1$ 的快速约减算法

输入: $c=(c_{13},c_{12},\cdots,c_2,c_1,c_0)$ 为 $R=2^{32}$ 进制整数, $0 \leqslant c<p_{224}^2$.

输出: $c \pmod{p_{192}}$.

1 定义 5 个 224 比特整数如下:

$$s_1=(c_6,c_5,c_4,c_3,c_2,c_1,c_0), \quad s_2=(c_{10},c_9,c_8,c_7,0,0,0),$$

$$s_3=(0,c_{13},c_{12},c_{11},0,0,0), \quad s_4=(c_{13},c_{12},c_{11},c_{10},c_9,c_8,c_7),$$

$$s_5=(0,0,0,0,c_{13},c_{12},c_{11}).$$

2 **return** $(s_1+s_2+s_3-s_4-s_5) \pmod{p_{224}}$;

11.4 中国剩余定理

11.4.1 模算术

定理 11.1 设 $a,u_1,u_2,\cdots,u_r$ 是整数, $m_1,m_2,\cdots,m_r$ 是正整数, 且 $\gcd(m_i,m_j)=1, i \neq j$, 记 $m=m_1m_2\cdots m_r$, 则恰有一个整数满足以下条件:

$$a \leqslant u<a+m, \text{并且 } u \equiv u_j \pmod{m_j}, \quad 1 \leqslant j \leqslant r. \tag{11.1}$$

证明 如果对于 $1 \leqslant j \leqslant r, u \equiv v \pmod{m_j}$, 则对所有的 $j, u-v$ 是 m_j 的倍数, 于是由 $m_1, m_2, \cdots, m_r$ 两两互素, 知道 $u-v$ 也是 $m_1 m_2 \cdots m_r$ 的倍数, 因此满足条件最多只有一个解. 为了完成证明, 还需证明至少存在一个解.

方法 1 由于 (11.1) 至多只有一个解, 所以当 u 取遍 m 个不同的值 $a \leqslant u < a+m$ 时, r 元组 $(u \pmod{m_1}, u \pmod{m_2}, \cdots, u \pmod{m_r})$ 必然取到 m 个不同的值. 然而另一方面, 恰有 $m_1 m_2 \cdots m_r$ 个 r 元组 $\{u_1, u_2, \cdots, u_r\}$ 满足 $0 \leqslant u_j \leqslant m_j$, 所以每个 r 元组恰好出现一次, 从而存在某个 u 使得 $(u \pmod{m_1}, u \pmod{m_2}, \cdots, u \pmod{m_r}) = (u_1, u_2, \cdots, u_r)$.

方法 2 对于 $1 \leqslant j \leqslant r$, 我们可以找到 M_j 满足

$$M_j \equiv 1 \pmod{m_j} \text{且} M_j \equiv 0 \pmod{m_k}, \quad k \neq j.$$

事实上, 由 $m_1, m_2, \cdots, m_r$ 两两互素, 取

$$M_j = (m/m_j)^{\varphi(m_j)},$$

于是,

$$u = a + ((u_1 M_1 + u_2 M_2 + \cdots + u_r M_r - a) \pmod{m}). \tag{11.2}$$

满足 (11.1) 的所有条件. □

方法 1 是一种存在性证明方法, 主要利用以下两个基本结论:

(a) 设 $m_1, m_2, \cdots, m_r$ 是两两互素的正整数, 如果一个数是 $m_1, m_2, \cdots, m_r$ 这些数的倍数, 则它一定是 $m = m_1 m_2 \cdots m_r$ 的倍数.

(b) 如果将 m 只鸽子放入 m 个鸽巢中, 且没有两只 (或者更多) 鸽子同在一个鸽巢中, 那么每个鸽巢中恰好一只鸽子.

方法 2 是一种构造性证明方法, 它告诉我们如何计算 r 个新的常数 $M_1, M_2, \cdots, M_r$ 再由 (11.2) 式即可得到问题的解.

11.4.2 快速计算方法

从这两种证明方法的对比中, 我们可以看到数学的优美与计算效率之间是存在差别的. 即使我们用最好的方法计算出常数 $M_1, M_2, \cdots, M_r$ 我们仍然需要面对一个困难, 常数 M_j 是大数 m/m_j 的一个倍数, 因此在 (2) 的计算过程中, 将不得不进行很多高精度计算, 而这正是我们最开始利用中国剩余定理想避免的事情.

因此, 想要找到从 $(u_1, u_2, \cdots, u_r)$ 转化为 u 的好用方法, 本质是找到定理的更好证明. 幸运的是, 加纳 (Garner) 在 1958 年提出一个新的方法. 这个转换方法需要用到 $\binom{r}{2}$ 个常数 c_{ij}, 对于 $1 \leqslant i < j \leqslant r$, 满足如下条件:

$$c_{ij} m_i \equiv 1 \pmod{m_j}.$$

一旦求出常数 c_{ij}, 令

$v_1 \leftarrow u_1 \pmod{m_1}$

$v_2 \leftarrow (u_2 - v_1)c_{12} \pmod{m_2}$

$v_3 \leftarrow ((u_3 - v_1)c_{13} - v_2)c_{23} \pmod{m_3}$

……

$v_r \leftarrow (\cdots((u_r - v_1)c_{1r} - v_2)c_{2r} - \cdots - v_{r-1})c_{(r-1)r} \pmod{m_r}$

则

$$u = v_r m_{r-1} \cdots m_2 m_1 + \cdots + v_3 m_2 m_1 + v_2 m_1 + v_1.$$

满足条件

$$0 \leqslant u < m, \quad u \equiv u_j \pmod{m_j}.$$

算法流程如下:

算法 11.14 Garner 算法

输入: 正整数 $M = \prod_{i=1}^{t} m_i > 1$, 其中对于 $i \neq j, (m_i, m_j) = 1$, x 的模表示为 $(u_1, u_2, \cdots, u_r)$.

输出: x 的基 β 表示.

for $i = 2, i < r + 1, i + +$ **do**
  $C_i \leftarrow 1$;
  for $(j = 1; j < i; j + +)$ **do**
    $w \leftarrow m_j^{-1} \pmod{m_i}$;
    $C_i \leftarrow wC_i \pmod{m_i}$;
  end
end
$w \leftarrow u_1, x \leftarrow w$;
for $i = 2, i < r + 1, i + +$ **do**
  $w \leftarrow (u_i - x)C_i \pmod{m_i}$;
  $x \leftarrow x + w \prod_{j=1}^{i-1} m_j$;
end
return (x);

这个计算方法有两个优点:

一是, v_j 的计算只涉及模 m_j 的单精度运算, 而且 v_j 可以进行并行计算.

令

$$(v_1, v_2, \cdots, v_r) = (u \pmod{m_1}, u \pmod{m_2}, \cdots, u \pmod{m_r}).$$

对于 v_j, 可以同时计算 $v_k \leftarrow (v_k - v_j)c_{ij} \pmod{m_k}$.

二是, $u = v_r m_{r-1} \cdots m_2 m_1 + \cdots + v_3 m_2 m_1 + v_2 m_1 + v_1$ 中的混合进制表示, 可以用来比较两个模表示的大小, 因为如果已经知道 $0 \leqslant u < m$ 且 $0 \leqslant u' < m$, 则为了判断 u 和 u' 的大小, 只需将 u 和 u' 分别转化为 $(v_1, v_2, \cdots, v_r)$ 和 $(v'_1, v'_2, \cdots, v'_r)$, 然后依次检测是否有 $v_r < v'_r, v_{r-1} < v'_{r-1}, \cdots$, 而没有必要将其完全转化为二进制和十进制大数之后再比较.

由于模数的选取除特殊情况, 仅需满足两两互素, 因此我们可以按需选择模数. 通过选取合适的模数, 比如一般选取机器字减一个小数形式, 如一个 10 进制的计算机, 它的机器字包括两位, 即 100, 那么可以取模数为 $100 - 1 = 99$, 比如两个小于 99 的数相乘之后, 再模 99, 计算

$$(85 \times 63) \pmod{99}.$$

可以如下操作: 先计算 $85 \times 63 = 5355$, 按 100 进制展开就是

$$85 \times 63 = 5355 = 53 \times 100 + 55.$$

由 $100 \equiv 1 \pmod{99}$, 得到

$$85 \times 63 = 5355 = 53 \times 100 + 55 \equiv 53 \times 1 + 55 = 108 \equiv 9 \pmod{99}.$$

可以看出通过特殊模数的选取, 可以有效避免乘法之后的真正除法.

类似地, 在日常使用的二进制计算机上, 一般都选取模数的形式为 $2^e - 1$.

当我们将模数取成 $2^e - 1$ 的形式的时候, 必须要知道 $2^e - 1$ 和 $2^f - 1$ 在什么情况下是互素的, 幸运的是有一个非常简单的规则:

$$\gcd(2^e - 1, 2^f - 1) = 2^{\gcd(e,f)} - 1.$$

这个公式告诉我们, $2^e - 1$ 和 $2^f - 1$ 互素当且仅当 e 和 f 互素.

比如在一台 32 位的计算机上, 我们可以选取 $m_1 = 2^{32} - 1, m_2 = 2^{31} - 1, m_3 = 2^{29} - 1, m_4 = 2^{27} - 1, m_5 = 2^{25} - 1$, 这种选取方法使得我们可以高效地对 $m_1m_2m_3m_4m_5 > 2^{143}$ 范围内的整数进行加法, 减法和乘法运算.

特别地, 当选取两个模数的形式为 $P = 2^{ak} + 1, Q = 2^k - 1$ 的时候, 假设

$$x = x_1 \pmod{P}, \quad x = x_2 \pmod{Q}.$$

重构方法如下:

由于 $x < PQ$, 可设 $x = \alpha P + \beta$, 其中 α, β 分别满足 $0 \leqslant \alpha < Q, 0 \leqslant \beta < P$, 一方面, 由 $x = x_1 (\bmod P)$, 于是,

$$x = (\alpha P + \beta) \pmod{P} = \beta \pmod{P} = x_1 \pmod{P},$$

即 $\beta = x_1$, 另一方面, 由

$$P = 2^{ak} + 1 \pmod{Q} = (1^\alpha + 1) \pmod{Q} = 2 \pmod{Q},$$

于是 $x = (\alpha P + \beta) \pmod{Q} = (2\alpha + \beta) \pmod{Q} = x_2 \pmod{Q}$, 可得

$$\alpha = (x_2 - \beta)/2 \pmod{Q},$$

又已知 $\beta = x_1$, 可得 $\alpha = (x_2 - x_1)/2 \pmod{Q}$. 给出了 α, β 关于 x_1, x_2 的表达式, 直接算出 $x = \alpha P + \beta$ 即可. 计算代价仅涉及移位和加法.

11.5 方幂的快速计算

在本节中, 我们讨论一个经典的数学问题: 方幂计算问题, 即给定 x 和正整数 n 如何快速计算 x^n. 比如, 要计算 x^{16}, 有两种方式, 一是从 x 开始, 不断乘以 x, 那么共需要 15 次运算; 二是从 x 开始不断做平方运算, 依次得到 x^2, x^4, x^8, x^{16}, 则只需 4 次乘法运算就可以得到相同的答案.

11.5.1 二进制展开方法

算法 1(从左至右二进制的求幂方法) 对于任意正整数 n, 按如下规则可以完成 x^n 计算:

(a) 将 n 二进制展开 (高位的 0 不用考虑), 然后将每个 "1" 替换成 SX, 将每个 "0" 替换成 S, 再将替换完成得到的字符串最左边的 SX 划掉;

(b) 按照 S 表示平方运算, X 表示乘以 x, 将从 (a) 计算得到的字符串从左到右依次按字符 S 和 X 的顺序进行相应的运算.

比如 $n = 23$, 二进制展开为 10111, 按替换规则, 对应的字符串为 $SXSSXSXSX$, 按要求去掉最左边的 SX, 得到 $SSXSXSX$, 这就表示计算顺序依次为: "平方, 平方, 乘 x, 平方, 乘 x, 平方, 乘 x", 对应的计算序列为 $x^2, x^4, x^5, x^{10}, x^{11}, x^{22}, x^{23}$.

从计算过程看, 上述算法除了要存储当前计算出的临时结果外, 不需要任何其他临时空间, 因此该算法非常清晰简洁, 手算都很方便. 注意到, 这个算法字符串序列是从左到右进行展开的. 事实上, 也存在从右至左的求幂算法.

算法 2(从右至左二进制的求幂方法) 对于任意正整数 n, 可以完成 x^n 计算 (这里 x 属于任意代数系统, 只需该代数系统中已经定义单位元 1, 以及满足结合律的乘法运算).

1. [初始化] 置 $N \leftarrow n, Y \leftarrow 1, Z \leftarrow x$.
2. [将 N 折半] (此时 $x^n = YZ^N$) 置 $t \leftarrow N \pmod 2, N \leftarrow \lfloor N/2 \rfloor$. 如果 $t = 0$, 则转向第 5 步.
3. [将 Y 乘 Z] 置 $Y \leftarrow Z \times Y$.
4. [$N = 0$?] 如果 $N = 0$, 则结束算法并将 Y 作为答案.
5. [$N = 0$?] 置 $Z \leftarrow Z \times Z$, 并返回第 2 步.

还是以 x^{19} 为例, 按算法 2 计算的步骤如下:

	N	Y	Z
执行第 1 步之后	19	1	x
执行第 5 步之后	9	x	x^2
执行第 5 步之后	4	x^3	x^4
执行第 5 步之后	2	x^3	x^8
执行第 5 步之后	1	x^3	x^{16}
执行第 4 步之后	0	x^{19}	x^{16}

注意这里 x 可以属于任意代数系统, 只需该代数系统中已经定义单位元 1, 以及满足结合律的乘法运算即可.

11.5.2 因子分解法

是否上述的两个二进制展开算法就是问题的最佳解决方案呢? 最简单的反例就是 $n=15$, 此时二进制的方法需要做 6 次乘法, 然而我们可以先用 2 次乘法计算 $y=x^3$, 然后再用 3 次乘法得到 $x^{15}=y^5$, 从而只需要总共做 5 次乘法. 因此, 可能存在更好的计算方幂的方法, 下面我们讨论计算 x^n 的另一种方法.

上面的反例, 之所以能做上述拆分, 是我们利用了 15 能分解成 3×5 的性质, 这能给我一个启示: 是否对任意的 n 均可以采取这种方法呢?

假设 $n=p\times q$, 其中 p 是 n 的小因子且 $q>1$, 则我们可以先计算 $y=x^p$ 然后再求 y^q 来计算 x^n, 计算规则如下: 如果 n 是素数, 则先计算 x^{n-1}, 然后再乘以 x 即可, 如果 $n=1$, 直接输入 x. 对于给定的 n 我们反复利用上述规则, 就可以计算出 x^n.

例如, 如果我们计算 x^{55}, 可以首先计算 $y=x^5=x^4x=(x^2)^2x$, 然后得到 $y^{11}=y^{10}y=(y^2)^5y$, 整个计算过程需要 8 次乘法, 而二进制方法需要 9 次. 事实上因子分解方法平均表现优于二进制方法, 但是有二进制方法更好的例子, 比如 $n=33$ 的时候.

二进制方法进一步可以推广成 m 进制方法: 设 $n=d_0m^t+d_1m^{t-1}+\cdots+d_t$, 其中对于 $0\leqslant j\leqslant t$ 有 $0\leqslant d_j<m$. 我们首先构造: $x,x^2,x^3,\cdots,x^{m-1}$(注意, 我们只需构造那些在展开式中非零的系数 d_j 即可, 这样也可以节省一部分计算量), 然后再计算 x^{d_0} 的 m 次方并乘以 x^{d_1}, 此时我们就计算出了 $y=x^{d_0m+d_1}$, 然后我们接着计算 y_1 的 m 次方并乘以 x^{d_2}, 从而得到了 $y_2=x^{d_0m^2+d_1m+d_2}$, 继续这个过程直至 $y_t=x^t$. 特别地, 当 $m=2$ 的时候, 这个方法就是从左到右的二进制方法.

11.5.3 幂树方法

图 11.1 给出了常用能 n 达到的最小次数的计算路径, 在计算 x^n 的时候, 我们首先在这棵树上找到 n 的位置, 则从根节点到 n 的路径就标记了计算 x^n 的指数序列, 我们称这棵树为 “幂树”.

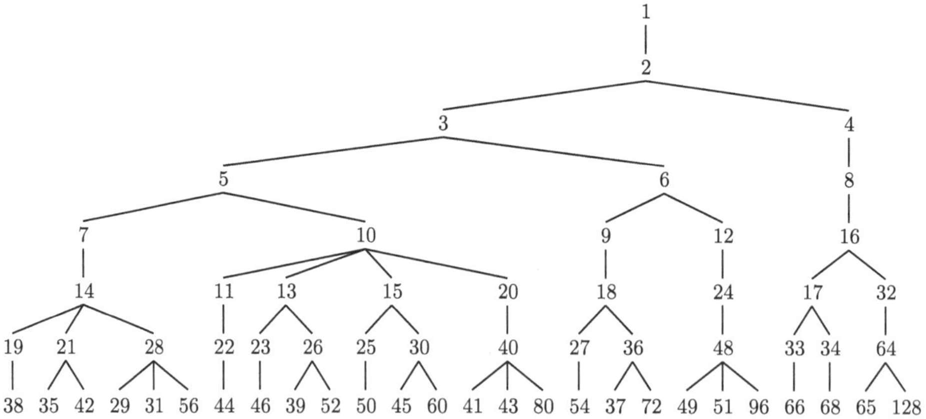

图 11.1

幂树生成算法留作习题 11.14.

实测表明下面幂树中出现的 n 可以达到最优效果. 但是幂树的方法也并不是都是最优的, 最小的几个例子就是 $n=77154233$, 而幂树方法比二进制展开方法和因子分解方法更

好的第一个例子是 $n=23$, 因子分解方法比幂树方法更好的第一个例子是 $n=19879=103\times193$. 但是这样的例子非常少. 当 $n\leqslant 100000$ 时, 幂树方法有 88803 次比因子分解方法好, 两者持平的次数有 11191, 仅有 6 次幂树方法更差. 值得注意的是这里仅仅从计算次数来估计算法的复杂度, 事实上, 这种分析方法在某些情况是不精确的, 主要原因是平方的代价和乘 x 的代价很多时候是不一样的.

习题 11

11.1 在多精度基础乘法算法中, 当 $x=y$ 时, 相当于计算 x^2, 请参考多精度基础乘法算法设计一个平方算法, 并分析其复杂度.

11.2 证明多精度除法的第 7 行最多调整两次.

11.3 参考算法 11.1 扩展欧几里得算法给出二进制版本的扩展 gcd 算法.

11.4 已知 a,b 互素, 试修改扩展欧几里得算法, 给出计算 $a^{-1}c \pmod b$ 的算法.

11.5 参考算法 11.1 和算法 11.2, 给出 lehmer 最大公因子算法描述.

11.6 已知 $u'<u, v'>v, u''>u, v''<v$ 分别对 $(u',v'),(u'',v''),(u,v)$ 做欧几里得算法, 证明: 如果 (u',v') 和 (u'',v'') 对应的商序列的前 m 项相等, 那么该前 m 项商序列一定也是 (u,v) 的前 m 项商序列.

11.7 已知奇数 N 和 $R=2^m$, 试给出求逆元 $N^{-1} \pmod R$ 的算法, 即 N^{-1} 满足 $NN^{-1}=1 \pmod R$.

11.8 试分析 Montgomery 乘法的优缺点, 给出一个典型的应用场景.

11.9 按照算法 11.1 和算法 11.2 的格式给出模数 $p_{256}=2^{256}-2^{224}+2^{192}-2^{96}-1$ 对应的快速约减算法.

11.10 试给出除上述 5 个数之外的 NIST 素数, 并给出对应的快速约减算法.

11.11 设 a,b 是两个正整数, 证明 $\gcd(2^a+1,2^b-1)$ 和 $\gcd(2^a-1,2^b+1)$ 至少有一个为 1.

11.12 设 a,k 是两个正整数, 已知

$$\gcd(2^a-1,2^{kb}+1)=1,\quad x\equiv x_1 \pmod{2^{ka}-1},\quad x\equiv x_2 \pmod{2^{ka}+1},$$

给一个快速计算 x 的方法.

11.13 分别用二进制方法和因子分解方法计算 x^{33}, 请问哪种方法更优?

11.14 图 11.1 给出了幂树的前 8 层, 假设幂树的前 k 层已经构造好, 则 $k+1$ 层按下面的方式定义: 在第 k 层中, 从左到右依次取每个节点 n, 然后在它的下方增加以下节点:

$$n+1, n+a_1, \cdots, n+a_{k-1}=2n,$$

其中, $a_1,a_2,\cdots,a_{k-1}$ 是树的根节点到 n 的路径, 但是在上面列举新增的节点中需要去掉前面已经出现过的数. 请设计一个高效的算法构造幂树的前 $r+1$ 层节点. (提示: 利用根节点相关的两个集合 LINKU$[j]$ 和 LINKR$[j]$, LINKU$[j]$ 代表与上面连接的节点, LINKR$[j]$ 表示右边的节点, $0\leqslant j\leqslant 2^r$.)

11.15 证明: 存在无穷多个正整数

(a) 使得因子分解方法比二进制方法好;

(b) 使得二进制方法比因子分解方法好;

(c) 使得幂树方法比二进制方法和因子分解方法都好.

这里说的更好, 是指计算时使用更少的乘法.

参考文献

[1] 潘承洞, 潘承彪. 初等数论. 北京: 北京大学出版社, 2013.

[2] 祝跃飞, 张亚娟. 椭圆曲线公钥密码导引. 北京: 科学出版社, 2015.

[3] Micciancio D, Goldwasser S. Complexity of Lattice Problems: A Cryptographic Perspective[M]. 2002, 671: 91-110.

[4] 裴定一, 祝跃飞. 算法数论. 北京: 科学出版社, 2015.

[5] Schnorr C P, Euchner M. Lattice basis reduction: Improved practical algorithms and solving subset sum problems[J]. Mathematical Programming, 1994, 66: 181-199.